环保公益性行业科研专项经费项目系列丛书

固体废物处理设施
恶臭影响研究及案例分析

陆文静 王洪涛 赵 岩 等编著

化学工业出版社
·北京·

内 容 简 介

本书共分5章，分别介绍了生活垃圾处理处置现状及恶臭污染评估指标体系、生活垃圾处理处置设施恶臭污染评价技术、餐厨垃圾生化处理设施的恶臭污染评价技术、污泥处理设施的恶臭污染特征及固体废物处理设施源恶臭物质迁移模拟软件系统，为恶臭污染的科学评估与卫生防护距离的划定奠定了理论基础。

本书具有较强的技术性和针对性，可供从事固体废物处理处置及恶臭污染控制、风险评估等领域的工程技术人员、科研人员及管理人员参考，也可供高等学校环境工程、市政工程及相关专业师生查阅。

图书在版编目（CIP）数据

固体废物处理设施恶臭影响研究及案例分析/陆文静等编著. —北京：化学工业出版社，2020.10（2022.1重印）

ISBN 978-7-122-37339-7

Ⅰ.①固… Ⅱ.①陆… Ⅲ.①固体废物-恶臭污染-污染防治-研究 Ⅳ.①X705

中国版本图书馆CIP数据核字（2020）第118519号

责任编辑：刘兴春 刘兰妹　　装帧设计：陆文静 赵 岩 刘丽华

责任校对：宋 玮

出版发行：化学工业出版社（北京市东城区青年湖南街13号 邮政编码100011）

印 装：涿州市般润文化传播有限公司

787mm×1092mm 1/16 印张16½ 字数363千字 2022年1月北京第1版第2次印刷

购书咨询：010-64518888　　售后服务：010-64518899

网 址：http://www.cip.com.cn

凡购买本书，如有缺损质量问题，本社销售中心负责调换。

定 价：98.00元

《环保公益性行业科研专项经费项目系列》

丛书编委会

《固体废物处理设施恶臭影响研究及案例分析》

编著人员名单

编著者：陆文静　王洪涛　赵　岩　刘彦君　郑国砥　张　妍

序

目前，全球性和区域性环境问题不断加剧，已经成为限制各国经济社会发展的主要因素，解决环境问题的需求十分迫切。环境问题也是我国经济社会发展面临的困难之一，特别是在我国快速工业化、城镇化进程中这个问题变得更加突出。党中央、国务院高度重视环境保护工作，积极推动我国生态文明建设进程。党的十八大以来，按照“五位一体”总体布局、“四个全面”战略布局以及“五大发展”理念，党中央、国务院把生态文明建设和环境保护摆在更加重要的战略地位，先后出台了《环境保护法》《关于加快推进生态文明建设的意见》《生态文明体制改革总体方案》《大气污染防治行动计划》《水污染防治行动计划》和《土壤污染防治行动计划》等一批法律法规和政策文件，我国环境治理力度前所未有，环境保护工作和生态文明建设的进程明显加快，环境质量有所改善。

在党中央、国务院的坚强领导下，环境问题全社会共治的局面正在逐步形成，环境管理正在走向系统化、科学化、法治化、精细化和信息化。科技是解决环境问题的利器，科技创新和科技进步是提升环境管理系统化、科学化、法治化、精细化和信息化的基础，必须加快建立持续改善环境质量的科技支撑体系，加快建立科学有效防控人群健康和环境风险的科技基础体系，建立开拓进取、充满活力的环保科技创新体系。

“十一五”以来，中央财政加大对环保科技的投入，先后启动实施水体污染控制与治理科技重大专项、清洁空气研究计划、蓝天科技工程专项等专项，同时设立了环保公益性行业科研专项。根据财政部、科技部的总体部署，环保公益性行业科研专项紧密围绕《国家中长期科学和技术发展规划纲要（2006—2020年）》《国家创新驱动发展战略纲要》《国家科技创新规划》和《国家环境保护科技发展规划》，立足环境管理中的科技需求，积极开展应急性、培育性、基础性科学研究。“十一五”以来，环境保护部(现生态环境部)组织实施了公益性行业科研专项项目479项，涉及大气、水、生态、土壤、固废、化学品、核与辐射等领域，共有包括中央级科研院所、高等院校、地方环保科研单位和企业等几百家单位参与，逐步形成了优势互补、团结协作、良性竞争、共同发展的环保科技“统一战线”。目前，专项取得了重要研究成果，已验收的项目中，共提交各类标准、技术规范1232项，各类政策建议与咨询报告592项，授权专利629项，出版专著360余部，专项研究成果在各级环保部门中得到较好的应用，为解决我国环境问题和提升环境管理水平提供了重要的科技支撑。

为广泛共享环保公益性行业科研专项项目研究成果，及时总结项目组织管理经验，环境保护部科技标准司组织出版“环保公益性行业科研专项经费系列丛书”。该丛书汇集了一批专项研究的代表性成果，具有较强的学术性和实用性，可以说是环境领域不可多得的资料文献。丛书的组织出版，在科技管理上也是一次很好的尝试，我们希望通过这一尝试，能够进一步活跃环保科技的学术氛围，促进科技成果的转化与应用，不断提高环境治理能力现代化水平，为持续改善我国环境质量提供强有力的科技支撑。

中华人民共和国生态环境部部长

黄润秋

前　言

由于我国城市生活垃圾分类体系尚不完善，厨余果皮等易腐垃圾混合收集，处理处置过程中极易释放挥发性有机化合物（VOCs）和硫化氢（H_2S）、氨气（NH_3）等无机化合物，引起严重的恶臭污染。此外，随着城市化进程的加快发展，原本位于郊区的大部分固废处理设施（生活垃圾填埋场、好氧堆肥设施、垃圾运输车和中转站等）正逼近城市人口稠密区，使得受恶臭影响的人群范围不断扩大，处理设施邻避效应突出，社会公众影响恶劣。固废处理设施释放的恶臭物质具有种类多、成分复杂、宏量和微量混合、点面线源结合等特点，其混合性和时变性完全不同于一般工业源的臭气排放，亟需对固废处理设施释放的恶臭源强进行系统、精准的研究。此外，固废处理设施的恶臭释放和迁移扩散受多种因素交互影响，污染范围波动显著，准确模拟恶臭物质在大气中的迁移扩散规律是开展恶臭污染评估与管理的重要前提。

本书笔者及其团队对各类固废处理设施的恶臭源强和迁移扩散进行了大量的现场测试和模型模拟研究，为恶臭污染的科学评估与卫生防护距离的划定奠定了理论基础。全书内容分为5章：第1章介绍了恶臭的产生及其危害，并基于恶臭物质的嗅阈值，建立了针对市政固体废物处理处置设施的恶臭污染评估指标体系；第2章阐述了不同垃圾处理处置设施中，不同工艺过程与工艺环节的恶臭源强及其产生、释放和扩散规律，揭示了恶臭物质随工艺过程等因素的变化特征和机制，并利用第1章获得的恶臭污染评估指标体系，识别了相应设施的指标性恶臭物质；第3章介绍了不同类型餐厨垃圾生化处理设施恶臭物质的释放特征，并通过餐厨垃圾两相厌氧发酵模拟实验，明确其恶臭物质的释放规律，获得了餐厨垃圾生化处理设施源强估算公式并进行了验证；第4章介绍了污泥处理设施的恶臭污染特征；第5章论述了固体废物处置设施源恶臭物质迁移模拟软件系统的使用模拟结果，并实测验证。全书具有较强的技术性和针对性，可供从事固体废物处理处置及恶臭污染控制、风险评估等领域的工程技术人员、科研人员及管理人员参考，也供高等学校环境工程、市政工程及相关专业的师生参阅。

本书融入了笔者以及清华大学环境学院固体废物控制研究所多年的研究成果，对我国固废处理设施的恶臭污染特征开展了系统研究，主要集中在源强解析和污染迁移扩散两方面，源强解析旨在明确造成恶臭污染的物质种类和嗅味特征，并为污染迁移的计算模拟提供基础数据；污染迁移扩散则是研究特定源强所造成的污染影响范围。本书由陆文静、王洪涛、赵岩等编著，具体编著分工如下：第1章由陆文静等编著；第2章由赵岩等编著；第 3 章由张妍等编著；第 4 章由郑国砥等编著；第 5 章由刘彦君等编著。全书最后由陆文静统稿并定稿。另外，本书内容涵盖多名博士研究生和硕士研究生的研究工作，也结合了参加环保公益重点项目各合作单位的研究成果，参与单位包括清华大学、北京师范大学、天津市环境保护科学研究院、国家环境保护恶臭污染控制重点实验室、中国科学院地理科学与资源研究所等，对于他们对本书的编写、材料的提供和整理所做的贡献，在此表示衷心的感谢。

限于编著者水平及编著时间，书中不足和疏漏之处在所难免，敬请读者提出修改意见。

陆文静

2020 年 6 月于清华园

目　录

第1章 生活垃圾处理处置现状及恶臭污染评估指标体系

1.1 我国生活垃圾产生及处置现状

我国城市生活垃圾的产生量随着人口的急剧增加、经济的飞速发展和城镇化进程的加快，呈现逐年递增的趋势。根据世界银行 2012 年报告，2004 年以来，我国的生活垃圾产生量已经超过美国，成为世界生活垃圾产生量最大的国家。据国家统计局统计，我国城市生活垃圾产生量由 2004 年的 15509 万吨增长至 2017 年的 21521 万吨（表 1.1）。近年来，随着城市基础设施完善，生活垃圾的无害化处理量也在逐年增加，但相较总清运量仍有较大缺口。越来越多的城市甚至包括农村地区正面临着“垃圾围城”的困境，由此带来的一系列社会、环境问题也日益凸显。

表 1.1 中国城市生活垃圾产出及处理处置统计数据

年份	(产量/清理量)/万吨	城镇人口/万人	人均日产量/kg	无害化处理		卫生填埋		焚烧		堆肥	
				处理量/万吨	处理率/%	处理量/万吨	占比/%	处理量/万吨	占比/%	处理量*/万吨	占比/%
2004	15509	54283	0.78	8088.7	52.1	6888.9	85.2	449	5.6	730	9.0
2005	15577	56212	0.76	8051.1	51.7	6857.1	85.2	791	9.8	345.4	4.3
2006	14841	58288	0.70	7872.6	52.2	6408.2	81.4	1137.6	14.5	288.2	3.7
2007	15215	60633	0.69	9437.7	62	7632.7	80.9	1435.1	15.2	250	2.6
2008	15438	62403	0.68	10306.6	66.8	8424	81.7	1569.7	15.2	174	1.7
2009	15734	64512	0.67	11232.3	71.4	8898.6	79.2	2022	18.0	178.8	1.6
2010	15805	66978	0.65	12317.8	77.9	9598.3	77.9	2316.7	18.8	180.8	1.5
2011	16395	69709	0.65	13089.6	79.7	10063.7	76.9	2599.3	19.9	426.6	3.3
2012	17081	71182	0.66	14489.5	84.8	10512.5	72.6	3584.1	24.7	392.9	2.7
2013	17239	73111	0.65	15394.0	89.3	10492.7	68.2	4633.7	30.1	267.6	1.7

续表

年份	（产量/清理量）/万吨	城镇人口/万人	人均日产量/kg	无害化处理		卫生填埋		焚烧		堆肥	
				处理量/万吨	处理率/%	处理量/万吨	占比/%	处理量/万吨	占比/%	处理量*/万吨	占比/%
2014	17860	74916	0.65	16393.7	91.8	10744.3	65.5	5329.9	32.5	319.5	1.9
2015	19142	77116	0.68	18013.0	94.1	11483.1	63.7	6175.5	34.3	354.4	2.0
2016	20362	79298	0.70	19673.8	96.6	11866.4	60.3	7378.4	37.5	429	2.2
2017	21521	81347	0.72	21034.2	97.7	12037.6	57.2	8463.3	40.2	533.33	2.5

注：统计局未列出堆肥处理量2011～2017年的数据，*表示“无害化处理量减填埋和焚烧处理量”。

城市生活垃圾产生于人们的日常生活及为日常生活提供服务的诸多活动中，其成分复杂且变化较大，常规组分通常包括：可回收物如纸、塑料、纺织品、金属、玻璃、绿化废物；食物等有机物；灰分等无机物；少部分建筑垃圾（通常来源于居民房屋装修等过程，在垃圾分类意识不强的地区更容易出现）。城市生活垃圾组分可能受到诸多因素的影响，包括自然条件、气候、居民消费习惯、经济发展状况等。中国地域辽阔，各个城市气候条件、经济发展水平等不尽相同，生活垃圾组分因此存在显著差异。以长江为界，按照南方城市和北方城市进行粗分类，北方城市的生活垃圾含水率大致在30%～50%之间，而南方城市则为40%～60%（表1.2）。

表1.2　中国几个典型城市填埋场的垃圾组分

单位：%（湿基百分比）

城市(年份)	有机垃圾	纸类	玻璃	金属	塑料	纺织物	木竹	灰分
北京(2010)	63.40	11.10	1.60	0.30	12.70	2.50	1.80	6.60
上海(2009)	66.70	4.46	2.72	0.27	19.98	1.80	1.21	2.77
杭州(2009)	57.0	15.0	8.0	3.0	3.0	2.0	2.0	4.0
扬州(2009)	57.81	10.49	3.05	0.45	16.08	3.78	2.10	6.84
深圳(2009)	51.10	8.40	3.00	1.10	14.70	6.90	5.90	8.90
南京(2009)	70.59	8.32	1.45	0.08	14.18	3.05	1.04	1.29

从表1.2可以看出，我国城市生活垃圾组成中，厨余垃圾等有机质的比例极高，这使得我国生活垃圾含水率显著高于欧美其他国家，为后续处理带来了一系列的挑战。

当前，我国生活垃圾无害化处理处置主要有卫生填埋、焚烧和堆肥三种方式。表1.1给出了我国2004～2017年三种无害化处理处置方式的份额变化情况。由于具有成本较低、对垃圾组分无特殊要求、无需前处理、技术相对成熟等优点，卫生填埋技术一直是我国主要的垃圾处理方式，被大中小城市广泛采用。自1991年建成了第一座规范化的卫生填埋场——杭州天子岭卫生填埋场，至2012年年底，卫生填埋场数量激增至540座，日处理能力从2001年的180000t增加到2012年的310927t。可以预见，未来几十年中卫生填埋仍将是我国生活垃圾的主要无害化处置方式。

我国于1988年颁布的《城市生活垃圾卫生填埋技术标准》中，规定了城市生活垃圾卫生填埋场的规划、设计、建设、运行及管理等相关标准，而随着全封闭作业、分期建设、使用高密度聚乙烯膜作为防渗、防臭材料等技术手段的普及，我国的垃圾填埋技术较之前有了很大提升。然而，大多数垃圾填埋场的设计、建设和运行仍然存在诸多问题。一些旧的垃圾填埋场常出现场地防渗力度不够、渗滤液处理能力不达标、无法做到垃圾日覆盖等问题，从而给周边环境造成了恶劣的影响；一些中小型城镇自建的分散垃圾填埋场甚至没有环保措施，仅为简单堆放，其在运行过程中会对环境造成严重污染。即使是严格按照标准要求建设的大型垃圾填埋场，当运营管理不当时同样会出现许多问题，如恶臭污染等。事实上，随着人们对环境质量的日益关注，当前许多城市新建生活垃圾填埋场的选址已经成为社会敏感话题，而恶臭污染常常是引发居民抗议的重要诱因。

1.2 恶臭与恶臭物质的定义及危害

恶臭是各种气味（异味）的总称，一般定义为：凡是能产生令人不愉快感觉的气体统称恶臭气体，简称恶臭。当环境中的异味达到一定程度时，会使人感觉不愉快，甚至对人产生心理影响和生理危害，称为恶臭污染。恶臭物质，是指能够刺激人的嗅觉器官、引起人们厌恶或不愉快的物质。

生活垃圾填埋场、堆肥厂、污泥处理设施等固体废物处理处置设施均是恶臭的重要污染源。我国城市固体废物的产生量逐年增加，2016 年全国城市生活垃圾清运量为1.97 亿吨，而餐厨废物年产生量已达到 3000 万吨以上，污水厂污泥每年产生量也近4000 万吨（含水率 80%）。这些市政固体废物通常具有有机物含量高、含水率高等特点，特别是含有淀粉、蛋白、油脂等易腐败的有机质，在其收集、转运、贮存、生化处理、填埋等处理处置过程中均会产生大量恶臭气体，造成感官刺激，影响人体健康和环境安全。现行国家标准（GB 14554—1993）控制的恶臭物质只有 8 种，即氨、三甲胺、硫化氢、甲硫醇、甲硫醚、二甲二硫、二硫化碳和苯乙烯。但相关研究表明，生活垃圾产生的恶臭物质多达 4000 余种，分为含硫化合物、含氮化合物、含氧化合物、芳香族化合物、卤素及其衍生物等五大类。Schuetz 等（2003）和 Dincer 等（2006）分别在生活垃圾填埋场中检出 37 种和 53 种恶臭物质，王连生等（2009）在天津市生活垃圾转运站、焚烧厂、填埋场等不同处理处置设施检测出的异味物质最多达 94 种，张红玉等（2013）在生活垃圾堆肥过程中检测到 50 种恶臭物质。

鉴于恶臭污染带来的不良影响，日本、美国等发达国家均投入了大量人力物力，开展恶臭物质检测、控制、评价、法规等方面的研究。目前，恶臭污染研究大多只针对污水处理厂、养殖场、屠宰厂等场所，重点考虑其对周边居民及环境的影响。然而恶臭物质种类众多，影响程度不一，为其监测、控制和影响评估带来了极大困难。对恶臭污染进行科学评估，是建立污染监测和控制技术体系的重要前提，国内研究者在这一领域也开展了诸多工作，但尚未形成系统科学的评估方法。固体废物处理处置设施的恶臭物质种类更为复杂、影响人群更广，对其进行定量化评估更加困难。本书针对市政固体废物处理处置设施的恶臭产生特性，建立其恶臭污染评估指标体系，为进一步开展设施恶臭污染评估、监测、模拟和控制奠定了理论基础。

1.3 恶臭污染的特征与测定技术

作为世界七大公害之一，恶臭污染严重影响着人们的生活质量。恶臭污染本质上是大气污染，但其直接作用于人的嗅觉，并通过主观感觉加以表征，因此又属于感知污染。

恶臭污染通常具有以下特点。

① 恶臭物质种类繁多，恶臭气体常以混合物的形式存在，各组分的嗅阈值相差较大；只要其中一种组分的浓度超过阈值即可产生强烈的恶臭。

② 恶臭是感觉性公害，其对人们的影响是一种心理反应，具有很强的主观性。人对恶臭的感知量与恶臭物质的浓度的对数成正比，即当恶臭物质浓度减少 90%时人所感觉到的恶臭浓度仅仅降低 50%。因此，恶臭污染的防治相比其他大气污染更为困难。

③ 恶臭污染的扩散不仅与风向、风速等大气条件有关，也与受体对恶臭物质的感知程度有很大关系。而人对恶臭的感知具有明显的个体差异，年龄、性别、身体状况乃至心情等都会影响人们对恶臭的感知程度。目前定量表征恶臭所带来的不快感或厌恶感还存在极大困难，恶臭测定标准方法的建立、恶臭环境标准的制定等工作还面临诸多挑战。

基于恶臭污染同时具有大气污染和感知污染的双重属性，恶臭的测试技术也分为两种：一种是基于仪器分析的恶臭物质化学浓度测试法；另一种则是基于人体嗅觉反应的感官测试法。仪器分析法精度较高，配合样品预浓缩系统，能够检测 ppm 级（10^{-6}）甚至 ppb 级（10^{-9}）的物质，从而实现对恶臭物质各组分的精确定量分析，其结果具有高度的客观性和可重复性；对于环境要求较高的地区，还能够借助此类仪器实现在线监测。然而，仪器分析法所得到的结果无法反映人体感知到的恶臭浓度，在评价恶臭污染状况时存在诸多缺陷，因此基于人体感官来确定环境中恶臭浓度的测试法应用更为普遍。目前，世界各国尚未建立统一的恶臭测试方法以及恶臭污染评价标准。日本、韩国、中国及东南亚国家采用三点比较式臭袋法作为恶臭气体的标准测试方法；而欧美各国、澳大利亚、新西兰等国家则普遍基于动态嗅觉仪建立了恶臭污染测试标准。目前，两种测试方法都已发展成熟，而且配有标准化的操作流程。嗅觉测试法适用于任何恶臭物质，并能够评价不同恶臭物质叠加后的恶臭浓度变化，且其结果与人体感觉一致，是一种可以被广泛采用的、较为可靠的测试方法，但其缺陷是费时费力，需要由经过特殊培训的嗅辨员来进行测定，经济成本较高。

1.4 恶臭污染的表征参数

恶臭物质主要刺激人的嗅觉器官，可由以下几项基本参数对其进行表征，是建立恶臭污染评估指标体系的基础。

1.4.1 嗅阈值

恶臭物质主要刺激人的嗅觉器官，针对某种恶臭物质，引起嗅觉的最小物质浓度称为嗅阈值。嗅阈值一般分为检知阈值和确认阈值两种：检知阈值是指能够勉强感到有气味而很难辨别种类时的物质浓度；确认阈值指能够准确辨别出是什么气味时的物质浓度。通常所说的嗅阈值是指检知阈值。

本书调研总结了大量文献，包括美国环保署（US EPA）和日本环境省（JP MOE）等国外权威机构对恶臭物质嗅阈值的研究成果，明确了262种常见恶臭物质的嗅阈值。对比发现，美国环保署和日本环境省提供的部分恶臭物质的嗅阈值数据存在一定差异，主要是由于其数据获取方法分别采用的是动态嗅觉分析仪和三点比较式臭袋法。由于我国对恶臭物质标准分析方法与日本相同，因此在嗅阈值有差异时推荐使用日本环境省的测定值。

1.4.2 恶臭物质嗅阈值确定

在充分研究了生活垃圾（含餐厨垃圾和污水厂污泥）处理设施的恶臭污染排放特征的基础上，按照我国相应标准《空气质量 恶臭的测定 三点比较式臭袋法》（GB/T 14675—1993）中规定的排放源臭气样稀释和测定方法，针对与相应垃圾处理设施密切相关的22种恶臭物质进行了嗅阈值的测定与研究，并对照美国环保署和日本环境省推荐的嗅阈值，为我国相关研究和标准制定提供符合我国国情的恶臭物质嗅阈值，如表1.3所列。

表1.3 基于我国研究的22种恶臭物质的嗅阈值

编号	物质名称	嗅阈值/10^{-6}	编号	物质名称	嗅阈值/10^{-6}
1	氨	0.3	12	对二甲苯	0.12
2	硫化氢	0.0012	13	乙醛	0.018
3	甲硫醇	0.000067	14	丙醛	0.016
4	甲硫醚	0.002	15	正丁醛	0.00085
5	二甲二硫醚	0.011	16	乙醇	0.10
6	二硫化碳	0.17	17	丙酮	7.2
7	甲苯	0.098	18	乙酸乙酯	0.84
8	乙苯	0.018	19	甲基乙基酮(2-丁酮)	0.17
9	苯乙烯	0.034	20	柠檬烯	0.016
10	邻二甲苯	0.28	21	α-蒎烯	0.001
11	间二甲苯	0.091	22	β-蒎烯	0.50

1.4.3 臭气浓度与阈稀释倍数

(1) 基本概念

1）臭气浓度

是指用清洁空气稀释恶臭样品直至样品无味时所需的稀释倍数，是反映恶臭污染对人的嗅觉刺激程度的一个指标。

2）恶臭物质浓度

是指单位体积空气中，恶臭物质的质量，具有明确物理意义。

3）臭气强度

是指恶臭气体在未经稀释时对人体嗅觉器官的刺激程度。

4）阈稀释倍数

是指恶臭气体中某种恶臭物质的物质浓度除以该成分的嗅阈值，是某种物质超出其嗅阈值的倍数。在恶臭混合气体中，恶臭物质的阈稀释倍数越高，其在臭气中的恶臭贡献越大。因此，导致恶臭污染的主要物质是阈稀释倍数最大的恶臭物质，而不一定是物质浓度最高的恶臭物质。

（2）臭气浓度与阈稀释倍数的关系

关于臭气浓度与阈稀释倍数的关系，目前有两种计算方法，其中一种是认为恶臭气体的臭气浓度等于各成分的阈稀释倍数的总和，简称总和模型法，即：

$$\text{臭气浓度}=\sum(\text{各成分阈稀释倍数})$$

另一种认为恶臭气体的臭气浓度等于各成分阈稀释倍数中的最大值，简称最大值模型法，即：

$$\text{臭气浓度}=\text{Max}(\text{各成分阈稀释倍数})$$

在恶臭污染控制工程中，上述两种计算方法中后者通常更受关注。恶臭物质臭气浓度与阈稀释倍数实际的定量化关系十分复杂，总和模型法和最大值模型法是二者关系的简化表达，具有一定的物理意义，也便于模型运算。

1.5 恶臭污染的评估指标体系

臭气浓度是依据嗅觉方法进行判定的物理指标，能够更直接地反映嗅觉感受，但测试人员等不确定因素影响较大；臭气浓度需实际采样并测定，难以直接应用于相关预测、模拟或评估。阈稀释倍数可能与嗅觉感受不完全一致，是通过数学计算的物理指标，科学性和准确性更高，能够应用于恶臭物质产生、迁移、扩散等过程的预测、模拟和评估。因此，本书提出了基于阈稀释倍数的恶臭污染评估指标体系。

1.5.1 恶臭污染评估指标

阈稀释倍数作为单一恶臭物质的污染评估指标，其计算方法为：

$$D_i=\frac{C_i}{C_i^T} \tag{1.1}$$

式中 D_i——第 i 种恶臭物质的阈稀释倍数，无量纲；

C_i——该种恶臭物质的物质浓度，10^{-6}或 mg/L；

C_i^T——该种恶臭物质的嗅阈值，10^{-6}或 mg/L。

采用基于阈稀释倍数的理论臭气浓度作为恶臭污染的综合评估指标，综合总和模型法和最大值模型法，可建立某一气体样品或整个设施的恶臭污染评估指标，具体方法如下：

① 对于某样品中的全部恶臭物质，记为 m 种，分别测定其物质浓度 C_i；

② 对照第 i 种物质的嗅阈值 C_i^T，利用式(1.1) 计算其阈稀释倍数 D_i；

③ 忽略阈稀释倍数 $D_i<1$ 的恶臭物质，大量研究表明阈稀释倍数低于 1 的物质几乎不造成恶臭污染；

④ 对于阈稀释倍数 $D_i \geqslant 1$ 的恶臭物质，按照阈稀释倍数由大到小排序，分别记为 $D_1 \sim D_m$；

⑤ 从阈稀释倍数最大值 D_1 开始，依次比较相邻两个恶臭物质的阈稀释倍数 D_i 与 D_{i+1}，当第 $n+1$ 个恶臭物质与第 n 个恶臭物质的阈稀释倍数比值 $D_{n+1}/D_n<0.05$ 时停止；

⑥ 对前 n 个恶臭物质的阈稀释倍数进行总和模型法计算，如式(1.2) 所示，即得到样品的理论臭气浓度 OU_{T}；

$$OU_{\mathrm{T}}=\sum_{i=1}^{n} D_i \tag{1.2}$$

利用这一方法确定的理论臭气浓度，一方面考虑了阈稀释倍数较大的恶臭物质对恶臭污染的贡献；另一方面，此方法假设理论臭气浓度与恶臭物质的物质浓度呈线性关系，可参与恶臭污染的迁移、扩散等过程预测与模拟的计算。此外，理论臭气浓度作为恶臭污染的一项综合评估指标，能够实现不同样品间恶臭污染水平的定量比较，为恶臭污染的对比评估提供科学依据。

1.5.2 指标恶臭物质

除考虑恶臭强度对感官污染的贡献之外，污染物的化学浓度与健康毒性也是进行污染评估时的重要考察方面。因此，根据基于臭气浓度计算得出的恶臭污染强度贡献大小，确定核心指标恶臭物质；同时，将物质的化学浓度和健康毒性作为辅助依据，从而全面覆盖与恶臭相关的重要污染物。

1.5.2.1 核心指标恶臭物质

对于单一臭气样品，确定其核心指标恶臭物质的方法与理论臭气浓度计算方法相同，选定的前 n 项恶臭物质即为该样品的核心指标恶臭物质。

在此基础上，进一步提出固体废物处理处置设施的核心指标恶臭物质确定方法：

① 对该处理设施的恶臭污染源进行具有统计意义的采样或在线监测；

② 利用 1.5.1 部分所述方法确定每组样品的指标恶臭物质；

③ 统计全部样品中核心指标恶臭物质的出现频次 P_i，并由大到小排序，选择出现频次最高的 j 种恶臭物质（通常可令 $j \leqslant 6$，特殊情况 $j \leqslant 10$），作为该设施的核心恶臭物质。

1.5.2.2 辅助指标恶臭物质

辅助指标恶臭物质的筛选以物质的化学浓度和健康毒性两个参数为主要依据。

（1）物质的化学浓度

物质的化学浓度方面，与核心指标恶臭物质筛选方法类似，对于单一臭气样品，选定物质化学浓度由大到小的前10项恶臭物质作为该样品的浓度指标恶臭物质；对于某固体废物处理处置设施，在样品监测基础上，选定浓度指标恶臭物质出现频次最高的j种恶臭物质（通常可令$j\leqslant6$，特殊情况$j\leqslant10$），作为该设施的浓度指标恶臭物质。

（2）物质的健康毒性

健康毒性方面，对于单一臭气样品，选择检出物质中被列入《国家污染物环境健康风险名录》中的恶臭物质作为该样品的毒性指标恶臭物质；对于某固体废物处理处置设施，在样品监测基础上选定毒性指标恶臭物质出现频次最高的j种恶臭物质（通常可令$j\leqslant6$，特殊情况$j\leqslant10$），作为该设施的毒性指标恶臭物质。

在确定了某类固体废物处理处置设施的核心和辅助指标恶臭物质后，一方面可以指导该设施在后期运行中更有针对性地开展恶臭污染物监测，另一方面能够为同类处理处置设施的恶臭污染预测与预评估提供定量化参考。

1.5.3 综合臭气指数

根据韦伯-费希纳公式，人的嗅觉感受与恶臭物质的刺激量的对数成正比，如式（1.3）所列：

$$S=k\lg R \tag{1.3}$$

式中 S——感觉强度；

R——刺激强度；

k——常数。

因此将1.5.1部分计算获得的理论臭气浓度进行指数化，以反映恶臭污染对人类嗅觉感觉的影响。综合臭气指数（N）的计算方法如式(1.4）所列：

$$N=10\times\lg OU_{T} \tag{1.4}$$

式中 OU_{T}——理论臭气浓度，无量纲。

综合臭气指数一方面可以减少以理论臭气浓度作为评估指标时的数值误差，另一方面更贴近人类对恶臭污染的嗅觉感官指标。

参 考 文 献

[1] 沈培明，陈正夫，张东平．恶臭的评价与分析［M］．北京：化学工业出版社，2005，2-8.

[2] GB 14554—1993.

[3] Schuetz C，Bogner J，Chanton J，et al. Comparative oxidation and net emissions of methane and selected mon-methane organic compounds in landfill cover soils［J］. Environmental Science and Technology，2003，37（22）：5150-5158.

[4] Dincer F，Odabasi M，Muezzinoglu A. Chemical characterization of odorous gases at a landfill site by gas chromatography-mass spectrometry［J］. Journal of Chromatography A，2006，1122（1/2）：222-229.

[5] 王连生，王亘，韩萌等．天津市城市垃圾臭气成分谱［J］．城市环境与城市生态，2009（2）：19-23.

[6] 张红玉，李国学，杨青原．生活垃圾堆肥过程中恶臭物质分析［J］．农业工程学报，2013，29（9）：

192-199.

[7] U. S. EPA Reference guide to odor thresholds for hazardous air pollutants listed in the clean air act amendments of 1990 [R] . Washington，DC，1992.

[8] Nagata Y. Measurement of odor threshold by triangular odor bag method [R] . Japan Ministry of the Environment，Tokyo，2003.

[9] GB/T 14675—93.

[10] 赵岩，陆文静，王洪涛，等. 城市固体废物处理处置设施恶臭污染评估指标体系研究 [J] . 中国环境科学，2014，34 (07)：1804-1810.

[11] Alheji Ayman Khaled B，于娟，吴雨婷，等. 城市生活垃圾分类处理动态指标体系构建方法 [J/OL] . 土木与环境工程学报 (中英文)，2020，42 (1)：153-160.

第2章 生活垃圾处理处置设施恶臭污染评价技术

本章重点关注生活垃圾从初期降解到处理处置过程中释放的恶臭气体组分及浓度、排放速率等特征，并依据第1章所提方法对各个垃圾处理处置设施开展恶臭污染评价。通过在转运站、填埋场作业面以及生活垃圾堆肥厂进行采样和分析，解析了其在不同季节释放恶臭物质的变化情况，并分别筛选出了各个设施的恶臭指标物质，为后续恶臭污染控制提供了科学依据。

2.1 生活垃圾初期降解的恶臭污染评价技术

2.1.1 生活垃圾初期降解恶臭物质排放特征

2.1.1.1 现场监测方案

为尽可能覆盖生活垃圾初期降解全过程，明确生活垃圾初期降解的恶臭物质释放特点和指标污染物，选择1～2组垃圾收集车、转运站、运输车及焚烧厂贮存仓等排放源，现场监测其典型恶臭物质的组分、浓度和单位污染源强度。本研究重点选择北京市某大型生活垃圾转运站（B）作为监测对象，并以南方某城市小型中转站（S）作为对比研究，同时对垃圾焚烧厂卸料坑、贮存仓等开展监测研究。

具体监测方案如下所述。

(1) 监测周期

监测周期为每年4次，春夏秋冬每季度典型时间各一次，具体监测时间为1月中上旬、4月中上旬、7月中上旬、10月中上旬。由于北京市生活垃圾自产生至收集、中转、运输，直到处理，不过夜，整个流程不超过1d，因此设定每批次的监测时长为24h。

(2) 监测布点

由于垃圾中转站上下游分别衔接收集车辆和运输车辆，因此通常监测布点可涵盖生活垃圾收集、中转和运输环节。垃圾收集车与中转站卸料平台示意如图2.1所示。

(a) 垃圾收集车

(b) 中转站卸料平台

图 2.1　垃圾收集车与中转站卸料平台示意

具体布点如下：

① 中转站内、车间外（背景值）；

② 收集车垃圾集装箱内；

③ 卸料坑口；

④ 压缩中转车间内；

⑤ 压缩打包出口；

⑥ 运输车（抵达填埋场）垃圾集装箱内。

(3) 监测指标与方法

监测指标主要为恶臭污染物的化学浓度，获得相应数据后，可根据第1章所述的恶臭污染评估指标体系，计算并获取相应的恶臭污染评估指标和相应指标物质。样品的恶臭物质浓度监测主要采用气相色谱-质谱联用技术（GC-MS）进行全组分分析，必要时监测臭气浓度。

在生活垃圾初期降解恶臭物质排放特征研究中，共对B转运站不同工艺环节的恶臭污染进行了冬季、春季、夏季和秋季四期现场监测，以反映其初期降解的全年恶臭污染排放特征。

(4) 北京市某生活垃圾转运站B的基础数据

B转运站的垃圾来源主要为混合生活垃圾，有少量厨余垃圾。转运站日压缩中转量约为2500t，所用工艺为机械压缩中转，无分选设施。所用收集车辆以6t密封箱式垃圾车为主，另有4t挤压车。经过压缩的垃圾由载重20t的运输车运往大型生活垃圾填埋场进行处理处置，运输距离约22km。所采用除臭设施为除臭剂喷雾设施，冬季时异味很小暂停使用。转运站暂无渗滤液处理设施。

(5) 南方某城市小型生活垃圾转运站S及大型生活垃圾焚烧厂基础数据

作为对照的S转运站为三基站式小型转运站，规模为100t/d，为半开放式。共有3个贮料坑，主要收集生活垃圾、餐厨垃圾和菜市场剩余物等。采用小型电瓶车收集居民点及街区、公园等地垃圾后运至中转站，在贮料坑内进行压缩后，由密闭式垃圾运输车集中运往大型生活垃圾焚烧厂进行处理。对该转运站的恶臭物质监测共两期，分别针对中转站内背景值、收集车集装箱内、卸料坑口、压缩车间内、压缩出口等环节进行了恶臭物质的浓度监测。

相应的大型生活垃圾焚烧厂采用炉排炉焚烧工艺，总处理能力为3500t/d，共分三期建设，均已投入运营。监测期间进场垃圾量为2500t/d，焚烧量为2100t/d。垃圾从转运站运至焚烧厂后，首先进入贮料仓进行短期的贮存、发酵和脱水。该过程夏季约2d，冬季约5～7d。发酵过程中，由抓斗进行简短的翻堆操作，以加速干燥、发酵过程。发酵后的垃圾含水率及热值基本能够满足焚烧要求，焚烧过程无需外加燃料。焚烧厂每个炉排运行周期约为180d/a，其余时间对机器进行维护和检修。焚烧厂每天发电140万千瓦时，其中，进网120万千瓦时厂内自用20万千瓦时。对该焚烧厂的恶臭物质监测共两期，分别针对卸料平台、卸料坑口、运输车集装箱内和垃圾贮存仓内等环节进行了恶臭物质的浓度监测。

2.1.1.2 冬季生活垃圾初期降解恶臭物质排放特征分析

(1) 中转站内背景

冬季生活垃圾中转站内的空气背景值监测结果表明，就物质的浓度而言，乙醇具有最高的浓度，为0.5523mg/m^3。然而由于乙硫醚的嗅阈值仅有0.000033×10^{-6}，虽然其物质的浓度仅为0.0062mg/m^3，其阈稀释倍数达到46.7，是中转站内背景空气中阈稀释倍数最高的物质，也是唯一阈稀释倍数＞1的物质，因此成为中转站内最重要的指标恶臭物质。

(2) 收集车

对于垃圾收集车内的恶臭物质排放，由于北京市部分施行了垃圾分类收集，因此在监测和分析时也分为了混合垃圾与厨余垃圾收集车的恶臭物质监测与排放特征分析。根据全组分浓度分析结果，利用第1章提出的恶臭污染评估指标体系，计算不同组分的阈稀释倍数，将其中阈稀释倍数＞1的结果列入表2.1中，其余也相同。

表 2.1 冬季生活垃圾收集车恶臭物质监测与排放特征分析结果

分类	名称	物质的浓度/(mg/m³)	分子量	浓度/10^{-6}	嗅阈值浓度/10^{-6}	阈稀释倍数
混合垃圾	乙硫醚	0.0058	90	0.001447	0.000033	43.8
	二甲二硫醚	0.0147	94	0.0035	0.0022	1.6
	柠檬烯	0.3053	136	0.050276	0.038	1.3
	对二乙苯	0.0053	134	0.000888	0.00039	2.3
厨余垃圾	乙硫醚	0.0063	90	0.001565	0.000033	47.4
	二甲二硫醚	0.0132	94	0.003143	0.0022	1.4

根据前文的评估体系，混合垃圾中指标恶臭物质数量更多，除乙硫醚外，对二乙苯、二甲二硫醚和柠檬烯的阈稀释倍数均超过1，其计算的臭气浓度达到49。在混合垃圾中，异丁烷、丁烷、丙烷等烷烃类物质的浓度相对较高，但其阈稀释倍数相对较低(均<1)，对恶臭污染的贡献并不明显。而厨余垃圾中，指标恶臭物质种类单一，仅有乙硫醚，其计算的臭气浓度为47.4；另外二甲二硫醚的阈稀释倍数也>1，但由于其值小于乙硫醚阈稀释倍数的5%，在计算中予以忽略。

(3) 卸料坑口

在中转站的垃圾卸料坑口，各类恶臭物质的浓度均有所升高，除前面涉及的乙硫醚、二甲二硫醚、对二乙苯等之外，乙醇的浓度很高，达到4.5768mg/m³，使其阈稀释倍数达到4.3，成为除乙硫醚外的最重要的指标恶臭物质。阈稀释倍数>1的恶臭物质监测与排放特征分析结果见表2.2，其综合臭气浓度达到61.5。

表 2.2 冬季生活垃圾中转站卸料坑口恶臭物质监测与排放特征分析结果

名称	物质的浓度/(mg/m³)	分子量	浓度/10^{-6}	嗅阈值浓度/10^{-6}	阈稀释倍数
乙硫醚	0.0065	90	0.001627	0.000033	49.3
二甲二硫醚	0.0299	94	0.007128	0.0022	3.2
柠檬烯	0.3972	136	0.065417	0.038	1.7
乙醇	4.5768	46	2.228703	0.52	4.3
对二乙苯	0.0069	134	0.00116	0.00039	3.0

根据上述结果，中转站卸料坑口的恶臭物质组分更加复杂，种类多样且浓度更高，是冬季转运站中最重要的恶臭污染源。

(4) 车间内部和压缩出口

对于垃圾中转站压缩车间内部和压缩出口处，由于压缩中转过程全密闭操作，在车间内恶臭污染并不明显，指标恶臭物质种类单一，仅有乙硫醚，其阈稀释倍数为47.3。而对于压缩出口，指标恶臭物质种类更多，重点包括了乙硫醚、柠檬烯、乙醇、二甲二硫醚、对二乙苯等，但不如卸料坑口种类更多，综合臭气浓度达到58.4。

监测和排放特征分析如表2.3所列。

表 2.3　冬季中转站车间内部及压缩出口恶臭物质监测与排放特征分析结果

分类	名称	物质的浓度/(mg/m³)	分子量	浓度/10^{-6}	嗅阈值浓度/10^{-6}	阈稀释倍数
车间内部	乙硫醚	0.0063	90	0.001562	0.000033	47.3
	二甲二硫醚	0.0137	94	0.003274	0.0022	1.5
压缩出口	乙硫醚	0.0064	90	0.001602	0.000033	48.6
	二甲二硫醚	0.0201	94	0.004796	0.0022	2.2
	柠檬烯	0.7985	136	0.13152	0.038	3.5
	乙醇	2.8157	46	1.371099	0.52	2.6
	对二乙苯	0.0034	134	0.000568	0.00039	1.5

(5) 运输车

冬季垃圾运输车在从中转站抵达填埋场时，收集箱内恶臭物质种类很多，浓度很高。其中乙硫醚阈稀释倍数达到391.4，甲硫醇阈稀释倍数达到109.3，硫化氢、二甲二硫醚、柠檬烯、乙醇、甲硫醚和α-蒎烯阈稀释倍数均>1。各指标恶臭物质的臭气浓度总和高达632.6，表明冬季生活垃圾初期降解主要发生在运输阶段，降解的恶臭气体产物仍以有机硫化物为主。监测与排放特征分析结果如表2.4所列。

表 2.4　冬季生活垃圾运输车恶臭物质监测与排放特征分析结果

名称	物质的浓度/(mg/m³)	分子量	浓度/10^{-6}	嗅阈值浓度/10^{-6}	阈稀释倍数
硫化氢	0.0394	34	0.025958	0.00041	63.3
甲硫醇	0.0164	48	0.007653	0.00007	109.3
甲硫醚	0.0305	62	0.011019	0.003	3.7
乙硫醚	0.0519	90	0.012917	0.000033	391.4
二甲二硫醚	0.2318	94	0.055237	0.0022	25.1
α-蒎烯	0.202	136	0.033271	0.018	1.8
柠檬烯	5.3535	136	0.881753	0.038	23.2
乙醇	15.8236	46	7.705405	0.52	14.8

上述结果表明，在冬季的生活垃圾初期降解中，主要恶臭污染物为有机硫化物和简单苯系物。乙硫醚在初期降解整个过程中均会产生，并由于嗅阈值很低，是最主要的恶臭物质。对于厨余垃圾，恶臭物质产生相对单一，除乙硫醚外还主要包括二甲二硫醚；而对于混合垃圾，对二乙苯、柠檬烯和二甲二硫醚均有明显贡献。随着混合垃圾的堆放和初期降解，恶臭气体中开始出现更高浓度的乙醇、甲苯、二甲苯、乙苯等，在运输阶段则出现较高浓度的乙硫醚、甲硫醇、硫化氢、二甲二硫醚等硫化物。对于密封操作的垃圾压缩中转站，其冬季主要恶臭污染源在卸料坑口和压缩出口。

2.1.1.3　春季生活垃圾初期降解恶臭物质排放特征分析

(1) 中转站内背景

与冬季结果类似，在中转站内的空气背景值中，乙硫醚的阈稀释倍数仍然较高，达到92.2，而二甲二硫醚也超过了其嗅阈值浓度，阈稀释倍数为2.9，是造成站内恶臭污染的主要因素。就物质浓度而言，浓度最高的物质是乙醇，达到0.1368mg/m^3，但其阈稀释倍数仅为0.13，基本不对恶臭污染产生贡献。

(2) 收集车

在混合垃圾收集车中，乙醇仍然是浓度最高的物质，达到6.6445mg/m^3；其次是苯、甲苯、乙酸乙酯等芳香族或酯类化合物，其浓度分别为0.5584mg/m^3、0.4896mg/m^{3}和0.4335mg/m^3。但由于其嗅阈值相对较高，对恶臭污染的贡献并不明显。垃圾收集车中，乙硫醚是最主要的指标恶臭物质，其阈稀释倍数达到186.7；除乙硫醚外，二甲二硫醚(9.3)、乙醇(6.2)、甲硫醚(2.3)和柠檬烯(1.6)的阈稀释倍数均超过1。

具体监测和特征分析结果如表2.5所列。

表2.5 春季生活垃圾收集车恶臭物质监测与排放特征分析结果

名称	物质的浓度/(mg/m^3)	分子量	浓度/10^{-6}	嗅阈值浓度/10^{-6}	阈稀释倍数
甲硫醚	0.0189	62	0.00681	0.003	2.3
乙硫醚	0.0248	90	0.00616	0.000033	186.7
二甲二硫醚	0.0855	94	0.020374	0.0022	9.3
柠檬烯	0.3612	136	0.059492	0.038	1.6
乙醇	6.6445	46	3.235558	0.52	6.2

(3) 卸料坑口

相比收集车内，中转站卸料坑口恶臭物质组分更加复杂，种类多样。乙醇仍是浓度最高的物质，其浓度达到9.1228mg/m^3。但与冬季结果不同，在卸料坑口主要恶臭物质(乙硫醚)的浓度比收集车有所降低，其阈稀释倍数为97.3；同时，二甲二硫醚、乙醇、甲硫醚、柠檬烯和α-蒎烯等物质仍对恶臭有所贡献，阈稀释倍数分别为11.5、8.5、2.8、1.8和1.0。

春季卸料坑口的监测与排放特征分析结果如表2.6所列。

表2.6 春季生活垃圾中转站卸料坑口恶臭物质监测与排放特征分析结果

名称	物质的浓度/(mg/m^3)	分子量	浓度/10^{-9}	嗅阈值浓度/10^{-9}	阈稀释倍数
甲硫醚	0.0232	62	0.008382	0.003	2.8
乙硫醚	0.0129	90	0.003211	0.000033	97.3
二甲二硫醚	0.1063	94	0.025337	0.0022	11.5
α-蒎烯	0.1113	136	0.018324	0.018	1.0
柠檬烯	0.4145	136	0.068266	0.038	1.8
乙醇	9.1228	46	4.442395	0.52	8.5

(4) 车间内部和压缩出口

由于垃圾压缩中转过程全密闭操作，在车间内和压缩出口处恶臭污染并不明显，指标恶臭物质种类相对单一，主要有乙硫醚、二甲二硫醚和乙醇。且恶臭物质浓度与中转站内背景值相差并不明显。

特征分析结果如表 2.7 所列。

表 2.7　春季中转站车间内部及压缩出口恶臭物质监测与排放特征分析结果

分类	名称	物质的浓度 /(mg/m³)	分子量	浓度 /10^{-6}	嗅阈值浓度 /10^{-6}	阈稀释倍数
车间内部	间二甲苯	0.2917	106	0.061637	0.041	1.5
	对二甲苯	0.2939	106	0.062107	0.058	1.1
	乙硫醚	0.0125	90	0.003117	0.000033	94.5
	二甲二硫醚	0.0317	94	0.007554	0.0022	3.4
	乙醇	2.7918	46	1.359497	0.52	2.6
压缩出口	乙硫醚	0.0126	90	0.00313	0.000033	94.8
	二甲二硫醚	0.0321	94	0.007649	0.0022	3.5
	乙醇	2.2511	46	1.096188	0.52	2.1

(5) 运输车

运输车在行驶至填埋场后进行倾倒的瞬间，恶臭物质的释放十分明显，其综合臭气浓度达到 254.1。主要指标恶臭物质为乙硫醚、甲硫醇、二甲二硫醚和乙醇等，阈稀释倍数分别达到 188.6、51.7、6.8 和 5.6；且浓度显著高于中转站各生产环节，甚至超过收集车内污染物浓度。甲硫醇浓度的显著升高，表明除乙硫醚外，在垃圾降解初期还将不断释放甲硫醇等含硫污染物，是造成该阶段恶臭污染的重要因素。

具体结果见表 2.8。

表 2.8　春季生活垃圾运输车恶臭物质监测与排放特征分析结果

名称	物质的浓度 /(mg/m³)	分子量	浓度 /10^{-6}	嗅阈值浓度 /10^{-6}	阈稀释倍数
甲硫醇	0.00775	48	0.003617	0.00007	51.7
甲硫醚	0.0116	62	0.004191	0.003	1.4
乙硫醚	0.025	90	0.006222	0.000033	188.6
二甲二硫醚	0.0627	94	0.014941	0.0022	6.8
乙醇	6.01005	46	2.926633	0.52	5.6

春季生活垃圾初期降解恶臭物质排放特征分析结果表明，乙硫醚仍是最为突出的恶臭物质，在各个流程单元中的恶臭污染均有突出贡献。

各流程单元的指标恶臭物质的阈稀释倍数如图 2.2 所示。

在春季流程中，有两个恶臭源高峰：一是垃圾收集车出口；二是垃圾运输车出口。表明：密闭厌氧环境易导致恶臭物质产生；在中转站内卸料坑处由于相对开放，恶臭物质浓度相对较低；而后续压缩中转密闭操作，对中转站内没有显著影响；运输车经过密闭运输又会造成垃圾的厌氧发酵，产生恶臭气体。

和冬季相比发现，冬季时密闭收集车出口的恶臭物质并不明显，直到运输车出口处才有较高浓度的恶臭气体，表明较低的温度使得厌氧过程相对滞后；春季时在收集车出

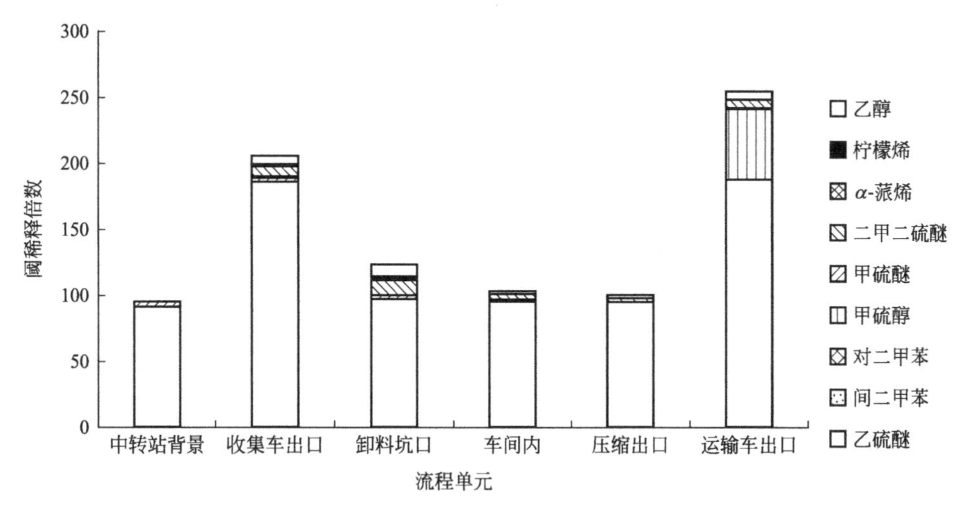

图 2.2 春季生活垃圾初期降解各流程单元指标恶臭物质阈稀释倍数

口厌氧过程已经较为明显，随后一直在进行。随着厌氧过程进行，甲硫醇产生量明显增大，在运输车出口有较高浓度甲硫醇，二甲二硫醚也有类似现象。除运输车出口外，春季恶臭物质水平普遍高于冬季 1 倍以上。

2.1.1.4 夏季生活垃圾初期降解恶臭物质排放特征分析

(1) 中转站内背景

夏季生活垃圾初期降解恶臭物质排放特征研究中，中转站内背景值没有阈稀释倍数 >1 的恶臭物质，特别是甲硫醇、乙硫醚、二甲二硫醚等之前常见有机硫化物均未检出，其主要原因是季节性气候条件有利于大气污染物的扩散。

(2) 收集车

夏季生活垃圾初期降解的垃圾收集车内，厨余垃圾比例高、含水率高，含硫化合物释放明显。甲硫醇由于嗅阈值很低，是最主要的指标恶臭物质，其阈稀释倍数达到 192。此外，二甲二硫醚、甲硫醚和对二乙苯阈稀释倍数均超过 10。指标恶臭物质的总阈稀释倍数达到 266.5，但前期的主要恶臭物质乙硫醚未检出。

具体特征分析结果如表 2.9 所列。

表 2.9 夏季生活垃圾收集车恶臭物质监测与排放特征分析结果

名称	物质的浓度 /(mg/m^3)	分子量	浓度 /10^{-6}	嗅阈值浓度 /10^{-6}	阈稀释倍数
乙酸乙酯	3.8620	88	0.983055	0.87	1.1
对乙基甲苯	0.0638	120	0.011909	0.0083	1.4
甲硫醇	0.0288	48	0.01344	0.00007	192.0
甲硫醚	0.1708	62	0.061708	0.003	20.6
二甲二硫醚	0.3476	94	0.082832	0.0022	37.6
柠檬烯	0.3274	136	0.053925	0.038	1.4
对二乙苯	0.0290	134	0.004848	0.00039	12.4

(3) 卸料坑口

夏季中转站卸料坑口恶臭物质组分相对简单，乙醇仍是浓度最高的物质，浓度达到5.7330mg/m³。主要恶臭物质为二甲二硫醚，阈稀释倍数为16.1，乙醇和甲硫醚的阈稀释倍数也均大于1。与春季结果相比，恶臭物质种类少、浓度低，且之前最主要的指标物质乙硫醚未检出。

具体分析结果如表2.10所列。

表2.10　夏季生活垃圾中转站卸料坑口恶臭物质监测与排放特征分析结果

名称	物质的浓度/(mg/m³)	分子量	浓度/10^{-6}	嗅阈值浓度/10^{-6}	阈稀释倍数
甲硫醚	0.0398	62	0.014379	0.003	4.8
二甲二硫醚	0.1484	94	0.035363	0.0022	16.1
乙醇	5.7330	46	2.791722	0.52	5.4

(4) 车间内部和压缩出口

由于垃圾压缩中转过程全密闭操作，在车间内恶臭污染并不明显，仅有甲硫醚和乙醇阈稀释倍数>1，略高于中转站背景值。而压缩出口指标恶臭物质种类单一，主要为甲硫醇，阈稀释倍数达到108，另有甲硫醚和乙醇。之前检测的主要恶臭指标物质乙硫醇未检出。

具体分析结果如表2.11所列。

表2.11　夏季中转站车间内部及压缩出口恶臭物质监测与排放特征分析结果

分类	名称	物质的浓度/(mg/m³)	分子量	浓度/10^{-6}	嗅阈值浓度/10^{-6}	阈稀释倍数
车间内部	甲硫醚	0.0132	62	0.004769	0.003	1.6
	乙醇	1.9779	46	0.963151	0.52	1.8
压缩出口	甲硫醇	0.0162	48	0.00756	0.00007	108.0
	甲硫醚	0.0320	62	0.011561	0.003	3.8
	乙醇	7.0936	46	3.454275	0.52	6.6

与冬季和春季分析结果不同，夏季生活垃圾初期降解过程中，乙硫醚未被检出，而甲硫醇成为最突出的恶臭物质，如图2.3所示。可能是由于垃圾在不同条件下进行发酵的规律不同，但根据对恶臭物质的分类，均以有机硫化物为最主要的恶臭物质。

在夏季流程中，垃圾收集车出口是恶臭污染的高峰，其主要由于密闭厌氧环境易导致恶臭物质产生。且夏季气温高、垃圾含水率高，厌氧发酵产生恶臭物质所需时间相对较短，在前期收集过程即会产生。与冬、春季相比，冬季时运输车出口是恶臭气体产生的高峰，春季时在收集车出口和运输车出口均有较高浓度的有机硫化物产生。而夏季恶臭物质产生高峰主要集中在收集车出口，且浓度更高。

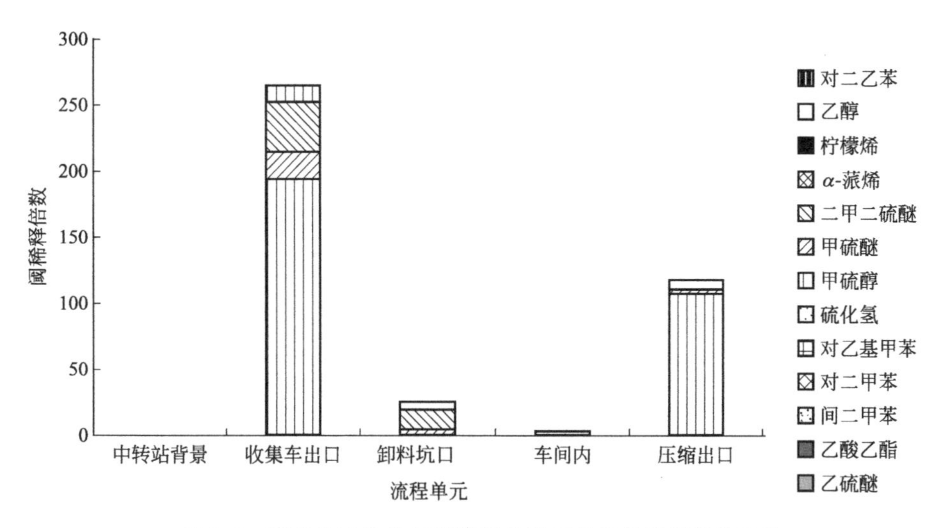

图 2.3　夏季生活垃圾初期降解各流程单元的指标恶臭物质

2.1.1.5　秋季生活垃圾初期降解恶臭物质排放特征分析

(1) 中转站内背景

与夏季研究结果类似，在秋季生活垃圾初期降解中，中转站内恶臭物质释放的背景值很低，仅有二甲二硫醚一种物质的阈稀释倍数>1，且仅为 1.65，其与季节气候和气象条件等均有关系。

(2) 收集车

与夏季的生活垃圾相比，秋季生活垃圾中含水率相对较低，厨余垃圾的比例有所下降，含硫化合物的释放也并不明显。在秋季现场监测结果中，未检出甲硫醇等夏季时典型的恶臭污染物，硫化物中仅有二甲二硫醚的阈稀释倍数>1，且相对较低（约为 3.4）。此外，监测样品中检出了一定浓度的乙醛，由于其相对较低的嗅阈值，乙醛的阈稀释倍数也>1。

具体特征分析结果如表 2.12 所列。

表 2.12　秋季生活垃圾收集车恶臭物质监测与排放特征分析结果

名称	物质的浓度 /(mg/m^3)	分子量	浓度 /10^{-6}	嗅阈值浓度 /10^{-6}	阈稀释倍数
二甲二硫醚	0.0319	94	0.007602	0.0022	3.4
乙醛	0.0077	44	0.003920	0.0015	2.6

(3) 卸料坑口

秋季中转站卸料坑口的恶臭物质组分与其他季节也不相同，虽然乙醇仍是浓度最高的物质，浓度达到 2.3903mg/m^3，但主要恶臭物质并非为硫化物或乙醇，乙醛成为阈稀释倍数最高的物质，根据对两组相同工艺环节采样的平均值，乙醛的阈稀释倍数达到 118.7。此外，二甲二硫醚、乙醇和柠檬烯的阈稀释倍数也均>1。具体分析结果如表 2.13 所列。乙醛的出现，是在合适的含水率和一定的厌氧条件下，由有机垃圾中的糖类物质经谷氨酸代谢缺氧发酵产生的，乙醛可进一步被还原为乙醇。

表 2.13　秋季生活垃圾中转站卸料坑口恶臭物质监测与排放特征分析结果

名称	物质的浓度 /(mg/m³)	分子量	浓度 /10⁻⁶	嗅阈值浓度 /10⁻⁶	阈稀释倍数
二甲二硫醚	0.0646	94	0.015394	0.0022	7.0
乙醛	0.3499	44	0.178105	0.0015	118.7
柠檬烯	0.3395	136	0.055918	0.038	1.5
乙醇	2.3903	46	1.163972	0.52	2.2

(4) 车间内部和压缩出口

与此前监测结果相似，在中转站车间内的恶臭污染并不明显，在秋季监测中仅有二甲二硫醚的阈稀释倍数>1，稍高于中转站背景值，这得益于垃圾压缩中转过程的全密闭操作。在压缩出口处，监测结果表明其恶臭物质的种类与卸料坑口类似，而浓度水平略低，主要的恶臭物质仍为乙醛，其阈稀释倍数达到 86.8，二甲二硫醚、乙醇和柠檬烯的阈稀释倍数也>1。

具体分析结果如表 2.14 所列。

表 2.14　秋季中转站车间内部及压缩出口恶臭物质监测与排放特征分析结果

分类	名称	物质的浓度 /(mg/m³)	分子量	浓度 /10⁻⁶	嗅阈值浓度 /10⁻⁶	阈稀释倍数
车间内部	二甲二硫醚	0.0303	94	0.007220426	0.0022	3.3
压缩出口	二甲二硫醚	0.0305	94	0.007268085	0.0022	3.3
	乙醛	0.2558	44	0.1302	0.0015	86.8
	柠檬烯	0.2452	136	0.040385882	0.038	1.1
	乙醇	1.7025	46	0.829043478	0.52	1.6

与前文所述其他季节分析结果不同，秋季生活垃圾初期降解过程中，乙硫醚、甲硫醇等均未被检出，而乙醛由于其浓度相对较高、嗅阈值相对较低，是秋季中转站释放的主要恶臭物质，如图 2.4 所示。二甲二硫醚和乙醇等也对恶臭污染产生一定贡献。根据秋季的监测结果，乙醛成为生活垃圾初期降解中一种新的指标恶臭物质。

在秋季生活垃圾初期转运流程中，垃圾收集车出口不再是恶臭污染的高峰，而是在卸料坑口和压缩出口出现两个污染物释放的高峰。这主要是由于秋季生活垃圾中含水率没有夏季时高，厌氧条件并不严格，且气温相对较低，使得生活垃圾发生一定的兼性厌氧发酵，有乙醛等不完全氧化产物产生，且所需时间与夏季相比略长，污染物释放高峰有所推后。

2.1.1.6　不同季节生活垃圾初期降解恶臭物质排放特征对比

图 2.5 显示了不同季节生活垃圾初期降解各个流程单元恶臭物质排放特征的对比。

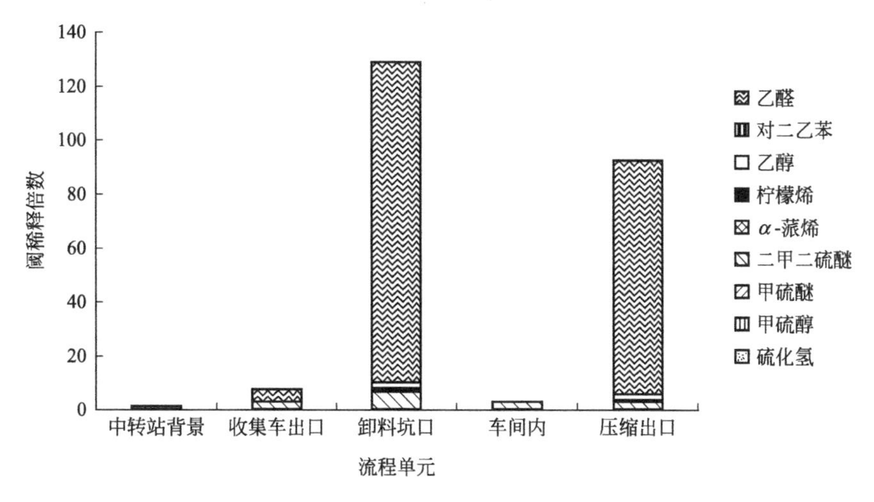

图2.4　秋季生活垃圾初期降解各流程单元的指标恶臭物质

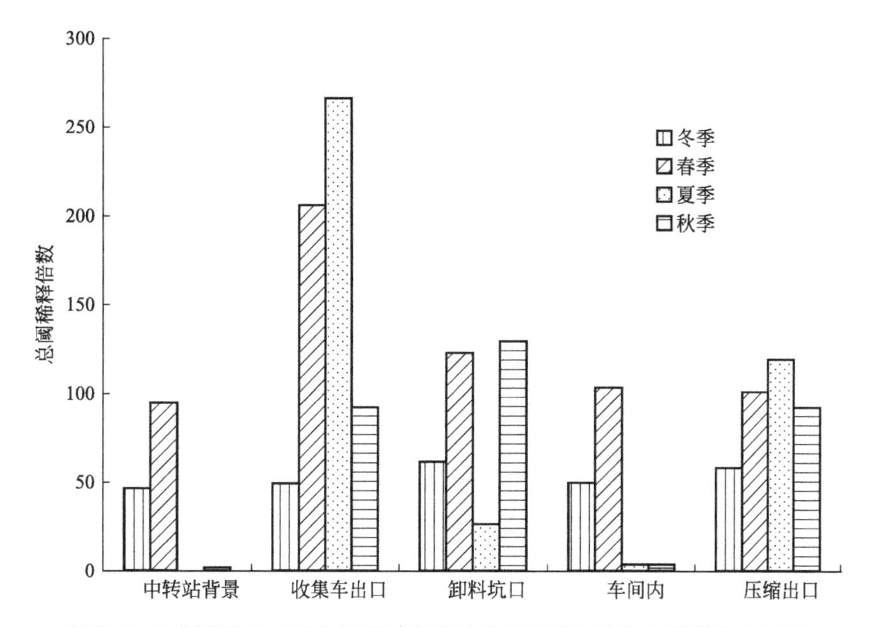

图2.5　不同季节生活垃圾初期降解各流程单元的恶臭物质排放特征对比

由图2.5可以看出，冬季中转站各流程恶臭物质变化不大，污染水平均较低；春季在收集车出口污染相对较高，之后各流程保持中高水平；而夏季收集车出口污染最高，中间流程相对较低，在压缩出口污染又较高；秋季则表现了卸料坑口和压缩出口两个高峰，与春季释放规律类似但有所推后。中转站恶臭污染在不同季节和操作流程均不同，随温度等气候条件产生相应变化，但在区域尺度模拟仍可视为随时间变化的点源。

2.1.1.7　南方小型生活垃圾转运站S恶臭物质排放特征分析

(1) 转运站内背景

在针对S转运站的两期恶臭物质监测中，转运站内的恶臭物质背景浓度均相对较低，仅有一期监测中乙醛的浓度达到0.0993mg/m^3，相应的阈稀释倍数达到33.7，是两期监测中唯一阈稀释倍数>1 的恶臭物质。表明开放式的生活垃圾转运站内恶臭物质能够快速扩散，不易形成积累。

（2）收集车

在两期监测中，生活垃圾收集车出口的恶臭物质排放表现出与北京大型生活垃圾转运站 B 相应环节类似的特征。在夏季的监测中，有机硫化物和乙醇对恶臭污染的贡献较为明显，其中甲硫醇的阈稀释倍数达到 50.0；而在秋季的监测中，乙醛为主要恶臭物质，其阈稀释倍数为 50.2，是该期监测中唯一阈稀释倍数>1 的恶臭物质。在两期监测中，阈稀释倍数>1 的几类恶臭物质及其排放特征分析结果见表 2.15。

表 2.15　南方小型生活垃圾转运站收集车恶臭物质监测与排放特征分析结果

批次	名称	物质的浓度/(mg/m³)	分子量	浓度/10^{-6}	嗅阈值浓度/10^{-6}	阈稀释倍数
夏季	甲硫醇	0.0075	48	0.0035	0.00007	50.0
	乙醇	4.0614	46	1.977725	0.52	3.8
秋季	乙醛	0.1479	44	0.075301	0.0015	50.2

（3）卸料坑口

卸料坑口的恶臭物质组分也表现了与 B 转运站相应环节类似的特征。两期监测的数据显示，对于夏季卸料坑口的恶臭物质浓度水平显著高于秋季，两期中分别以有机硫化物和乙醛为主要恶臭贡献物质。同时，生活垃圾卸料坑口恶臭物质的浓度较餐厨垃圾卸料坑口更低。

具体分析结果如表 2.16 所列。

表 2.16　南方小型生活垃圾转运站 S 卸料坑口恶臭物质监测与排放特征分析结果

批次/对象	名称	物质的浓度/(mg/m³)	分子量	浓度/10^{-6}	嗅阈值浓度/10^{-6}	阈稀释倍数
夏季/生活垃圾	甲硫醇	0.0151	48	0.007047	0.00007	100.7
	甲硫醚	0.0115	62	0.004155	0.003	1.4
	乙醛	0.4461	44	0.227105	0.0015	151.4
	柠檬烯	0.4226	136	0.069605	0.038	1.8
	乙醇	2.4955	46	1.2152	0.52	2.3
夏季/餐厨垃圾	硫化氢	0.0383	34	0.025233	0.00041	61.5
	甲硫醇	0.1422	48	0.066337	0.00007	947.7
	甲硫醚	0.0108	62	0.003884	0.003	1.3
秋季/生活垃圾	乙醛	0.1985	44	0.101061	0.0015	67.4
	柠檬烯	0.3917	136	0.064507	0.038	1.7
秋季/餐厨垃圾	二甲二硫醚	0.0137	94	0.003259	0.0022	1.5
	乙醛	0.4348	44	0.221327	0.0015	147.6
	柠檬烯	0.5933	136	0.097714	0.038	2.6
	乙醇	1.2618	46	0.614442	0.52	1.2

从表 2.16 可以看出，在夏季生活垃圾卸料坑口的恶臭物质中，虽然甲硫醚、柠檬烯和乙醇的阈稀释倍数>1，但与甲硫醇和乙醛的阈稀释倍数相比差异较大，根据第 1 章的恶臭污染评估指标体系，其不作为该样品的指标恶臭物质。夏季餐厨垃圾卸料坑口的恶臭物质中，甲硫醇的阈稀释倍数高达 947.7，与硫化氢共同成为该样品的指标恶臭物质。在秋季监测中，生活垃圾和餐厨垃圾卸料坑口的恶臭物质中，乙醛均成为最主要的贡献物质，阈稀释倍数分别为 67.4 和 147.6，符合前期监测研究中所体现的季节变化特征。

(4) 车间内部

由于 S 转运站的压缩车间为半开放状态，卸料坑和压缩出口均靠近敞开部分，车间内部受垃圾降解产生的恶臭物质影响相对较小。主要恶臭物质的种类与垃圾卸料坑口基本一致，其中夏季监测以甲硫醇和硫化氢为主，阈稀释倍数分别为 25.7 和 21.6，秋季监测则以乙醛为主，阈稀释倍数为 28.8。

具体结果如表 2.17 所列。

表 2.17　南方小型生活垃圾转运站 S 车间内部恶臭物质监测与排放特征分析结果

批次	名称	物质的浓度 /(mg/m^3)	分子量	浓度 /10^{-6}	嗅阈值浓度 /10^{-6}	阈稀释倍数
夏季	间二甲苯	0.3107	106	0.065657	0.041	1.6
	硫化氢	0.0135	34	0.008861	0.00041	21.6
	甲硫醇	0.0039	48	0.001797	0.00007	25.7
秋季	乙醛	0.0849	44	0.043241	0.0015	28.8

(5) 压缩出口

根据 S 转运站的压缩工艺，压缩出口与卸料坑口处于相同位置，但为不同工艺阶

图 2.6　南方小型生活垃圾转运站 S 压缩设备

段，如图 2.6 所示。因此，压缩出口的主要恶臭物质种类与卸料坑口的监测结果相似，但浓度超过嗅阈值的恶臭物质种类相对较少，阈稀释倍数也相对较低。

在夏季监测中甲硫醇是最主要的恶臭物质，其阈稀释倍数达到 812.0，其次为硫化氢、二甲二硫醚、乙醇和柠檬烯。在秋季监测中则仅有 4 种物质的阈稀释倍数>1，根据第 1 章的恶臭污染评估指标体系，由于乙醛的阈稀释倍数远高于其他物质，成为该样品中的指标恶臭物质。

具体如表 2.18 所列。

表 2.18　南方小型生活垃圾转运站 S 压缩出口恶臭物质监测与排放特征分析结果

批次	名称	物质的浓度/(mg/m³)	分子量	浓度/10^{-6}	嗅阈值浓度/10^{-6}	阈稀释倍数
夏季	硫化氢	0.0558	34	0.036762	0.00041	89.7
	甲硫醇	0.1218	48	0.05684	0.00007	812.0
	二甲二硫醚	0.0848	94	0.020208	0.0022	9.2
	柠檬烯	0.5130	136	0.084494	0.038	2.2
	乙醇	6.0767	46	2.959089	0.52	5.7
秋季	二甲二硫醚	0.0094	94	0.002246	0.0022	1.0
	乙醛	0.3346	44	0.170316	0.0015	113.5
	柠檬烯	0.6785	136	0.111753	0.038	2.9
	乙醇	1.1694	46	0.569459	0.52	1.1

对比针对 S 转运站的夏季和秋季监测结果可以看出，与北京 B 转运站类似，也表现出夏季超过嗅阈值的恶臭物质种类更多、阈稀释倍数更大的特征，且具有主要贡献的恶臭物质以有机硫化物特别是甲硫醇为主，其次是乙醇、乙醛等含氧类物质。而秋季恶臭物质种类相对较少，阈稀释倍数也较低，最主要的恶臭物质是乙醛，有机硫化物对恶臭污染的贡献几乎可以忽略。如图 2.7 和图 2.8 所示。与密闭运行的大型垃圾转运站不同，在小型垃圾转运站中，卸料坑口和压缩出口为恶臭物质排放浓度最高的工艺流程环节，并且显著高于其他工艺环节的恶臭物质排放浓度。这与其半开放式的运行模式有

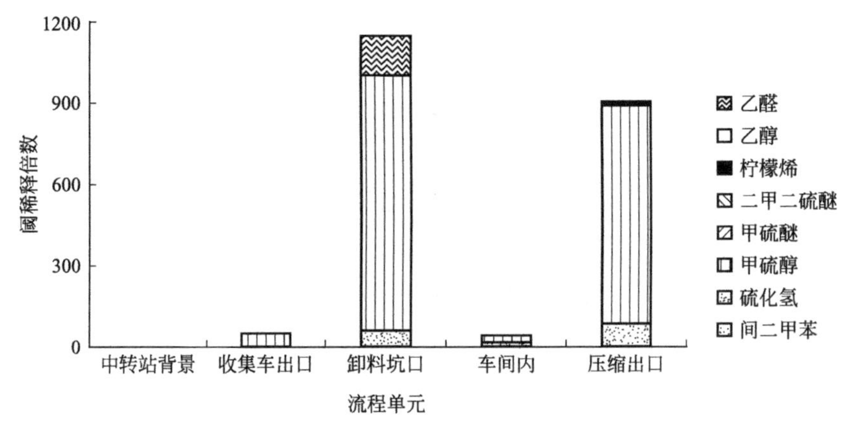

图 2.7　南方城市小型生活垃圾转运站 S 夏季不同流程单元的恶臭污染排放特征

关，并且垃圾收集车为非密封的小型车辆，卸料、压缩和装车等工艺环节产生的恶臭物质能够快速扩散，不易在车间内积累，然而因其规模小、日工作时间短等因素，其对周边环境的影响也并不显著。

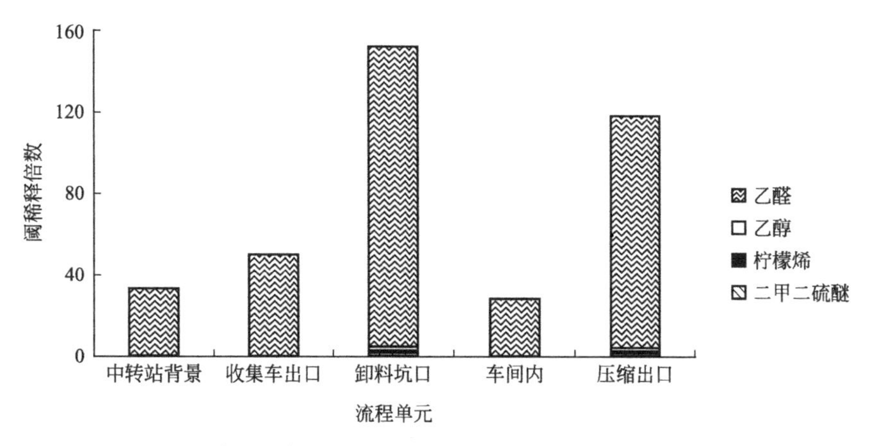

图 2.8　南方城市小型生活垃圾转运站 S 秋季不同流程单元的恶臭污染排放特征

2.1.1.8　南方大型生活垃圾焚烧厂恶臭物质排放特征分析

根据生活垃圾转运工艺，通常经中转站转运的生活垃圾在一天之内即可到达后续的焚烧或填埋等处理处置设施。针对南方大型生活垃圾焚烧厂的运输车倾倒、卸料坑口和贮存仓等工艺环节的恶臭物质监测，能够一定程度反映生活垃圾初期降解末期、进入处理处置工艺之前的恶臭物质排放特征。在大型焚烧厂的卸料平台、运输车集装箱口和卸料坑口分别进行的恶臭物质采样和监测表明，抵达垃圾焚烧厂的生活垃圾排放的恶臭物质种类相对集中，以硫化氢和有机硫化物为主；而在贮存仓内的生活垃圾经过数天的堆置，已开始进行生物降解反应，同时由于贮存仓密闭、垃圾贮存量大，恶臭物质的浓度很高，相应的阈稀释倍数也很高。

(1) 卸料平台

在大型焚烧厂的卸料平台中央进行的恶臭物质采样监测表明，甲硫醇等有机硫化物是夏季监测的主要恶臭物质，硫化氢则在秋季监测中成为主要恶臭物质。

具体如表 2.19 所列。

表 2.19　南方大型生活垃圾焚烧厂卸料平台恶臭物质监测与排放特征分析结果

批次	名称	物质的浓度 /(mg/m^3)	分子量	浓度 /10^{-6}	嗅阈值浓度 /10^{-6}	阈稀释倍数
夏季	甲硫醇	0.0319	48	0.014887	0.00007	212.7
	甲硫醚	0.0175	62	0.006305	0.003	2.1
	二甲二硫醚	0.0539	94	0.012844	0.0022	5.8
秋季	硫化氢	0.0580	34	0.038228	0.00041	93.2

(2) 运输车出口

对进入大型生活垃圾焚烧厂卸料平台的运输车出口进行监测，结果表明其恶臭物质的浓度水平相对较低，在夏季监测中部分有机硫化物和硫化氢的阈稀释倍数>1，而在秋季监测中阈稀释倍数最大的恶臭物质甲硫醚其数值也仅有 0.21。这可能和监测时段及进入焚烧厂的垃圾性质有关。

具体如表 2.20 所列。

表 2.20　南方大型生活垃圾焚烧厂运输车出口恶臭物质监测与排放特征分析结果

批次	名称	物质的浓度 /(mg/m³)	分子量	浓度 /10⁻⁶	嗅阈值浓度 /10⁻⁶	阈稀释倍数
夏季	硫化氢	0.0140	34	0.009191	0.00041	22.4
	甲硫醇	0.0051	48	0.002357	0.00007	33.7
	甲硫醚	0.0137	62	0.004950	0.003	1.6
	二甲二硫醚	0.0609	94	0.014500	0.0022	6.6

(3) 卸料坑口与贮存仓

大型生活垃圾焚烧厂中的卸料坑口与贮存仓直接相连，运输车倾倒的垃圾由卸料坑口接收后，经重力作用进入贮存仓，在卸料坑口打开时贮存仓内的恶臭气体也能够通过卸料坑口释放到卸料平台中。虽然卸料平台和贮存仓内均采用负压运行，但仍有恶臭物质不断逸散。因此，卸料坑口和贮存仓内，浓度超过嗅阈值的恶臭物质种类更多、浓度更高，相应的阈稀释倍数也更大。其中，在夏季监测中，于卸料坑口和贮存仓内进行的样品采集中，分别有 22 种和 17 种恶臭物质的阈稀释倍数>1，包括硫化物、芳香化合物和烃类物质等，硫化氢和甲硫醇的阈稀释倍数显著高于其他恶臭物质，成为相应样品的指标恶臭物质。在秋季监测中，阈稀释倍数高于 1 的恶臭物质数量以及相应的阈稀释倍数值均显著低于夏季监测。具体如表 2.21 和表 2.22 所列。然而，根据垃圾焚烧工艺，贮存仓内产生的挥发性气体将收集排出贮存仓并导入燃烧室进行燃烧处理，从而避免恶臭物质向外界环境释放。

表 2.21　南方大型生活垃圾焚烧厂卸料坑口恶臭物质监测与排放特征分析结果

批次	名称	物质的浓度 /(mg/m³)	分子量	浓度 /10⁻⁶	嗅阈值浓度 /10⁻⁶	阈稀释倍数
夏季	二硫化碳	0.9720	76	0.286484	0.21	1.4
	乙酸乙酯	10.1960	88	2.595345	0.87	3.0
	甲苯	2.6372	92	0.642101	0.33	1.9
	乙苯	1.6912	106	0.357386	0.17	2.1
	间二甲苯	1.1680	106	0.246823	0.041	6.0
	对二甲苯	0.5020	106	0.106083	0.058	1.8
	苯乙烯	1.9580	104	0.421723	0.035	12.0
	对乙基甲苯	0.2004	120	0.037408	0.0083	4.5
	硫化氢	17.3504	34	11.430852	0.00041	27880
	甲硫醇	1.2384	48	0.57792	0.00007	8256
	甲硫醚	2.7448	62	0.991670	0.003	330.6

续表

批次	名称	物质的浓度/(mg/m³)	分子量	浓度/10^{-6}	嗅阈值浓度/10^{-6}	阈稀释倍数
夏季	二甲二硫醚	1.9700	94	0.469447	0.0022	213.4
	柠檬烯	1.5840	136	0.260894	0.038	6.9
	乙醇	10.7628	46	5.241016	0.52	10.1
	1,2-二氯丙烷	1.5716	113	0.311538	0.26	1.2
	1-丁烯	1.4484	56	0.57936	0.36	1.6
	1-戊烯	0.7696	70	0.246272	0.1	2.5
	2-甲基-1,3-丁二烯	0.1948	68	0.064170	0.048	1.3
	2-甲基己烷	2.9552	100	0.661965	0.42	1.6
	3-甲基己烷	3.7800	100	0.84672	0.84	1.0
	甲基环己烷	2.9420	98	0.672457	0.15	4.5
	异丙苯	0.8004	120	0.149408	0.0084	17.8
秋季	硫化氢	0.0953	34	0.062753	0.00041	153.0
	二甲二硫醚	0.0160	94	0.003801	0.0022	1.7
	乙醛	0.0168	44	0.008565	0.0015	5.7
	乙醇	1.1442	46	0.557176	0.52	1.1

表 2.22　南方大型生活垃圾焚烧厂贮存仓内恶臭物质监测与排放特征分析结果

批次	名称	物质的浓度/(mg/m³)	分子量	浓度/10^{-6}	嗅阈值浓度/10^{-6}	阈稀释倍数
夏季	乙酸乙酯	8.6104	88	2.191738	0.87	2.5
	甲苯	2.2500	92	0.547826	0.33	1.7
	乙苯	1.2052	106	0.254684	0.17	1.5
	间二甲苯	0.8740	106	0.184694	0.041	4.5
	对二甲苯	0.4084	106	0.086303	0.058	1.5
	苯乙烯	0.5452	104	0.117428	0.035	3.4
	对乙基甲苯	0.1404	120	0.026208	0.0083	3.2
	硫化氢	1.4044	34	0.925252	0.00041	2257
	甲硫醇	2.3460	48	1.0948	0.00007	15640
	甲硫醚	0.6968	62	0.251747	0.003	83.9
	二甲二硫醚	0.9992	94	0.238107	0.0022	108.2
	柠檬烯	1.1188	136	0.184273	0.038	4.8
	乙醇	12.6460	46	6.158052	0.52	11.8
	1,2-二氯丙烷	2.3056	113	0.457039	0.26	1.8
	1-戊烯	0.4088	70	0.130816	0.1	1.3
	甲基环己烷	1.2344	98	0.282149	0.15	1.9
	异丙苯	0.3476	120	0.064885	0.0084	7.7

续表

批次	名称	物质的浓度/(mg/m³)	分子量	浓度/10^{-6}	嗅阈值浓度/10^{-6}	阈稀释倍数
秋季	间二甲苯	0.3717	106	0.078537	0.041	1.9
	硫化氢	0.1564	34	0.10304	0.00041	251.3
	甲硫醇	0.2760	48	0.128777	0.00007	1840
	甲硫醚	0.1987	62	0.071788	0.003	23.9
	二甲二硫醚	0.2210	94	0.052663	0.0022	23.9
	β-蒎烯	0.2158	136	0.035535	0.033	1.1
	柠檬烯	2.4130	136	0.397427	0.038	10.4
	乙醇	3.9553	46	1.926035	0.52	3.7
	对二乙苯	0.0253	134	0.004221	0.00039	10.8

2.1.2 生活垃圾初期降解的指标恶臭物质

生活垃圾初期降解恶臭物质现场监测和排放特征研究中，共采集了不同季节和不同流程单元的28组样品，另有南方某城市小型中转站S样品12组和焚烧厂贮存坑样品8组。在已经统计的40组样品中，列出每组中物质浓度最高的前10位恶臭物质，并对浓度最高物质的频次进行统计。对于每组样品的恶臭物质，进一步利用第1章提出的指标体系进行基于嗅阈值的恶臭污染评估。

基于物质浓度共筛选出9种物质，即丙烷、乙醇、柠檬烯、异丁烷、丁烷、乙酸乙酯、甲苯、丙酮、2-丁酮。其中，丙烷、乙醇、柠檬烯、异丁烷、丁烷、乙酸乙酯等物质出现频次均>30次，是生活垃圾初期降解过程中的物质浓度辅助指标恶臭物质。然而，由于其嗅阈值不同，其对恶臭污染的贡献也不同。

通过计算每种恶臭物质在该样品中的阈稀释倍数，可以选定核心指标恶臭物质。对40组样品中阈稀释倍数>1的恶臭物质进行统计，筛选出现频次最多的前9种物质，分别是二甲二硫醚、乙醇、乙硫醚、柠檬烯、甲硫醚、乙醛、甲硫醇、对二乙苯、硫化氢，其出现频次从26次至4次不等。特别是二甲二硫醚、乙醇、乙硫醚、柠檬烯、甲硫醚和乙醛6种物质，出现频次均在10次以上，且排序靠前，表明上述物质是生活垃圾初期降解中核心恶臭指标物质。传统研究认为生活垃圾降解主要释放的硫化氢，在本研究中仅有4次浓度超过其嗅阈值，虽然也列入出现频次最多的10种物质，但并不是造成恶臭污染最重要的物质。

此外，对于芳香族和氯代有机物等有毒有害物质，仅有少量甲苯、二氯甲烷、苯、一氟三氯甲烷、萘等被检出。

综合上述分析可见，生活垃圾初期降解中应核心关注的恶臭物质主要为有机硫化物、乙醇、乙醛和小分子烷烃，这些物质是对中转站等生活垃圾设施恶臭污染贡献突出的主要物质。

2.1.3 生活垃圾初期降解恶臭物质释放源强与综合污染评估

除了针对恶臭污染特征和指标恶臭物质的研究之外，项目组进一步针对生活垃圾初期降解中恶臭物质的释放源强开展了研究。以北京市某大型生活垃圾转运站 B 为研究对象，通过原位监测，重点考察了恶臭物质的释放浓度、释放速率和单位释放量，进而获得了生活垃圾初期降解恶臭物质的释放源强信息，为恶臭污染迁移扩散与防护评价提供了基础。进一步地利用生命周期评估方法和 2.1.2 部分中提出的恶臭污染评估指标物质，从恶臭物质的释放源强、环境影响和嗅觉污染等角度对生活垃圾初期降解恶臭物质开展了综合污染评估研究，从而全面揭示了相应恶臭物质对周边环境和人群的影响特征，为相应生活垃圾设施的恶臭防护和评价提供了科学依据。

2.1.3.1 生活垃圾初期降解恶臭物质释放源强监测方案

生活垃圾初期降解恶臭物质的释放源强监测，选择前述北京市某大型生活垃圾转运站 B 作为研究对象。该转运站具有垃圾分选和压缩转运工艺，主要负责转运北京市相关区域的居民生活垃圾，监测期间实际转运量为 1200t/d。

该转运站的分选、压缩与转运车间以负压方式运行，车间内气体通过多组排风扇由车间顶部排风口排出。经实地调研，车间顶部共有 15 组设有排风扇的排风口，其中西侧 11 组，东侧 4 组，以车间正中横梁分为南北两部分，部分排风口处密封而未设排风扇。每个设有排风扇的排风口，均由宽 52cm、高 54cm、深 50cm 的铁皮外罩将排风扇上下左右四面覆盖，围成风道，并在出风前端设有约 45°导流挡板和打开的盖板，如图 2.9 所示。此外，在风道顶部有除臭剂释放口，向排风口释放液态除臭剂。

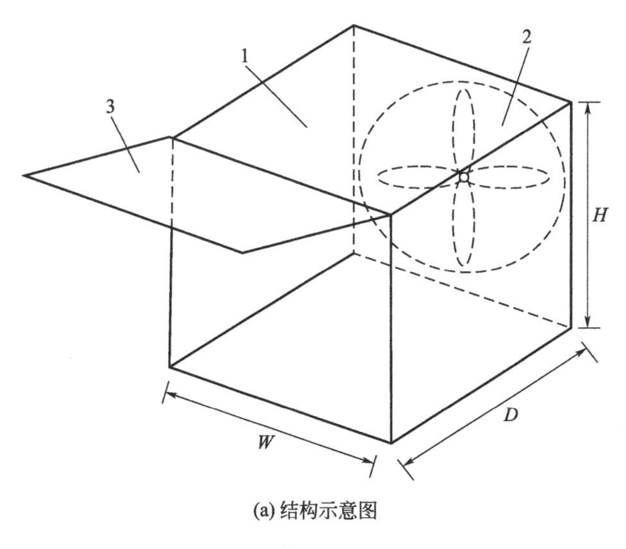

(a) 结构示意图

图 2.9

(b) 实物图

图 2.9 设有排风扇的排风口结构示意图

1—排风口外罩；2—排风扇；3—导流挡板；*W*—宽 52cm；*H*—高 54cm；*D*—深 50cm

监测过程中在 15 组排风口中选择具有代表性且均匀分布的 4 组进行监测，布点数量约占排风口总数的 1/4，以反映整个转运站的恶臭物质释放速率，每组排风口的监测点位于排风口外罩中央。

布点方案如图 2.10 所示，布点名称分别为东 1、西 4、西 10、东 13。

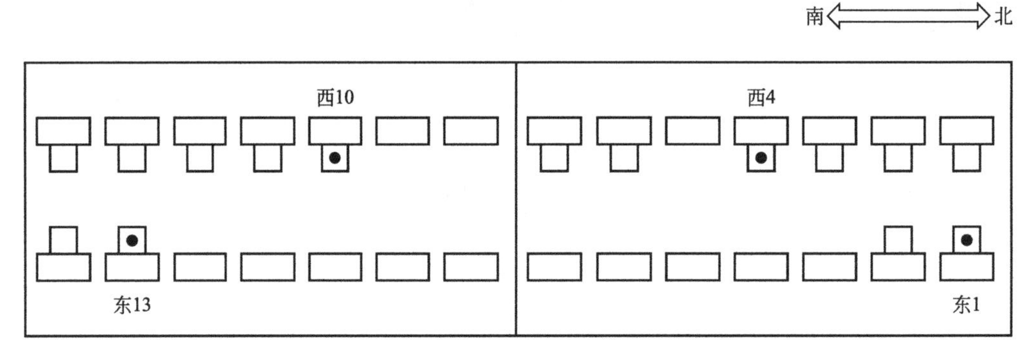

图 2.10 排风口监测布点方案

为了准确地测定排风口空气通量，在测定时将盖板打开，在风道内距离排风扇约 20cm 处断面中心利用风速仪监测气体流速，以连续记录 1min 的平均流速作为该排风扇风道的气体流速，根据断面面积计算空气通量，以用于后续计算恶臭气体的释放速率。恶臭气体采样在转运站正常工作期间进行，4 组采样点之间的采样间隔为 5min，每组采样点间隔 20min 采集 3 次平行样。每次采样时间 1min，以采集 300mL 排风口气体样品。恶臭气体采样系统采用由恶臭污染控制国家重点实验室开发的 SOC-01 型污染源气体采样系统，由密封采样罐、采样袋、采样管和真空泵组成，采用肺法采样原理工作，空气样品通过将采样罐抽真空得以通过采样管自然吸入采样袋中。每次采样前采样袋和采样管在原位清洗 2 次，以避免样品采集受到其他物质的干扰。采集的气体在 24h 内完成实验室检测和分析，样品检测采用气相色谱-质谱联用设备（GC-MS），进行恶臭气体的全组分分析。

2.1.3.2 生活垃圾初期降解恶臭物质释放源强

在生活垃圾初期降解恶臭物质释放源强研究中，根据相应的监测方案，共采集并分析恶臭气体样品 12 组，同时监测相应的气体流速 12 组，列入表 2.23 中。监测过程的平均温度为 31.0℃，湿度为 51%，背景风速为 2.1m/s，由于监测点位于排风口外罩内部，监测过程不受背景风速影响。

表 2.23 12 组监测样品气体流速 单位：m/s

轮次	东 1	西 4	西 10	东 13
1	5.8	6.4	7.5	5.9
2	5.4	6.3	6.2	5.9
3	5.7	5.0	6.4	5.6

根据排风口的外罩截面积，可计算出每个排风口每次监测的气体通量，12 组监测的平均气体通量为 1.687m^3/s，其标准差为 0.177m^3/s。在 12 组监测样品中，共检出 76 种挥发性恶臭物质，分别属于 7 个大类，具体包括硫化物（检出 5 种，如硫化氢、二甲二硫醚等）、含氧化合物（检出 10 种，如乙醇、丙酮等）、芳香族化合物（检出 14 种，如苯、甲苯等）、萜烯类物质（检出 3 种，包括 α-蒎烯、β-蒎烯和柠檬烯）、含卤化合物（检出 15 种，如三氯一氟甲烷、氯苯等）、饱和烃类物质（检出 27 种，如丙烷、丁烷等），以及非饱和烃类物质（检出 2 种，包括丙烯和 2-甲基-1,3-丁二烯）。

12 组样品中检出的恶臭物质浓度列入表 2.24 中，根据相应空气通量可计算其释放速率。

由表 2.24 可以看出，在全部检出的恶臭物质中，乙醇具有最高的物质浓度，其平均浓度值达到 13.57mg/m^3±2.28mg/m^3，占所有检出恶臭物质总浓度的 2/3。除乙醇之外，其他恶臭物质的平均浓度均低于 0.7mg/m^3。

图 2.11 显示了监测中物质浓度最高的 10 种恶臭物质（除乙醇之外），其主要属于含氧化合物、饱和烃类物质和含卤化合物。

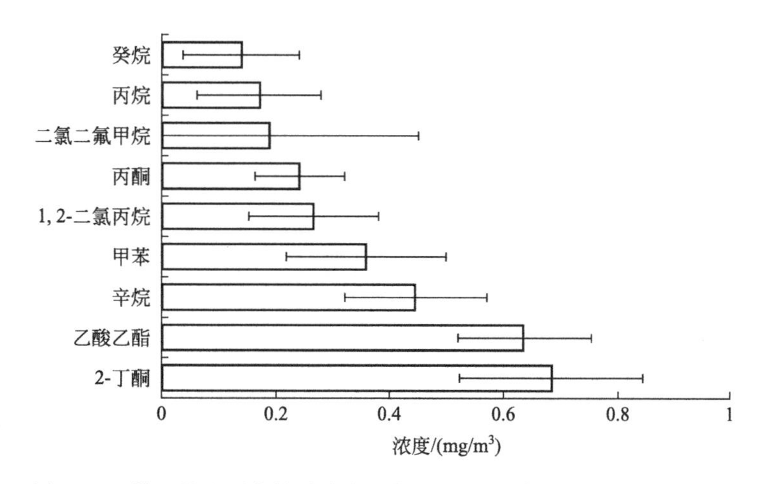

图 2.11 转运站监测中物质浓度最高的 10 种恶臭物质（除乙醇之外）

表 2.24 12 组样品中检出的恶臭物质浓度

单位：mg/m^3

编号	物质名称	东 1 第一轮	东 1 第二轮	东 1 第三轮	东 13 第一轮	东 13 第二轮	东 13 第三轮	西 4 第一轮	西 4 第二轮	西 4 第三轮	西 10 第一轮	西 10 第二轮	西 10 第三轮
1	硫化氢	0.0650	0.0496	0.0272	0.0193	0.0150	0.0000	0.0000	0.0000	0.0000	0.0000	0.0000	0.0000
2	甲硫醇	0.0236	0.0035	0.0210	0.0682	0.0753	0.0222	0.0401	0.1158	0.0068	0.0243	0.0132	0.0188
3	甲硫醚	0.0122	0.0121	0.0128	0.0156	0.0328	0.0073	0.0138	0.0732	0.0118	0.0127	0.1465	0.0092
4	二硫化碳	0.0240	0.0176	0.0255	0.0238	0.0205	0.0253	0.0229	0.0272	0.0225	0.0232	0.0424	0.0295
5	二甲二硫醚	0.0809	0.0578	0.0569	0.0815	0.0780	0.0398	0.0789	0.2029	0.0802	0.0935	0.2496	0.0559
6	α-蒎烯	0.0957	0.0747	0.0907	0.0714	0.0745	0.0685	0.0766	0.0585	0.0939	0.0858	0.1664	0.0758
7	β-蒎烯	0.1196	0.0832	0.1056	0.0752	0.0837	0.0744	0.0838	0.0649	0.1020	0.0895	0.2331	0.0701
8	柠檬烯	0.0803	0.0814	0.0000	0.0729	0.0754	0.0700	0.0729	0.0692	0.0701	0.0715	0.0754	0.0680
9	丙烯	0.0458	0.0278	0.0280	0.0686	0.0534	0.0182	0.0000	0.0214	0.0263	0.1055	0.0349	0.0264
10	二氯二氟甲烷	0.0711	0.0030	0.7376	0.0250	0.0058	0.2978	0.0409	0.0016	0.3444	0.0365	0.0000	0.6593
11	氯甲烷	0.0000	0.0005	0.0000	0.0000	0.0000	0.0000	0.0000	0.0000	0.0000	0.0000	0.0000	0.0000
12	乙醇	12.2923	13.1748	15.3873	14.4210	15.1603	10.8163	12.7852	9.0945	16.9992	12.9756	16.4593	13.2818
13	三氯氟甲烷	0.0042	0.0035	0.2405	0.0183	0.2296	0.0756	0.0117	0.2964	0.0621	0.0000	0.2918	0.1133
14	丙酮	0.2850	0.2177	0.1402	0.1777	0.3058	0.1448	0.1939	0.1971	0.3052	0.3255	0.2163	0.3887
15	异丙醇	0.0000	0.0000	0.0000	0.0072	0.0000	0.0000	0.0000	0.0000	0.0000	0.0000	0.0000	0.0000
16	1,1-二氯乙烯	0.0000	0.0002	0.0000	0.0000	0.0000	0.0000	0.0000	0.0000	0.0000	0.0000	0.0000	0.0000
17	二氯甲烷	0.1460	0.1132	0.0891	0.1327	0.1024	0.0928	0.1545	0.1134	0.1456	0.1477	0.1462	0.1051
18	叔丁基甲醚	0.0022	0.0013	0.0000	0.0000	0.0144	0.0000	0.0000	0.0000	0.0006	0.0000	0.0000	0.0000
19	1,1-二氯乙烷	0.0021	0.0000	0.0000	0.0000	0.0000	0.0000	0.0000	0.0001	0.0000	0.0000	0.0000	0.0000

续表

编号	物质名称	东 1 第一轮	东 1 第二轮	东 1 第三轮	东 13 第一轮	东 13 第二轮	东 13 第三轮	西 4 第一轮	西 4 第二轮	西 4 第三轮	西 10 第一轮	西 10 第二轮	西 10 第三轮
20	乙酸乙烯酯	0.0765	0.0000	0.0000	0.0000	0.0000	0.0000	0.0000	0.0000	0.0000	0.0000	0.0000	0.0000
21	2-丁酮	0.7611	0.7598	0.6870	0.5638	0.6518	0.4484	0.6093	0.7946	0.5756	0.6505	1.0940	0.6190
22	正己烷	0.4011	0.0517	0.0271	0.1300	0.0521	0.0289	0.1935	0.0435	0.0620	0.2463	0.0369	0.0000
23	乙酸乙酯	0.6733	0.4260	0.5893	0.5823	0.5880	0.5780	0.6985	0.5060	0.7954	0.7351	0.6337	0.8179
24	氯仿	0.0616	0.0601	0.0694	0.0754	0.0703	0.0697	0.0719	0.0652	0.0591	0.0674	0.0631	0.0713
25	1,2-二氯乙烷	0.0039	0.0002	0.0263	0.0158	0.0149	0.0238	0.0169	0.0038	0.0798	0.0054	0.0106	0.0252
26	苯	0.0740	0.0067	0.0169	0.0324	0.0259	0.0099	0.0446	0.0208	0.0019	0.0378	0.0249	0.0000
27	四氯化碳	0.0005	0.0006	0.0024	0.0032	0.0058	0.0028	0.0030	0.0011	0.0005	0.0000	0.0000	0.0000
28	环己烷	0.0230	0.0029	0.0279	0.0203	0.0198	0.0129	0.0187	0.0017	0.0042	0.0087	0.0000	0.0078
29	正庚烷	0.0976	0.0164	0.0242	0.0413	0.0424	0.0139	0.0554	0.0144	0.0047	0.0622	0.0227	0.0069
30	1,2-二氯丙烷	0.3635	0.4743	0.1538	0.2436	0.2447	0.1254	0.3043	0.2632	0.1669	0.3339	0.4032	0.1263
31	2-甲基-2-丙烯酸甲酯	0.0000	0.0000	0.0100	0.0073	0.0041	0.0153	0.0052	0.0000	0.0000	0.0000	0.0000	0.0071
32	甲基异丁酮	0.0052	0.0003	0.0110	0.0092	0.0135	0.0065	0.0093	0.0006	0.0019	0.0000	0.0065	0.0000
33	甲苯	0.4550	0.2840	0.4157	0.2543	0.1914	0.2728	0.2547	0.1808	0.5534	0.3302	0.5591	0.5429
34	1,1,2-三氯乙烷	0.0004	0.0004	0.0025	0.0038	0.0032	0.0036	0.0039	0.0007	0.0008	0.0000	0.0000	0.0000
35	2-己酮	0.0000	0.0000	0.0000	0.0000	0.0000	0.0000	0.0000	0.0000	0.0000	0.0000	0.0724	0.0000
36	四氯乙烯	0.0006	0.0004	0.0000	0.0018	0.0015	0.0012	0.0019	0.0003	0.0003	0.0000	0.0000	0.0000
37	氯苯	0.0020	0.0032	0.0116	0.0239	0.0225	0.0243	0.0243	0.0044	0.0011	0.0031	0.0012	0.0035
38	乙苯	0.0217	0.0299	0.0150	0.0332	0.0204	0.0102	0.0139	0.0182	0.0103	0.0099	0.0137	0.0054

续表

编号	物质名称	东 1 第一轮	东 1 第二轮	东 1 第三轮	东 13 第一轮	东 13 第二轮	东 13 第三轮	西 4 第一轮	西 4 第二轮	西 4 第三轮	西 10 第一轮	西 10 第二轮	西 10 第三轮
39	间二甲苯	0.0045	0.0192	0.0199	0.0413	0.0266	0.0139	0.0163	0.0020	0.0024	0.0125	0.0287	0.0081
40	对二甲苯	0.0024	0.0035	0.0077	0.0176	0.0103	0.0057	0.0067	0.0014	0.0031	0.0027	0.0131	0.0013
41	苯乙烯	0.0031	0.0020	0.0063	0.0064	0.0067	0.0047	0.0047	0.0011	0.0008	0.0061	0.0111	0.0057
42	邻二甲苯	0.0035	0.0035	0.0095	0.0170	0.0128	0.0068	0.0074	0.0017	0.0011	0.0010	0.0136	0.0000
43	1,2,4-三甲苯	0.0020	0.0013	0.0044	0.0039	0.0042	0.0031	0.0031	0.0006	0.0005	0.0000	0.0024	0.0000
44	1,3-二氯苯	0.0008	0.0000	0.0000	0.0000	0.0000	0.0000	0.0000	0.0000	0.0000	0.0000	0.0000	0.0000
45	1,4-二氯苯	0.0011	0.0011	0.0034	0.0000	0.0027	0.0025	0.0024	0.0004	0.0005	0.0000	0.0000	0.0000
46	萘	0.0110	0.0033	0.0053	0.0060	0.0045	0.0041	0.0036	0.0007	0.0002	0.0000	0.0075	0.0000
47	丙烷	0.1659	0.1120	0.0940	0.2498	0.1913	0.0583	0.3563	0.0746	0.0999	0.3896	0.1462	0.1048
48	异丁烷	0.1522	0.0704	0.1069	0.1884	0.0938	0.0515	0.2163	0.0690	0.0901	0.2562	0.0840	0.0995
49	丁烷	0.1663	0.0562	0.0707	0.1363	0.0778	0.0383	0.1990	0.0526	0.0709	0.2380	0.0698	0.0699
50	戊烷	0.0630	0.0191	0.0223	0.0374	0.0491	0.0176	0.0603	0.0420	0.0286	0.0637	0.0366	0.0264
51	2-甲基-1,3-丁二烯	0.0000	0.0000	0.0020	0.0000	0.0000	0.0000	0.0027	0.0000	0.0000	0.0000	0.0000	0.0000
52	2,2-二甲基丁烷	0.0328	0.0000	0.0000	0.0073	0.0000	0.0000	0.0125	0.0000	0.0000	0.0099	0.0000	0.0000
53	2,3-二甲基丁烷	0.0595	0.0000	0.0000	0.0000	0.0000	0.0000	0.0217	0.0000	0.0000	0.0210	0.0000	0.0000
54	环戊烷	0.0986	0.0000	0.0000	0.0000	0.0000	0.0000	0.0000	0.0319	0.0044	0.0000	0.0000	0.0000
55	2-甲基戊烷	0.2393	0.0244	0.0000	0.0645	0.0000	0.0000	0.1140	0.0219	0.0043	0.1484	0.0181	0.0014
56	3-甲基戊烷	0.2047	0.0107	0.0038	0.0436	0.0095	0.0032	0.0773	0.0035	0.0000	0.1001	0.0040	0.0000
57	2,4-二甲基戊烷	0.0325	0.0000	0.0000	0.0073	0.0029	0.0000	0.0125	0.0000	0.0000	0.0115	0.0000	0.0000

续表

编号	物质名称	东1 第一轮	东1 第二轮	东1 第三轮	东13 第一轮	东13 第二轮	东13 第三轮	西4 第一轮	西4 第二轮	西4 第三轮	西10 第一轮	西10 第二轮	西10 第三轮
58	甲基环戊烷	0.1021	0.0122	0.0136	0.0282	0.0260	0.0086	0.0438	0.0196	0.0089	0.0515	0.0126	0.0070
59	2-甲基己烷	0.0782	0.0042	0.0000	0.0202	0.0116	0.0000	0.0335	0.0015	0.0000	0.0378	0.0021	0.0000
60	2,3-二甲基戊烷	0.0559	0.0000	0.0000	0.0000	0.0000	0.0000	0.0374	0.0543	0.0194	0.0332	0.0000	0.0159
61	3-甲基己烷	0.0759	0.0064	0.0066	0.0223	0.0144	0.0040	0.0358	0.0045	0.0011	0.0431	0.0045	0.0027
62	2,2,4-三甲基戊烷	0.0000	0.0000	0.0041	0.0000	0.0097	0.0000	0.0049	0.0000	0.0006	0.0000	0.0000	0.0000
63	甲基环己烷	0.0340	0.0138	0.0099	0.0301	0.0254	0.0039	0.0200	0.0064	0.0002	0.0164	0.0075	0.0000
64	2,3,4-三甲基戊烷	0.0012	0.0002	0.0065	0.0058	0.0064	0.0028	0.0052	0.0006	0.0020	0.0013	0.0030	0.0023
65	2-甲基庚烷	0.0000	0.0000	0.0072	0.0090	0.0115	0.0027	0.0080	0.0000	0.0000	0.0041	0.0032	0.0000
66	3-甲基庚烷	0.0026	0.0027	0.3135	0.0111	0.0075	0.0073	0.0097	0.0011	0.0080	0.0000	0.0000	0.0000
67	辛烷	0.3383	0.3744	0.4448	0.4018	0.3338	0.3577	0.4223	0.3173	0.5192	0.5133	0.7378	0.5896
68	壬烷	0.0019	0.0064	0.0099	0.0131	0.0118	0.0056	0.0066	0.0009	0.0004	0.0000	0.0143	0.0000
69	异丙苯	0.0006	0.0006	0.0020	0.0014	0.0049	0.0011	0.0009	0.0016	0.0003	0.0000	0.0119	0.0000
70	丙苯	0.0009	0.0007	0.0000	0.0000	0.0000	0.0000	0.0000	0.0004	0.0004	0.0000	0.0000	0.0000
71	间-乙基甲苯	0.0015	0.0003	0.0000	0.0000	0.0000	0.0000	0.0000	0.0007	0.0006	0.0000	0.0014	0.0000
72	癸烷	0.1806	0.1186	0.1699	0.0955	0.1245	0.1018	0.1290	0.0886	0.1480	0.0000	0.4305	0.0789
73	1,2,3-三甲苯	0.0000	0.0000	0.0000	0.0000	0.0000	0.0000	0.0000	0.0003	0.0000	0.0000	0.0000	0.0000
74	对-二乙苯	0.0000	0.0000	0.0000	0.0000	0.0000	0.0000	0.0000	0.0004	0.0004	0.0000	0.0000	0.0000
75	十一烷	0.0125	0.0091	0.0000	0.0000	0.0039	0.0028	0.0043	0.0077	0.0084	0.0083	0.0174	0.0070
76	十二烷	0.0059	0.0028	0.0176	0.0052	0.0093	0.0065	0.0073	0.0010	0.0014	0.0000	0.0273	0.0000

根据监测的气体通量为 1.687m³/s±0.177m³/s，并以上述监测点代表全部 15 个排风口的气体释放情况，能够计算出整个转运站的恶臭物质释放速率，即针对每种恶臭物质，以每次监测的气体通量和物质浓度计算该恶臭物质该次监测的释放速率，根据 12 次监测结果计算该恶臭物质在单个排风口的平均释放速率。以该平均释放速率乘以

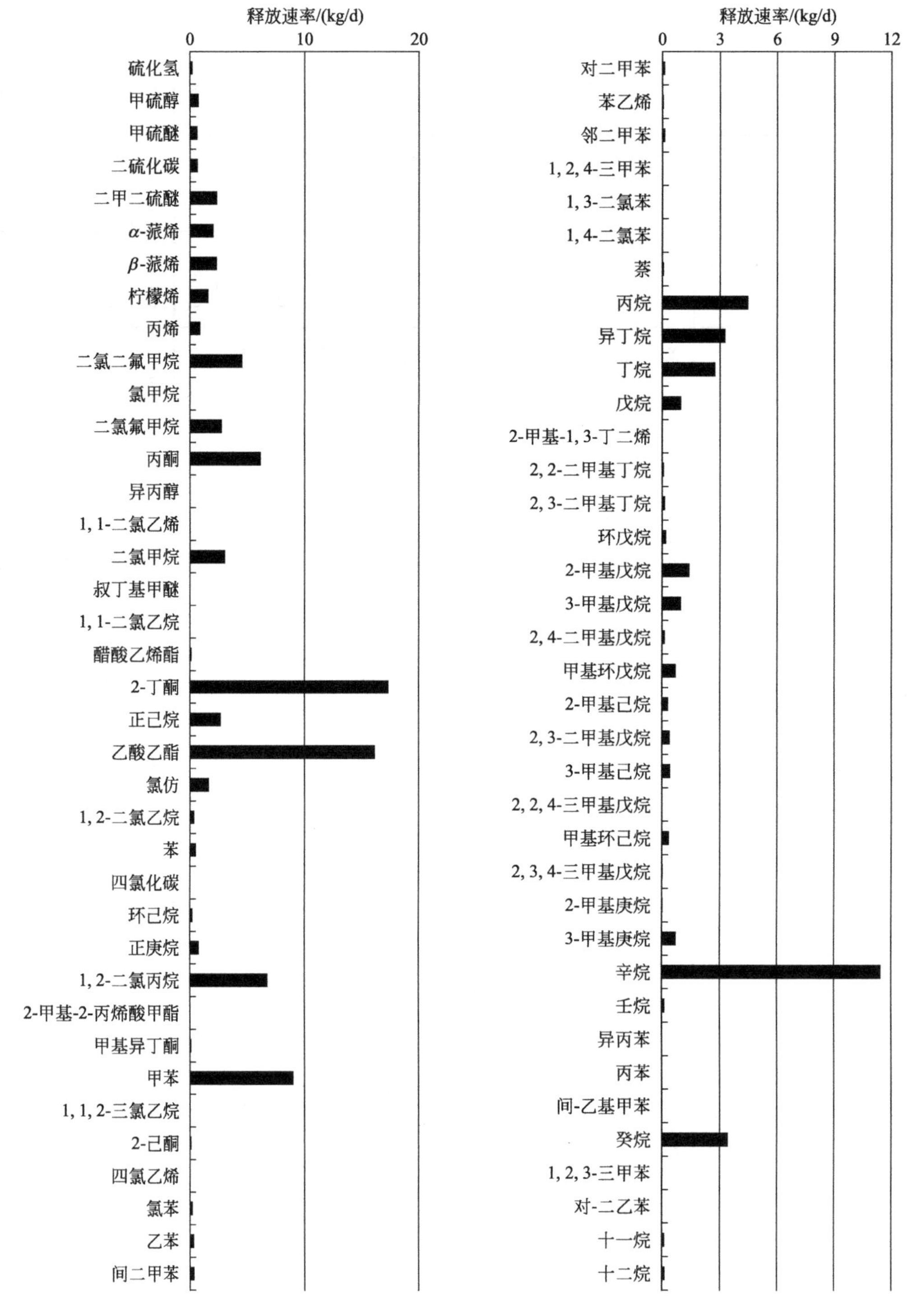

图 2.12 转运站监测中恶臭物质的释放速率（除乙醇之外）

15 得该恶臭物质的释放速率，分别以 mg/s 和 g/h 计。根据转运站的日工作时间 12h，以释放速率（g/h）乘以 12 得该恶臭物质的日释放速率（g/d）。根据计算，全部恶臭物质的总释放速率为 462.97mg/s，合 1.67kg/h，全部恶臭物质的日释放速率为 20.00kg/d。根据该转运站每日转运生活垃圾的量 1200t，可计算每吨生活垃圾转运过程中的恶臭物质单位释放量，为 16.67g/t。因释放速率与物质的浓度成正比，释放速率最大的恶臭物质排序与图 2.11 中物质浓度最大的物质排序相同，乙醇仍是释放速率最大的恶臭物质，其日释放速率达 14.76kg/d，单位释放量为 12.30g/t 垃圾。

监测中恶臭物质的释放速率如图 2.12 所示。

2.1.3.3 生活垃圾初期降解恶臭物质的环境影响评估

根据监测的生活垃圾转运站的日转运量 1200t，结合恶臭物质的单位释放速率，对生活垃圾初期降解的恶臭物质可能导致的环境影响进行生命周期评估。在国际生命周期数据系统（ILCD）推荐的生命周期环境影响评估方法中，共包含了本研究检出的 76 种恶臭物质中的 35 种，其他恶臭物质因对环境影响贡献极微或因评估方法限制被省略。这些恶臭物质共对 6 种环境影响要素可能造成不同程度的影响，具体包括温室效应、光化学烟雾、臭氧耗竭、生态毒性、人体毒性（致癌）和人体毒性（非致癌）。对于温室效应，在生活垃圾初期降解释放的恶臭物质中，贡献最大的是二氯二氟甲烷（CFC-12），其标准化环境影响潜能为 0.273 人均当量（PE）；而对于光化学烟雾和生态毒性的主要贡献物质均为乙醇，其标准化环境影响潜能分别为 0.173 PE 和 3.37×10^{-3} PE。

表 2.25 为 6 种主要影响物质及相应标准化环境影响潜能，其中氯氟烃类物质和其他卤代烃是对大部分环境影响要素可能造成影响的主要物质。三氯氟甲烷（CFC-11）和二氯二氟甲烷（CFC-12）对温室效应和臭氧耗竭的环境影响潜能占据全部物质相应环境影响潜能的 99%以上，大于人体毒性（非致癌）的约 70%环境影响潜能也由这两种物质造成。乙醇对于光化学烟雾、生态毒性和人体毒性等要素的影响值得关注，因其具有极高的释放速率。然而，大部分有机硫化物，如二甲二硫醚和乙硫醇等，未包含在相应的生命周期环境影响评估方法中。这些物质通常由于其极低的浓度和相应极低的环境影响在生命周期评估中被忽略。

表 2.25 6 种环境影响要素的主要影响物质及相应标准化环境影响潜能

环境影响要素		主要贡献物质				合计
温室效应	名称	CFC-12	CFC-11	CCl_4	其他	6 种
	人均当量	0.273	0.074	3.21×10^{-4}	4.32×10^{-4}	0.348
光化学烟雾	名称	乙醇	甲基-乙基酮	甲苯	其他	26 种
	人均当量	0.173	8.21×10^{-3}	7.26×10^{-3}	0.014	0.202
臭氧耗竭	名称	CFC-11	CCl_4		其他	2 种
	人均当量	2.915	0.049		0	2.964
生态毒性	名称	乙醇	CS_2	丙酮	其他	21 种
	人均当量	3.37×10^{-3}	9.51×10^{-5}	3.13×10^{-5}	7.26×10^{-5}	3.57×10^{-3}

续表

环境影响要素		主要贡献物质				合计
人体毒性(致癌)	名称	CCl_4	乙醇	三氯甲烷	其他	13 种
	人均当量	1.59×10^{-3}	9.75×10^{-4}	3.99×10^{-4}	1.02×10^{-3}	3.96×10^{-3}
人体毒性(非致癌)	名称	CFC-12	CS_2	CFC-11	其他	17 种
	人均当量	4.08×10^{-3}	1.32×10^{-3}	1.98×10^{-4}	5.45×10^{-4}	6.14×10^{-3}

与物质浓度和释放速率最大的恶臭物质列表相比（图 2.11），除具有极高浓度的乙醇之外，对各环境要素具有主要影响的物质种类有明显差异。表明仅对物质浓度和释放速率最大的恶臭物质进行关注，不足以反映生活垃圾初期降解过程对环境的影响。

2.1.3.4 生活垃圾初期降解恶臭物质的嗅觉影响评估

根据第 1 章所述的恶臭污染评估指标体系，利用不同恶臭物质的嗅阈值和监测获得的释放浓度，计算相应的阈稀释倍数，从而评估不同恶臭物质对恶臭污染造成嗅觉影响的贡献。

在 76 种检出的恶臭物质中，共有 56 种的嗅阈值有参考数据可供使用，根据式 1.1 计算的相应物质的阈稀释倍数结果显示，生活垃圾初期降解的恶臭物质释放源强监测中，绝大部分恶臭物质的阈稀释倍数＜1，表明其对人类嗅觉的影响较小，基本不造成恶臭污染。这些阈稀释倍数＜1 的恶臭物质中，包括了大部分浓度和释放速率位于前列的物质（图 2.11），如 2-丁酮（0.013）、乙酸乙酯（0.186）、辛烷（0.052）、甲苯（0.264）、1，2-二氯丙烷（0.203）、丙酮（0.002）、丙烷（5.78×10^{-5}）和癸烷（0.035）。这主要是由于这些恶臭物质具有相对较高的嗅阈值水平，其数量级多为 $10^{-1}\sim10^{-3}$。相反的，大部分含硫化合物，特别是如乙硫醇、乙硫醚和甲硫醇等有机硫化物，通常具有非常低的嗅阈值，表明这些物质在极低的浓度时就能够引起人类嗅觉，从而导致严重的恶臭污染。

在本研究的生活垃圾初期降解恶臭物质释放源强监测中，仅有 5 种恶臭物质的阈稀释倍数＞1，其阈稀释倍数大小表示了其对相应恶臭污染的贡献，如图 2.13 所示。

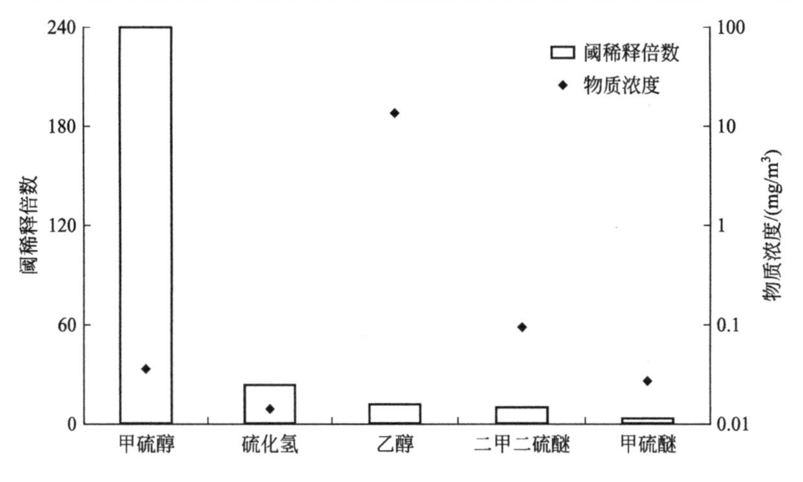

图 2.13 转运站监测中阈稀释倍数＞1 的恶臭物质

这5种恶臭物质中，除乙醇外均属于含硫化合物。其中，甲硫醇是恶臭污染最主要的贡献者，其阈稀释倍数达到240.39，约为排在第2位的贡献者硫化氢的阈稀释倍数（23.57）的10倍，这主要是由于其嗅阈值极低。同时，乙醇由于其极高的释放浓度，在恶臭污染贡献排序中列第3。其他3种含硫化合物的释放浓度相对较低（低于0.1mg/m^3），而阈稀释倍数则在3～24的范围内。上述研究结果与生活垃圾初期降解指标恶臭物质的研究结果相符，5种对恶臭污染贡献最大的恶臭物质均包含于生活垃圾初期降解的指标恶臭物质中，一方面验证了指标恶臭物质筛选的准确性，另一方面再次证明常规监测中的硫化氢可能并不是对恶臭污染贡献最大的物质，而嗅阈值更低的有机硫化物和释放浓度更大的乙醇应当在恶臭污染评估中受到足够关注。

2.2 填埋场作业面恶臭污染评价技术

2.2.1 填埋场作业面恶臭物质浓度、组成及其季节性变化

2.2.1.1 填埋场简介及数据采集

(1) 研究对象

本书选择北京市某大型生活垃圾填埋场（简称A填埋场）作为主要研究对象。该填埋场属于典型的平原式垃圾填埋场，采用全密闭填埋工艺。A填埋场垃圾组分的百分比如表2.26所列。其中填埋垃圾样品为现场取得，新垃圾组分的数据参考已有文献。按照《城市生活垃圾采样和物理分析方法（CJ/T 3039—95)》，研究人员对填埋场A进行了为期一年（2007年11月至2008年10月）的跟踪检测，其垃圾组成如表2.26所列。

表2.26 填埋场A的垃圾物理组分

分类	有机物		无机物		可回收物					
类别	动物	植物	灰土	砖瓦陶瓷	纸类	塑料橡胶	纺织物	玻璃	金属	木竹
含量/%	2.5	46.4	7.4	1.5	16.9	18.8	3.1	1.6	0.3	1.5

(2) 数据采集

1) 气象及气候条件

气象及气候条件的监测在采样的过程中同时进行，共测定了气压、气温、相对湿度、风向、风速5个指标，采用的监测仪器及方法如表2.27所列。

表2.27 气象条件检测仪器及方法表

监测项目	仪器设备	监测方法
气压	空盒气压表	采样时现场监测
气温、相对湿度	温湿度计	
风向、风速	轻便三杯风向风速表	

2）监测点位

采样位置设置在填埋区作业面。综合现场采样条件和分析时间，确定一天的采样时间为10:00、14:00、18:00、22:00、3:00（次日）。

3）现场采样设备

采样器是依据“肺法”原理设计的SOC-01型气体采样装置，如图2.14所示。该装置由采样枪、采样桶、采样泵三部分构成。采样袋由聚酯材料制成，体积为8L，可在60～90s内完成一次采样操作。采样高度为1.5m。

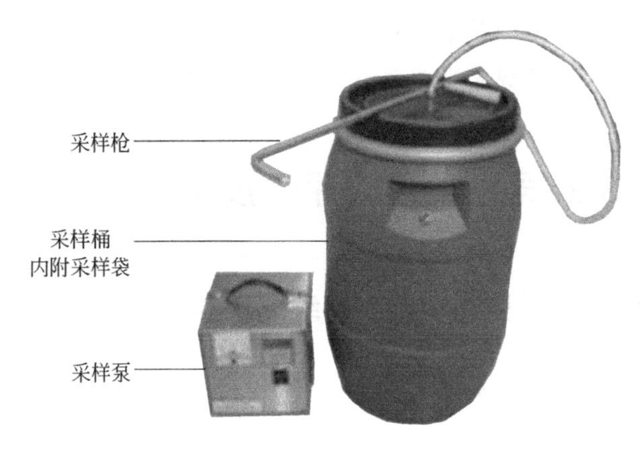

图2.14 “肺法”气体采样装置

4）样品分析

采用预浓缩配合GC-MS（气质联用仪）分析法对填埋气组分进行全组分分析，参考标准是US EPA TO-14。

2.2.1.2 作业面释放恶臭物质的组成、浓度及季节性变化

A填埋场作业面上春、夏、秋、冬四个季节分别检出41种、59种、66种和54种挥发性物质，并可归为含氧化合物（醛、酮、醚、酯、醇等）、含硫化合物、芳香烃、卤代烃、烷烃/烯烃和萜烯六大类物质。

检测出的物质总浓度及种类见表2.28。

表2.28 填埋场作业面恶臭物质总浓度及物种种类的季节特征

物质	浓度①/(μg/m³)			
	春季	夏季	秋季	冬季
醛、酮	88.9±120.8(2)	207.4±255.2(5)	13.6±11.9(3)	5.1±11.4(1)
酯、醚	28.2±60.1(1)	151.8±160(1)	80.4±77.7(2)	31.1±41.8(1)
醇	584.6±887.2(1)	2350±1791(1)	1642±1750.6(1)	1537±710.8(1)
含硫化合物	365.1±417.6(5)	160.8±84.3(4)	103±60.6(5)	235.7±66(6)
卤代烃	526.1±804.2(10)	330.6±175.4(10)	147±20.4(15)	95.4±109.2(8)
芳香烃	190.9±181(7)	319.8±163(15)	114.9±46.2(15)	144.4±130.3(15)
烷烃	466.3±753.9(11)	863.8±424.1(18)	228.1±147.3(20)	355.7±329.9(15)

续表

物质	浓度①/(μg/m³)			
	春季	夏季	秋季	冬季
烯烃	82.6±91.4(1)	29.2±40.1(2)	15.6±21.2(2)	45.6±31.2(5)
萜烯	149.8±107.3(3)	99.2±44.4(3)	93.3±42.3(3)	450.9±475.5(2)
总浓度	2483±2394(41)	4513±2250(59)	2439±1990(66)	2901±1653(54)

① 平均值±标准差，下同。

注：( ) 内数字为检测到的物种数。

从表 2.28 中可以看出，四个季节中作业面释放的恶臭物质种类及浓度均有所不同。其中，烷烃、芳香烃及卤代烃在所有样品中均具有较高的浓度，秋季检出的物种数最多。夏季与秋季不同种类的恶臭物质浓度分布相同：含氧化合物＞烷烃/烯烃＞卤代烃＞芳香烃＞含硫化合物＞萜烯。春季不同种类的恶臭物质浓度分布类似，但含硫化合物浓度高于芳香烃；而冬季不同种类的恶臭物质浓度分布与其他三季显著不同，表现为：含氧化合物＞萜烯＞烷烃/烯烃＞含硫化合物＞芳香烃＞卤代烃。含氧化合物、卤代烃和烷烃是生活垃圾降解初期的典型产物，其在夏季和秋季的作业面具有较高的浓度，物质种类也更为丰富；而在冬季，则是硫化物、萜烯、烯烃等物质浓度较高。

填埋场作业面释放的恶臭物质种类及浓度很大程度上取决于填埋垃圾组分及垃圾的好氧或厌氧降解程度。一方面，非生物源物质如芳香烃、卤代烃等通常来源于生活垃圾本身，其释放主要受垃圾组分变化（如塑料包装物、塑料泡沫、气雾剂等）及挥发程度的影响；另一方面，含氧化合物、含硫化合物通常为生物降解过程的中间及终端产物，其浓度更多取决于有机物所处的降解阶段。

填埋场作业面检出的六大类物质各自可能的来源见表 2.29。

表 2.29 填埋场作业面各类恶臭物质主要来源

物质种类	可能来源
含氧化合物	垃圾中有机物的降解;垃圾中含氧化合物的挥发
含硫化合物	含硫物质(如厨余垃圾)的降解
芳香烃	塑料包装物;食品罐;高脂肪食物;涂料;汽车尾气排放;废纸
卤代烃	气雾剂;除漆剂;染色溶剂;起泡剂;肥皂;涂料;制冷剂
烷烃/烯烃	食品包装;烹饪油;废纸
萜烯	生物质(剪枝、落叶等)释放;空气清新剂;家用清洁剂

北京市生活垃圾组分的季节变化如图 2.15 所示。

由图 2.15 可知，随着季节的变换，北京市的垃圾组分也有所波动。其中，夏季厨余垃圾含量较高，而其余季节中塑料和纸类则占有较大比例；另外，秋季和冬季剪枝、落叶等绿化废物的含量明显攀升。这些变化显然影响着生活垃圾填埋场作业面恶臭物质的释放。

2.2.1.3 作业面释放恶臭物质的浓度及其时间变化

对 A 生活垃圾填埋场作业面释放的恶臭物质日平均浓度进行了分析，结果显示：

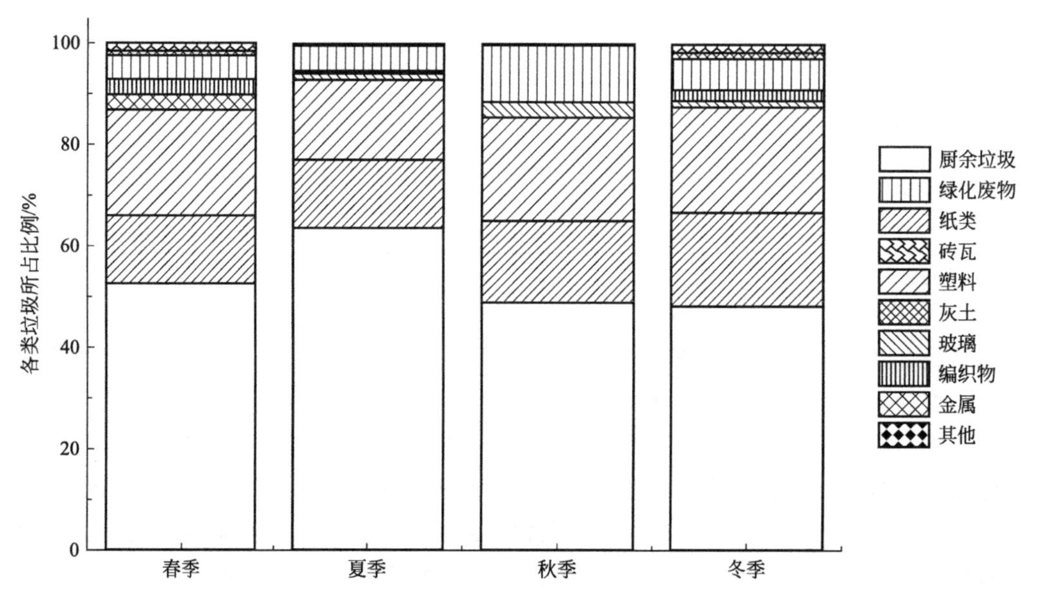

图 2.15　北京市生活垃圾组分的季节变化

夏季的平均浓度最高，达到了 4513μg/m³；其次是冬季，日平均浓度为 2901μg/m³。春季和秋季作业面释放的恶臭物质日平均浓度相差不大，分别为 2483μg/m³ 和 2438μg/m³。由于夏季气温较高、湿度较大，微生物较为活跃；同时，有机物质如水果、蔬菜等的含量较高，在收集、转运过程中已经进行了一定程度的发酵，产生对恶臭贡献显著的酸类物质，使得垃圾恶臭污染较为严重；另外，较高的温度也促进了作业面垃圾中原有物质的挥发。这些原因使得夏季作业面恶臭物质总浓度显著高于其他季节。冬季的作业面也检测到较高的恶臭物质释放，这主要是由于垃圾填埋场内部与外界的温度差导致的。冬季外界气温较低，而填埋场内部由于垃圾降解产热，通常能够保持相对较高的温度，而作业面直接暴露于空气使得垃圾从表层到深层形成了一个温度梯度，这加速了填埋场内部气体向表层的迁移及释放，因此作业面的恶臭物质浓度也随之升高。事实上，冬季采样期间，能够在作业面观察到明显的自下而上的蒸汽，这证实了填埋场内部垂直气流迁移过程的存在。

作业面释放的恶臭物质浓度峰值在不同季节呈现不同时段，如图 2.16 所示。其可能受到多种因素的影响，如作业面气象条件的改变，包括气压、温度、湿度、风速等；较高的温度、低大气压以及较高的湿度通常导致高浓度恶臭物质释放。四个季节中，作业面恶臭物质浓度高峰常常出现在 10:00、14:00 以及夜间 3:00，而这些时段往往是气温较高或大气压较低的时段。

2.2.2　典型填埋场作业面恶臭浓度表征及方法研究

2.2.2.1　采样时间及采样方法

本节中恶臭气体样品的采集同样在 A 填埋场作业面完成，共进行了两年；其中，2012～2013 年的采样工作与采样时间安排见 2.2.1 部分描述，同步对所采样品进行恶

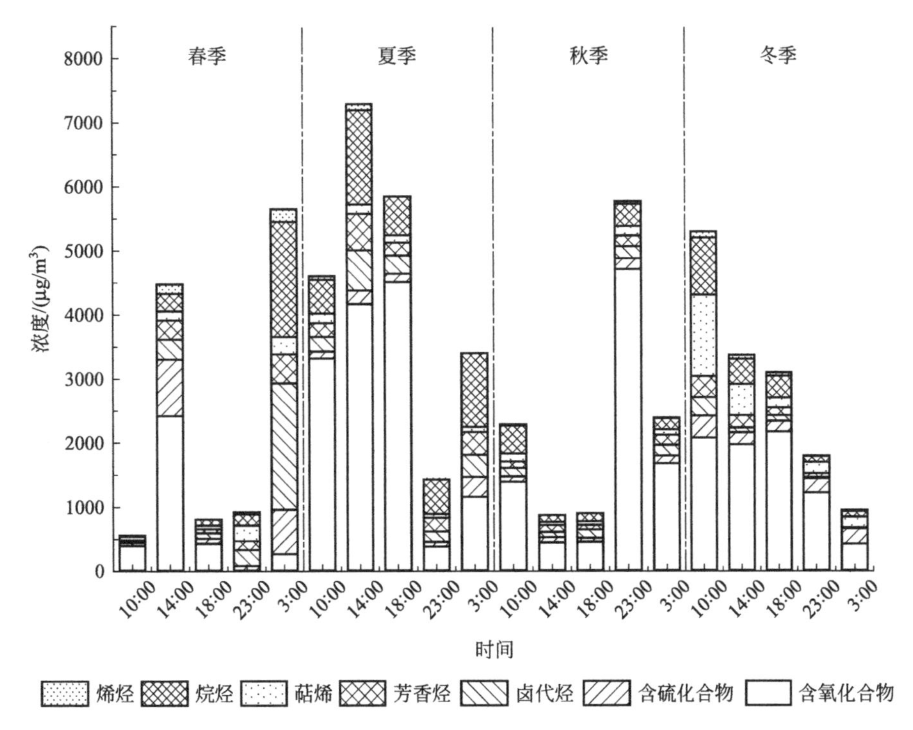

图 2.16 作业面不同时间段释放恶臭物质浓度及组成（2012 年）

臭浓度与 VOCs 物质浓度进行分析。2013～2014 年期间的采样方案相较前一年略有调整，如表 2.30 所列。采样方法及采样装置同 2.2.1.1 部分相关内容。

表 2.30 采样时间安排

年份	季节	日期	采样时间
2013～2014	春季	2013.03.27～28	10:00,14:00,18:00,22:00, 2:00,6:00
	夏季	2013.09.29～30	
	秋季	2013.11.24～25	
	冬季	2014.03.03～04	

2.2.2.2 分析方法

(1) GC-MS 分析

根据 TO-14 规定标准，采用 GC-MS 方法对样品中各恶臭物质的浓度进行分析。

(2) 恶臭浓度分析之三点比较式臭袋法

采用《空气质量 恶臭的测定 三点比较式臭袋法》(GB 14675—1993) 中的方法计算、分析各个样品的恶臭浓度。

(3) 理论恶臭浓度计算

采用 1.4.1 部分中恶臭物质阈稀释倍数总和模型计算各个样品的理论臭气浓度 OU_T。

(4) 统计分析

使用 SPSS 16.0 数据分析软件对各项测定结果进行统计分析。

2.2.2.3 作业面恶臭浓度随时间的变化特征

通过三点比较式臭袋法测得的各个时间填埋场作业面的恶臭浓度如表 2.31 和图 2.17 所示，表 2.31 还给出了采样期间作业面恶臭物质总浓度及相关气象条件数据。

表 2.31 采样期间作业面恶臭浓度、物质浓度及气象条件变化

年份	指标	春季	夏季	秋季	冬季
2012～2013	恶臭浓度	4229±2430	1765±1212	3226±3051	2383±1089
	物质总浓度/(μg/m³)	2483±2394	4513±2250	2439±1990	2901±1653
	温度/℃	22.6±8.1	30.6±6.4	10.6±8.3	−2.6±1.8
	湿度/%	36.4±8.2	62.4±17.8	50.2±19.0	65.6±14.7
	风速/(m/s)	1.32±1.08	1.49±0.61	1.03±0.54	1.88±1.29
2013～2014	恶臭浓度	1146±560	1138±391	3189±1916	1466±1000
	物质总浓度/(μg/m³)	1614±1739	1323±844	4336±2603	708±763
	温度/℃	15±8.4	16.1±3.8	6.9±3.6	3.61±1.9
	湿度/%	33.8±11.8	78.1±19.4	45.2±13.0	66.3±16.4
	风速/(m/s)	2.91±1.55	0.28±0.02	2.60±1.40	0.50±0.37
	大气压/hPa	976.2±4.0	977.5±1.4	979.1±1.9	986.9±2.2

注：2012～2013 年采样期间未对气压数据进行监测。

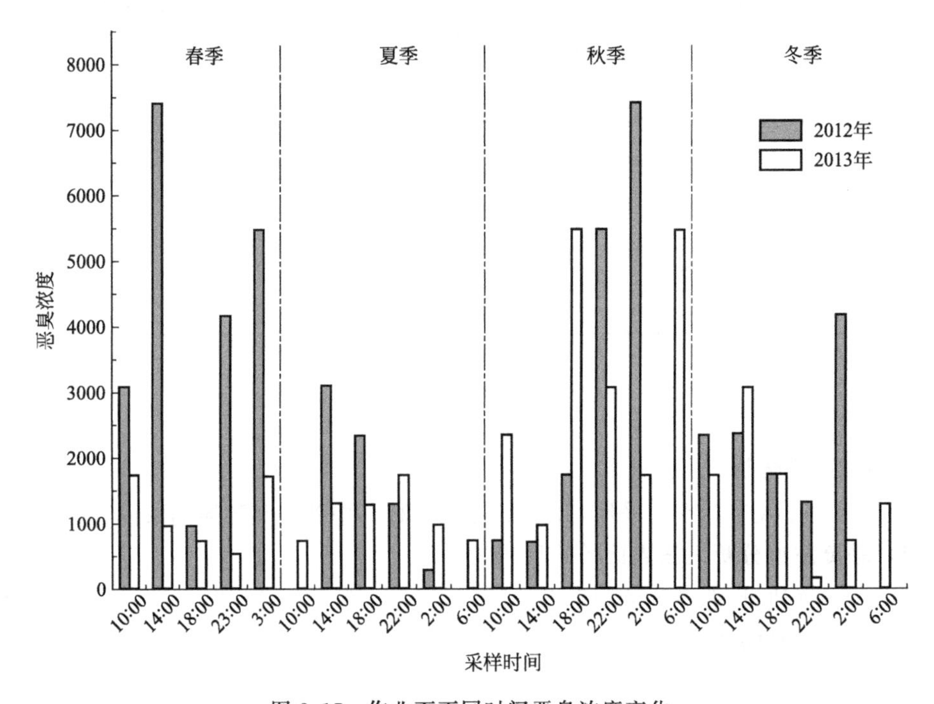

图 2.17 作业面不同时间恶臭浓度变化

可以看出，不同季节和同一季节一天之内不同时段，作业面上的恶臭浓度均有较大波动。其中，最高的恶臭浓度分别在 2012 年春季、秋季和 2013 年秋季检出，而夏季和冬季则整体恶臭浓度相对较低。填埋场的恶臭污染是由于多种恶臭物质的浓度超过了其

嗅阈值而引起的，作业面的物质浓度应与恶臭浓度呈正相关。对所获得的实验数据做相关性分析证实了这一点：作业面恶臭浓度和物质总浓度呈线性正相关，皮尔逊相关系数达到 0.406（$n=42$，$p<0.01$），即作业面总恶臭物质浓度的变化能够解释 40.6%的恶臭浓度变化，这与 Dincer 等的结论高度一致（Dincer et al.，2006）。另外，从表 2.31 中可以看出，采样期间，作业面的温度、湿度、作业面风速以及大气压等气象条件也有较大波动，其变化能够影响作业面垃圾的发酵程度及恶臭物质从垃圾内部的释放和在大气中的迁移，进而影响作业面恶臭浓度，具体将在后续章节进行讨论。

2.2.2.4 作业面恶臭浓度与气象条件

除恶臭物质浓度本身外，填埋场作业面的气象条件如温度、湿度、风速、大气压等环境因素的变化同样会影响恶臭物质的释放、迁移扩散，恶臭浓度往往是这些因素相互作用后的综合结果。不同季节的气象条件差异极大，各个因素对作业面恶臭浓度的影响也不尽相同。为明确各个季节影响恶臭浓度变化的主导因素，分别对春、夏、秋、冬四季的恶臭浓度及气象条件做相关性分析。

春季作业面风速、温度、湿度和大气压等气象条件对恶臭浓度的影响并不显著，其中，风速、大气压与恶臭浓度呈负相关，而温度、湿度则与恶臭浓度呈线性正相关。夏季作业面气象条件对恶臭浓度变化的影响则不同于春季。其中，温度变化仍然与恶臭浓度呈较强的正相关关系，湿度与恶臭浓度的变化呈明显的负相关，大气压也与恶臭浓度呈负相关，相关性比春季更为明显。秋季作业面恶臭浓度随气象条件的变化显著不同于春夏两季。温度与恶臭浓度之间存在较强的线性负相关关系。冬季作业面的恶臭浓度变化主要与大气压有关。较多研究也已证明，风速较低、大气结构较稳定时恶臭物质的迁移作用较小，极易发生严重的恶臭污染事件。

2.2.2.5 作业面理论恶臭浓度

根据第 1 章恶臭污染评估指标体系，计算各物质阈稀释倍数 D_i 及各样品的理论恶臭浓度 OU_T。

作业面理论恶臭浓度 OU_T 的变化如图 2.18 所示。

由图 2.18 中可以看出，计算所得的作业面理论恶臭浓度 OU_T 在 0～2500 范围内波动，显著低于三点比较式臭袋法测得的实际恶臭浓度（0～8000）。对恶臭物质进行分类并计算各类物质的阈稀释倍数之和，进而计算其在该样品总 OU_T 中所占百分比，可以对各类物质在样品中的恶臭贡献度进行评价。所得结果如图 2.19 所示。

从图 2.19 中可以看出，含硫化合物、含氧化合物在大部分样品中均为主要恶臭贡献者，而含氧化合物中，又以酯、醚类物质的恶臭贡献最为突出。另外，2013～2014 年期间检测的部分样品中，芳香烃和醇类化合物也是重要的恶臭物质。不同季节各类物质的恶臭贡献率并不相同，具体分析如下。

通过对各季节作业面恶臭浓度和各类恶臭物质浓度进行相关性分析，发现不同季节的主要恶臭物质也不尽相同。其中，春季填埋场作业面的恶臭贡献物种类繁多，含硫化合物、醛、酮以及烯烃均与恶臭浓度具有较强的相关性；而夏季的恶臭贡献者以含氧化

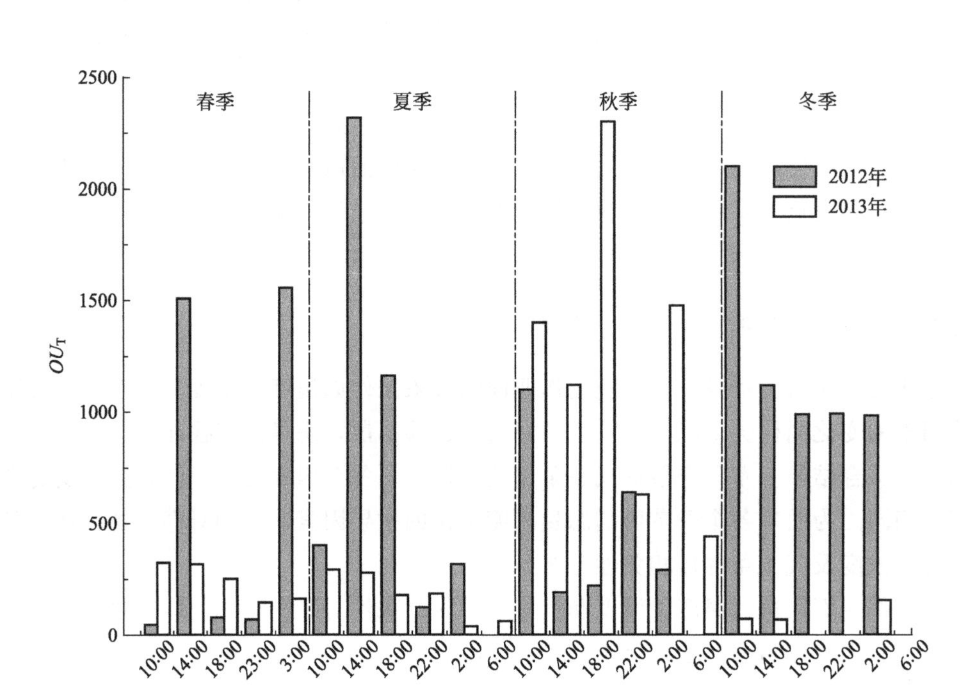

图 2.18 作业面不同时间理论恶臭浓度

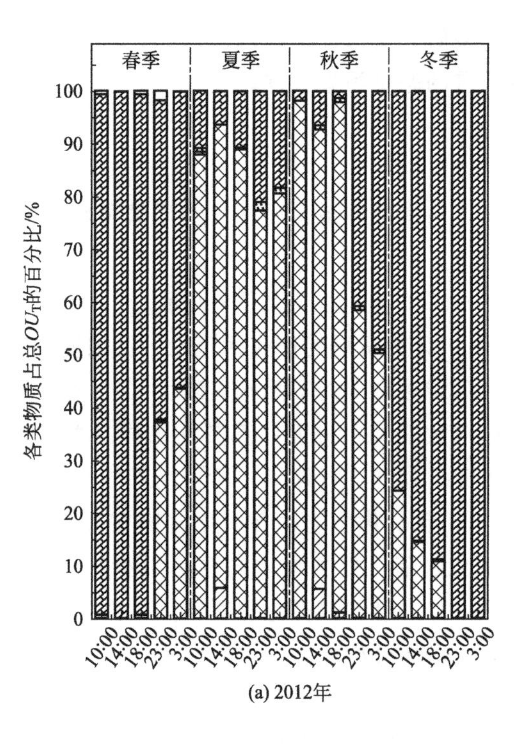

(a) 2012年

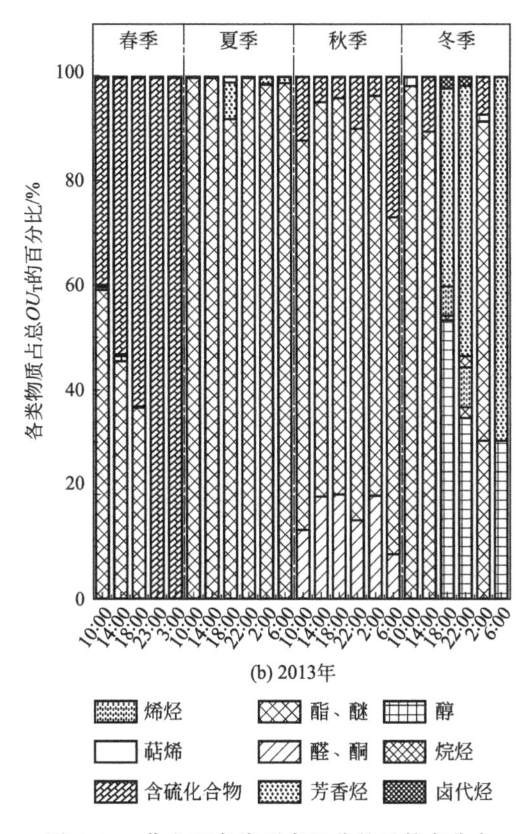

图 2.19　作业面各类恶臭组分的贡献率分布

合物为主，主要为酯、醚、醇类；秋季的恶臭污染物则主要为含硫化合物，其浓度变化能够解释近 70%的恶臭浓度变化；到了冬季，各类物质对恶臭的贡献较为均等，硫化物是相对突出的恶臭贡献者，但作业面恶臭浓度变化可能同时受其他因素如气象条件等的制约。对比其他研究者的结论可以发现，醛、酮、酯类化合物及含硫化合物是填埋场的主要恶臭物质。但由于含氧化合物嗅阈值相对高于含硫化合物，且含氧化合物大多数具有芳香气味，人的嗅觉系统对该类化合物的容忍度可能更高，而含硫化合物多数为恶臭物质且嗅阈值极低，因此，当作业面硫化物浓度相对较高时人体感知的恶臭浓度会急剧升高。这也能够解释夏季作业面虽然恶臭物质浓度较高，但大多为含氧化合物，检测到的恶臭浓度低于其他季节。与此相反，春季和秋季则往往出现高浓度的恶臭污染。

2.2.2.6　实际恶臭浓度和理论恶臭浓度

对三点比较式臭袋法所测得的恶臭浓度与计算所得 OU_T 做相关性分析发现，两者之间存在线性关系（$r^2=0.39$，$n=42$，$p<0.05$），但 OU_T 显著低于实际恶臭浓度，这可能是由以下原因造成的：

① 不同恶臭物质之间可能有协同和掩蔽效应。

② 人的嗅觉十分灵敏，一些 GC-MS 无法定量检测的物质仍然可能引起嗅觉反应。

③ 计算 OU_T 时所采用的嗅阈值不统一也是造成 OU_T 偏差的重要原因。

综合来看，在不适合使用三点比较式臭袋法等感官测试法直接测试恶臭浓度的场合，通过仪器分析法测得各恶臭物质浓度进而计算理论恶臭浓度（OU_T）所得的结果能够客观反映污染源的恶臭污染状况；该方法在识别主要恶臭物质方面也有重要作用。

2.2.3 填埋场作业面指标恶臭物质筛选

2.2.3.1 作业面核心指标恶臭物质

依据1.5.2.1部分中所提方法，本书筛选出了乙醇、α-蒎烯、硫化氢、甲硫醚、柠檬烯、甲硫醇、二甲二硫醚和乙硫醚共8种物质作为填埋场作业面的核心指标恶臭物质。可以看出，国标GB 14554—1993中规定的几种硫化物基本均为填埋场作业面的重要恶臭物质；此外，乙醇、α-蒎烯、柠檬烯单独存在时均有令人愉悦的芳香气味，然而其在作业面常常以较高浓度存在，且与其他恶臭物质混合后，同样会产生令人难以忍受的恶臭。因此，在进行填埋场恶臭污染控制时也应对这几种物质的去除进行关注。

2.2.3.2 作业面辅助指标恶臭物质

为识别填埋场作业面所释放的高浓度恶臭指标物质，依据1.5.2.2部分筛选了填埋场作业面辅助指标恶臭物质，如表2.32所列。其中，异丁烷、丁烷、乙醇、甲苯、柠檬烯和三氯一氟甲烷几乎在所有样品中均有检出（出现频率>75%）且浓度很高，确定为填埋场作业面释放的辅助指标恶臭物质（物质浓度方面）。

表2.32 作业面全年释放的浓度较高的物质表

类型	浓度前10物质
含氧化合物	乙醇①;丙酮;乙酸乙酯
含硫化合物	硫化氢;乙硫醚;二甲二硫醚;二硫化碳
芳香烃	甲苯①
卤代烃	三氯一氟甲烷①;二氯甲烷;1,2-二氯乙烷
烷烃/烯烃	丙烷;异丁烷①;丁烷①;2-甲基丁烷;丙烯;戊烷
萜烯	柠檬烯①;α-蒎烯

① 填埋场作业面释放的辅助指标恶臭物质。

2.2.4 填埋场作业面与覆盖面恶臭物质浓度及比较

2.2.4.1 研究对象与研究方法

(1) 研究对象

选取我国北方两个典型填埋场作为研究对象：辽宁省某生活垃圾卫生填埋场（以下简称填埋场P）和填埋场A。填埋场P以厌氧填埋方式运行，场区有效占地面积37.49万平方米，填埋库区有效占地面积约为30.68万平方米，填埋场总库容为652.09万平方米，预期使用年限为30年，生活垃圾日处理规模600t/d。填埋场A介绍见2.2.1部分相关内容。

按照《城市生活垃圾采样和物理分析方法》（CJ/T 3039—95），研究人员于2011年11月在填埋场P进行了跟踪检测。根据《生活垃圾采样和物理分析方法》（CJ/T 313—2009），填埋场P的垃圾组分如表2.33所列。填埋场A的垃圾组分见表2.26。

表 2.33 填埋场 P 的垃圾物理组分表

类别	厨余类	纸类	橡塑类	纺织类	木竹类	灰土类	砖瓦陶瓷类	玻璃类	金属类	其他	混合类
含量/%	59.8	13.5	10.7	0.8	0.8	0.0	0.5	2.8	0.1	0.6	10.3
标准差/%	6.4	4.3	2.4	0.3	0.7	0.0	0.4	3.2	0.1	0.6	4.4

填埋场 P 主要采用聚乙烯膜和土覆盖的方式对堆体进行临时和中间覆盖，填埋场 A 则全部采用聚乙烯膜进行覆盖。虽然聚乙烯膜的使用成本要高于土覆盖，但因其致密的特性导致膜表面几乎没有填埋气的扩散。基于此，本部分的研究对象为填埋场 P 的填埋作业面和土覆盖面，以及填埋场 A 作业面释放的恶臭物质。

(2) 采样和分析方法

本研究采用静态箱和肺法采样设备采集作业面和覆盖面表面的气体样品。静态箱分为箱体和箱盖两部分。箱体采用 304 不锈钢制作，上部设计有箱盖的放置槽；箱盖接近盆形，上设采样接口，接口和箱盖之间采用胶圈密封。使用时将箱体 5～10cm 压入待测面内，保证周边密封，箱盖置于放置槽内，同时加水形成水封以保证静态箱无气体泄漏。选用 SOC-01 型肺法采样装置（天津迪兰奥特环保科技开发有限公司-国家恶臭重点实验室）进行采样。样品分析时根据物质大致浓度设定进样量。由于本研究采集的样品相对浓度较高，进样量一般在 20～100mL 之间。预处理后的气体经过气相色谱和质谱后，将谱图与定量物质标准曲线比对取得分析结果。

(3) 采样条件与样品列表

结合填埋场实际运营情况，本研究针对两填埋场进行了分批次的采样，样品采集于 2012 年秋季和冬季，其他采样条件列表如表 2.34 所列。

表 2.34 表面样品采集说明表

采样位置	填埋场	时间	数目	说明
作业面表面	P	2012 年 10 月 25 日	3	表层垃圾暴露约 2 个月
作业面表面	P	2012 年 11 月 30 日	1	表层垃圾暴露约 10d
作业面表面	P	2013 年 1 月 22 日	1	表层垃圾暴露约 2 个月
覆盖面表面	P	2012 年 10 月 25 日	6	填埋龄约 2 年
覆盖面表面	P	2012 年 11 月 30 日	2	填埋龄约 2 年
覆盖面表面	P	2013 年 1 月 22 日	1	填埋龄约 2 年
作业面表面	A	2012 年 11 月 13 日	2	刚完成填埋而未覆盖

(4) 数据分析

填埋垃圾的非均质性突出，现场样品采集时很有可能取得一系列离群值：有些样品的浓度极高或极低，与样品均值的偏差一般超过 3 倍。应针对离群值进行判别，决定是否应该将其纳入研究范围。

根据《数据的统计处理和解释：正态样本离群值的判别和处理》（GB/T 4883—2008），选用格拉布斯（Grubbs）检验法判别离群值。

当离群值大于均值时为上侧情形，采取的判别过程如下：

① 计算出统计量 G_n

$$G_n = \frac{x_{(n)} - \overline{x}}{s} \tag{2.1}$$

$$s = \sqrt{\frac{\sum_{i-1}^{n}(x_i - \overline{x})^2}{n-1}} \tag{2.2}$$

式中　$\overline{x}$ 和 s——样本均值和样本标准差。

② 确定检出水平 α，在《格拉布斯（Grubbs）检验临界值表》中查出临界值 $G_{1-\alpha}(n)$，本研究中确定 $\alpha=0.05$。

③ 当 $G_n > G_{1-\alpha}(n)$ 时判定 $x_{(n)}$ 为离群值；否则，判为未发现离群值。

④ 认为剔除水平 $\alpha^* = \alpha$，若存在离群值则直接判定为统计离群值，予以剔除。

当离群值小于均值时为下侧情形，其判别过程与上侧情形类似，区别为统计量计算方法不同。下侧情形的格拉布斯统计量 G'_n 的计算方法为

$$G'_n = (\overline{x} - x_1)/s \tag{2.3}$$

经检验，填埋场 P 作业面样品中 30 种恶臭物质的浓度存在上侧离群值，应予以剔除；作业面样品中并无下侧离群值。填埋场 P 土覆盖面样品中 66 种物质浓度存在上侧离群值，同样无下侧离群值。综合来看，填埋场恶臭物质排放在某些情况下存在浓度突增的现象，可能会影响对填埋场一般情况的评价。在采样以及化验过程均符合相关规程的前提下，离群值本身反应的确实是填埋场特定条件下产生的物质浓度。只不过其产生更多由填埋垃圾不均匀导致，并不能反映一定时间和空间范围内的一般情况，因此将它排除在讨论范围之外。

2.2.4.2　恶臭物质浓度

图 2.20 列出了填埋场 P 和 A 表面所释放的按照官能团分类的物质浓度。

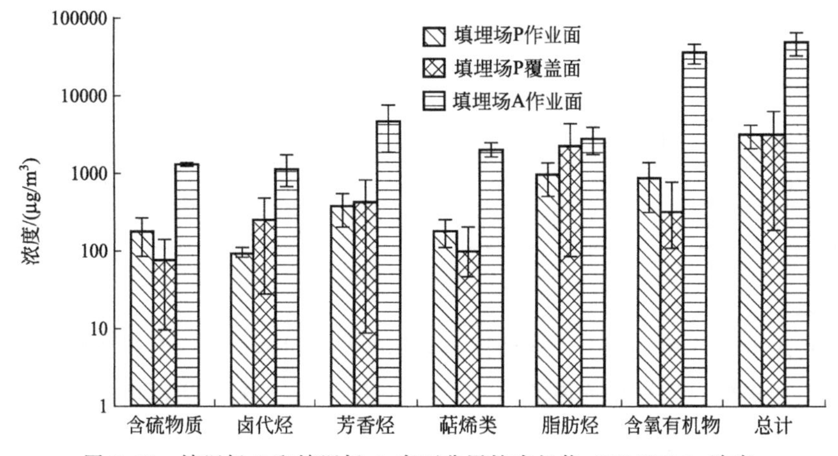

图 2.20　填埋场 P 和填埋场 A 表面非甲烷有机物（NMOCs）浓度

填埋场 P 覆盖面恶臭浓度略高于作业面。覆盖面浓度最高的组分是占 62.4%的脂

肪烃类，相比之下作业面脂肪烃类只占 33.5%。作业面浓度最高的组分是含氧有机物，其组分含量与脂肪烃类似，土覆盖面含氧组分仅为 10.1%。含硫物质、萜烯类物质浓度均为作业面较高，卤代烃、芳香烃类则在土覆盖面较高。芳香烃在覆盖面与作业面浓度均相差较小。作业面表面垃圾处于好氧降解状态，复杂有机物的微生物降解过程中会形成各种中间体和终产物，包括醇、酮、醛、酯等简单含氧组分。当降解快速且自然条件有利于其挥发时其表面浓度较高；萜烯类物质是重要的植物源挥发性有机物，作业面的餐厨垃圾包括废弃蔬菜、水果，以及落叶等园林废物初期降解使萜烯类物质浓度高于覆盖土层表面浓度。含硫物质的释放与垃圾内含硫有机物（如蛋氨酸、半胱氨酸和胱氨酸）和无机物（如建筑垃圾）的降解有关，作业面浓度较高。由以上可知，生物降解源是填埋场作业面的主导恶臭物质，作业面气体的危害与该类物质浓度较高有关。

许多卤代烃、芳香烃组分具有急性、慢性毒性和致癌作用，其主要来源是日用化学品、日常普通物品和非正规渠道进入填埋场的危险废物。由于该类物质在厌氧条件下降解和转化较慢，随着填埋龄的延长其在恶臭气体中所占比例会逐渐升高。因而非生物降解源是填埋覆盖面的主导恶臭物质。与前述各物质相比，脂肪烃类物质危害相对较小，虽然其浓度较高但一般不被列入关注的重点。相关文献报道，脂肪烃类物质在恶臭气体中所占比例会随填埋龄的延长而逐渐升高，且其升高比例会高于芳香烃，与本研究的监测值吻合。

参考图 2.20，填埋场 A 作业面恶臭浓度比填埋场 P 高 20 倍，这可能与两填埋场垃圾组分、自然环境、填埋龄以及填埋场规模差距有关。填埋场 A 含氧化合物所占比例高达 74.7%，其浓度比填埋场 P 作业面高 40 倍，是最主要的恶臭物质。高比例的含氧化合物极有可能与作业面垃圾剧烈的好氧降解有关。与填埋场 P 作业面烷烃/烯烃所占比例 33.4%相比，填埋场 A 作业面烷烃/烯烃所占比例较低，仅为 5.9%。前文曾提到烷烃/烯烃所占比例可反应垃圾填埋龄，含氧化合物比例下降和烷烃/烯烃比例上升可直观反应较高填埋龄的特征。填埋场 A 含硫化合物、卤代烃、芳香烃、萜烯类物质相对比例与填埋场 P 类似，浓度大约为填埋场 P 的 10 倍。

2.2.4.3 指标恶臭物质筛选

依据 1.5.2 部分所提方法，筛选出了填埋场作业面和覆盖面核心指标恶臭物质，如表 2.35 所列。其中，填埋场 A 作业面的指标恶臭物质见 2.2.3.1 部分相关内容。

表 2.35 填埋场 P 的核心指标恶臭物质

排序	填埋场 P 作业面		填埋场 P 覆盖面	
	名称	阈稀释倍数	名称	阈稀释倍数
1	乙硫醚	16.6	乙硫醚	46.1
2	二甲二硫醚	12.7	二甲二硫醚	6.4
3	甲硫醚	3.8	甲硫醚	1.1
4	丁醛	3.4		
5	硫化氢	2.0		

2.2.5 填埋场作业面与覆盖面恶臭释放特性比较

为计算不同恶臭物质在填埋场作业面的释放源强，本节采用两种不同方法在填埋场P、填埋场A检测了作业面和覆盖面恶臭物质的释放速率，并对两者进行了比较。

2.2.5.1 基于宏量气体（CH_4）的估算方法

根据文献报道，我国填埋场作业面和覆盖面均存在一定程度的甲烷释放，由于甲烷和恶臭物质的同源性，可选择甲烷作为释放的指标物质。通过测定恶臭物和甲烷的比例，同时测定甲烷的释放速率即可推算恶臭物质的释放速率。

本研究并不重点监测填埋场气体收集系统中的恶臭物质浓度，而是以作业面和覆盖面恶臭物质和甲烷表面浓度比例为准，结合甲烷释放速率估算恶臭物质释放速率。由于表面浓度已包含了填埋气迁移过程中的物质转化和物质释放的影响，因而计算特定表面恶臭无组织释放速率更为准确，公式如下：

$$Q_{NMOCs}=\frac{Q_{CH_4}c_{NMOCs}V_M}{c_{CH_4}M_{CH_4}}\times 10^{-9} \tag{2.4}$$

式中 Q_{NMOCs}和Q_{CH_4}——恶臭物质和甲烷的释放速率，g/(m^2·d)；

c_{NMOCs}——特定恶臭物质的浓度，μg/m^3；

c_{CH_4}——甲烷浓度，用甲烷体积比表征，无量纲；

V_M——气体摩尔体积，L/mol，本研究选取标准情况下摩尔体积为22.4L/mol；

M_{CH_4}——甲烷分子量，g/mol，本研究取值16.04g/mol。

甲烷释放速率的测定采用静态箱法，具体方法参照2.2.5.4部分相关内容。由原理可知，测算恶臭物质释放速率需要其表面浓度、表面甲烷浓度和甲烷释放速率。前文已讨论了填埋场P作业面和覆盖面恶臭物质浓度结果，需结合甲烷浓度和甲烷释放速率进行后续的讨论。甲烷浓度和甲烷释放速率的测定与恶臭物质表面浓度测定同步进行。甲烷和恶臭物质样品采集于秋季和冬季的填埋场P，采样条件和样品列于表2.36。

表2.36 填埋场P表面甲烷和恶臭物质样品采集

采样位置	时间	气温/℃	采样次数	说明
作业面表面	2012年10月25日	13.7	1	表面垃圾暴露约60d
作业面表面	2012年11月30日	−1.0	1	表面垃圾暴露约10d
覆盖面表面	2012年10月25日	13.7	2	填埋龄约为2年
覆盖面表面	2012年11月30日	−1.0	2	填埋龄约为2年

2.2.5.2 甲烷释放速率

甲烷释放速率与表面甲烷浓度结果如表2.37所列。

表 2.37　填埋场 P 甲烷释放速率与表面浓度表

时间	地点	填埋龄	气温/℃	初始甲烷浓度/%	甲烷释放速率/[g/(m²·d)]
2012 年秋季	作业面	2 个月	13.7	5.82	242
2012 年冬季	作业面	10 天	−1.0	0.25	125
2012 年秋季	覆盖面	2 年	13.7	0.59	177
2012 年冬季	覆盖面	2 年	−1.0	0.38	348

由表 2.37 可知，不同时间不同位置的表面初始甲烷浓度相差较大。表面监测使用静态箱法，静态箱内甲烷浓度与布设前的风速、气压、温度等自然条件关系极大，因此初始浓度数值并无太大实际意义，但可用于计算恶臭物质的释放速率。

2.2.5.3　恶臭物质释放速率

首先按官能团对恶臭物质进行分类。图 2.21 比较了作业面污染物释放速率。由于冬季表层垃圾填埋龄较短，各种恶臭物质释放均较强烈，释放速率高出 23 倍。萜烯类物质与餐厨、园林废物的降解相关，较短的填埋龄有助于该类物质释放。释放速率数据表明表面暴露 10d 的生活垃圾释放速率比 2 个月垃圾高出将近 50 倍。含氧化合物的速率在冬季数据中排在所有物质第四位，但在秋季样品中则排在第一位，数值相差 8 倍，说明含氧有机物的释放在作业面上可能会一直存在。

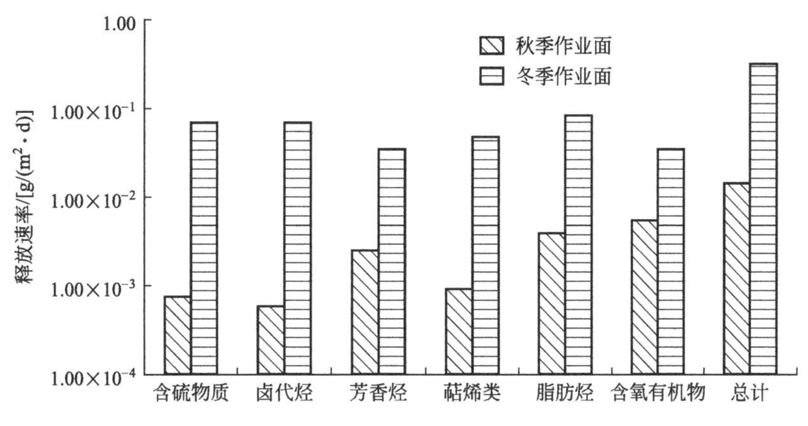

图 2.21　作业面 NMOCs 释放速率图

作业面释放的卤代烃物质夹杂在垃圾中的常用化学品中，其更多以挥发的形式直接释放出来。卤代烃物质释放与餐厨等易降解组分的降解几乎无关，因而随着填埋龄的延长其释放速率下降较多。相关研究表明含硫物质释放与蛋白质、氨基酸的好氧降解有关，该类物质的释放在 2～4d 内即达到峰值，95%的含硫物质会在暴露初始 10d 完成释放，与本研究观测到的高强度含硫物质释放吻合较好。由于含硫物质对恶臭的贡献很高，卤代烃物质的毒性相对较大，因而新鲜垃圾的恶臭物释放对人类健康的影响是相对较高的。

与作业面不同，覆盖层并无恶臭物质产生的能力。冬季覆盖面甲烷释放速率高，因而各类恶臭物质释放均较高（图 2.22）。含氧化合物与覆盖层内微生物氧化或大气氧化有关。由于冬季温度较低，并非覆盖面甲烷氧化的适宜条件，较高的甲烷释放速率与含氧化合物释放速率下降有较好的相关性。

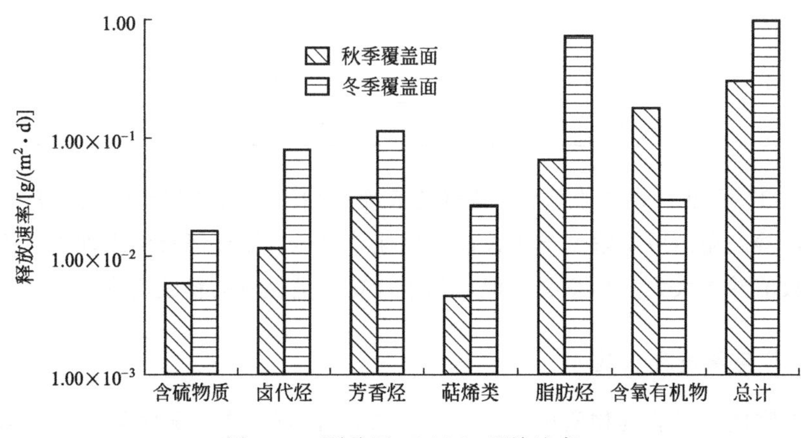

图 2.22　覆盖面 NMOCs 释放速率

2.2.5.4　静态通量箱直接测定法

(1) 测定原理

流量箱法（包括静态流量箱法和动态流量箱法），常用来测定面源（如土壤、小型植被、水面等）微量气体组分（如 N_2O、CO_2、CH_4等温室气体和 Hg 等微量可挥发污染物）的排放通量。静态流量箱法是在待测区域罩一固定采样箱（图 2.23），平衡一段时间后，间隔固定的时间通过静态通量箱进行采样，测定目标物质浓度，根据气体浓度随时间的变化率和已知的箱体容积和底面积，可计算出被静态通量箱罩住的表面微量气体的排放通量。

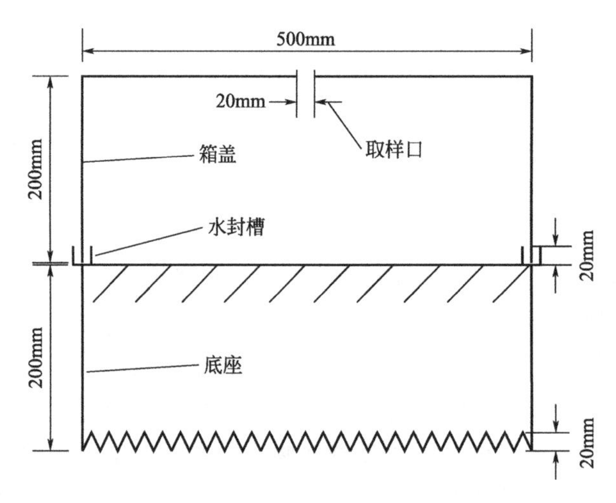

图 2.23　静态通量箱结构剖面示意

恶臭污染物质排放通量计算如式(2.5) 所列：

$$Q=\frac{\mathrm{d}c}{\mathrm{d}t}\cdot\frac{V}{A} \tag{2.5}$$

式中 Q——恶臭污染物质的排放通量，mg/(m² · min)；

$\mathrm{d}c/\mathrm{d}t$——箱内污染物浓度的时间变化率，mg/(m³ · min)，对若干时间点的物质浓度值进行直线拟合，直线的斜率即为 $\mathrm{d}c/\mathrm{d}t$；

V——静态通量箱的空间体积，m³；

A——静态通量箱的覆盖面积，m²。

可得恶臭组分排放通量（Q）与拟合斜率（$\mathrm{d}c/\mathrm{d}t$）的关系如式(2.6）所列：

$$Q=\frac{\mathrm{d}c}{\mathrm{d}t}\cdot\frac{V}{A}=\frac{\mathrm{d}c}{\mathrm{d}t}\cdot\frac{0.5\times0.5\times(0.20+0.20)}{0.5\times0.5}=0.40\times\frac{\mathrm{d}c}{\mathrm{d}t} \tag{2.6}$$

气体样品于 A 填埋场现场采集，分别于 2014 年 6 月 5 日，2014 年 7 月 15 日，2014 年 10 月 12 日各进行了两次静态通量箱样品采集，共计六组 48 个有效样品。静态通量箱安置于填埋场作业面新鲜垃圾暴露面上。

(2) 恶臭物质种类和浓度

在 48 个有效样品中，共检出 96 种化合物，总平均浓度为 (23.249±4.470)mg/m³。其中芳香族化合物 18 种，烃类化合物 35 种，卤代烃化合物 28 种，含氧化合物 8 种，含硫化合物 4 种，萜烯类化合物 3 种。各类化合物的总平均质量浓度分别为：芳香族化合物（0.398±0.060）mg/m³，烃类化合物（3.023±0.525）mg/m³，卤代烃化合物（1.985±0.418)mg/m³，含氧化合物（11.690±3.724）mg/m³，含硫化合物（4.175±1.609)mg/m³，烯萜类化合物（0.280±0.036)mg/m³。

具体浓度分布如图 2.24 所示。

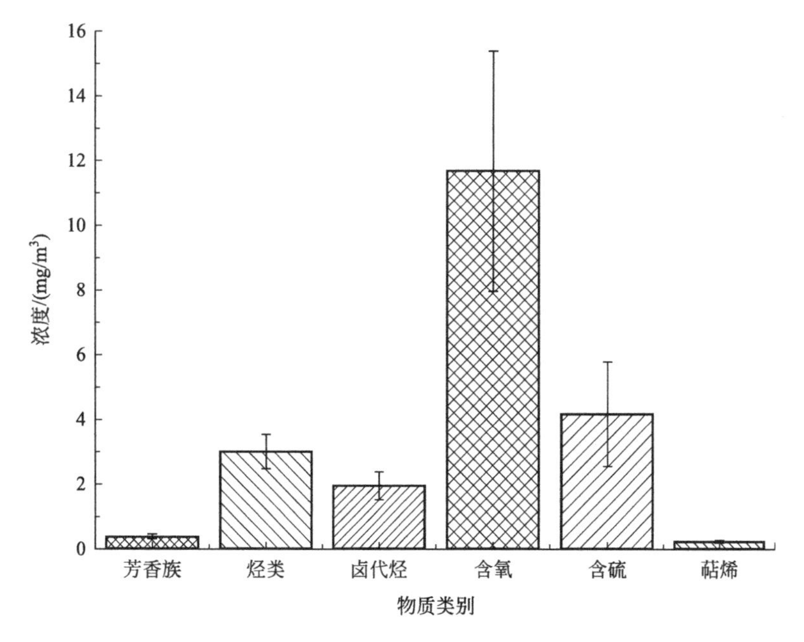

图 2.24　不同类别化合物浓度分布柱

从以上叙述和图 2.24 可以得知，在填埋场作业面通过静态通量箱法采样得到的样品中烃类化合物和卤代烃化合物种类最丰富，远远超过了其他种类的化合物，二者一起占到了检出种类的65%以上。在浓度方面，含氧化合物浓度最高，虽然其种类只占8.33%，但其浓度却占到了54.24%，远远超过了其他种类的化合物。值得关注的是，含硫化合物检出了4种（分别为甲硫醇、甲硫醚、二硫化碳和二甲二硫醚），但其总平均浓度高达（4.175±1.609）mg/m^3，占所有检出物质总浓度的17.96%。同时，由于含硫化合物的嗅阈值很低，该类物质的排放往往是造成填埋场恶臭污染的主要原因，因此在填埋场的设计、运行和管理中应当重点关注和控制该类物质的排放。

(3) 恶臭物质排放通量

对各类污染物浓度随时间的变化曲线进行直线拟合，根据式(2.6)，可以求得相应物质类别的排放通量 Q，其斜率即为相应类别化合物的排放速率。

1）芳香族化合物

芳香族化合物共检出18种，包括苯、甲苯、乙苯、间二甲苯、对二甲苯、苯乙烯、邻二甲苯、对-乙基甲苯、1,3,5-三甲苯、1,2,4-三甲苯、萘、异丙苯、丙苯、间-乙基甲苯、邻-乙基甲苯、1,2,3-三甲苯、间-二乙苯、对-二乙苯，总平均浓度为（397.8±59.7）$\mu g/m^3$。其中，浓度最高的为甲苯255.0$\mu g/m^3$，其次为苯31.3$\mu g/m^3$。苯与甲苯的浓度比（B/T）通常被用来识别芳香族化合物的排放来源，在本研究中苯和甲苯二者的平均浓度比（B/T）为0.123，说明甲苯的浓度值远远高于苯的排放浓度值。同时，有研究者指出，北京市区交通车辆排放污染物的B/T值在0.4～1.0之间，其污染物中苯的比例远远高于填埋场污染物中苯的比例。此外，本章研究中的B/T值与其他填埋场的研究具有类似的结果，如杭州天子岭填埋场B/T值为0.02～0.12，土耳其的Harmandall填埋场B/T值5月为0.015，9月为0.11。以上分析表明填埋场的芳香族污染物排放与城市机动车排放存在明显差异，具有较低的苯的比例，可以根据这一特征判定芳香族污染物的主要来源。计算得到芳香族化合物的排放通量为：

$$Q=\frac{dc}{dt}\cdot\frac{V}{A}=4.479\times0.40=1.792\mu g/(m^2\cdot min) \tag{2.7}$$

2）烃类化合物

烃类化合物共检出35种，包括丙烯、正己烷、环己烷、正庚烷、丙烷、异丁烷、1-丁烯、丁烷、反-2-丁烯、顺-2-丁烯、2-甲基丁烷、1-戊烯、戊烷、顺-2-戊烯、2-甲基-1,3-丁二烯、2,3-二甲基丁烷、环戊烷、2-甲基戊烷、3-甲基戊烷、1-己烯、2,4-二甲基戊烷、甲基环戊烷、2-甲基己烷、2,3-二甲基戊烷、3-甲基己烷、2,2,4-三甲基戊烷、甲基环己烷、2,3,4-三甲基戊烷、2-甲基庚烷、3-甲基庚烷、辛烷、壬烷、癸烷、十一烷、十二烷，总平均浓度为（3023±525）$\mu g/m^3$。其中，浓度排名前三名的化合物分别是丁烷519.0$\mu g/m^3$、辛烷392.2$\mu g/m^3$和二甲基丁烷377.5$\mu g/m^3$。计算可以得到烃类化合物的排放通量为：

$$Q=\frac{dc}{dt}\cdot\frac{V}{A}=20.770\times0.40=8.308\mu g/(m^2\cdot min) \tag{2.8}$$

3）卤代烃化合物

卤代烃化合物共检出28种，包括二氯二氟甲烷、氯甲烷、溴甲烷、氯乙烷、三氯氟甲烷、二氯甲烷、反-1,2-二氯乙烯、1,1-二氯乙烷、顺-1,2-二氯乙烯、氯仿、1,2-二氯乙烷、四氯化碳、三氯乙烯、1,2-二氯丙烷、溴二氯甲烷、1,1,2-三氯乙烷、二溴氯甲烷、四氯乙烯、1,2-二溴乙烷、氯苯、三溴甲烷、1,1,2,2-四氯乙烷、1,3-二氯苯、苄基氯、1,4-二氯苯、1,2-二氯苯、1,2,4-三氯苯、六氯-1,3-丁二烯，总平均浓度为 $(1985\pm418)\mu g/m^3$。其中，浓度超过 $100\mu g/m^3$ 的化合物包括 4 种，分别是三氯氟甲烷 $(754.6\mu g/m^3)$、1,2-二氯丙烷 $(628.2\mu g/m^3)$、二氯甲烷 $(280.7\mu g/m^3)$ 和氯仿 $(129.1\mu g/m^3)$；其余种类卤代烃化合物浓度均低于 $100\mu g/m^3$。计算可以得到卤代烃化合物的排放通量为：

$$Q=\frac{dc}{dt}\cdot\frac{V}{A}=17.341\times0.40=6.936\mu g/(m^2\cdot min) \tag{2.9}$$

4）含氧化合物

含氧化合物共检出 8 种，包括乙醇、丙酮、异丙醇、乙酸乙烯酯、2-丁酮、乙酸乙酯、甲基异丁酮、2-已酮，总平均浓度为 $(11690\pm3724)\mu g/m^3$。其中，浓度最高的为乙醇 $7036\mu g/m^3$；其次为 2-丁酮 $2933\mu g/m^3$；其余种类含氧化合物浓度相对较低，均不超过 $1000\mu g/m^3$。

计算可以得到卤代烃化合物的排放通量为：

$$Q=\frac{dc}{dt}\cdot\frac{V}{A}=153.71\times0.40=61.484\mu g/(m^2\cdot min) \tag{2.10}$$

5）含硫化合物

含硫化合物共检出 4 种，包括甲硫醇、甲硫醚、二硫化碳、二甲二硫醚。按其浓度从高到低依次为二甲二硫醚 $(1555.3\mu g/m^3)$、二硫化碳 $(261.6\mu g/m^3)$、甲硫醇 $(19.4\mu g/m^3)$、甲硫醚 $(11.1\mu g/m^3)$。

计算可以得到卤代烃化合物的排放通量为：

$$Q=\frac{dc}{dt}\cdot\frac{V}{A}=66.07\times0.40=26.428\mu g/(m^2\cdot min) \tag{2.11}$$

6）烯萜类化合物

烯萜类化合物共检出 3 种，包括 α-派烯、β-派烯和柠檬烯，其浓度分别为 $95.9\mu g/m^3$、$121.4\mu g/m^3$、$62.5\mu g/m^3$，总平均浓度为 $(279.8\pm35.7)\mu g/m^3$。

计算可以得到烯萜类化合物的排放通量为：

$$Q=\frac{dc}{dt}\cdot\frac{V}{A}=1.450\times0.40=0.580\mu g/(m^2\cdot min) \tag{2.12}$$

综合上述讨论，A 填埋场作业面恶臭物质排放通量结果总结如下：芳香烃化合物 $1.792\mu g/(m^2\cdot min)$，烃类化合物 $8.308\mu g/(m^2\cdot min)$，卤代烃化合物 $6.936\mu g/(m^2\cdot min)$，含氧化合物 $61.484\mu g/(m^2\cdot min)$，含硫化合物 $26.428\mu g/(m^2\cdot min)$，萜烯类化合物 $0.580\mu g/(m^2\cdot min)$，总排放通量为 $105.528\mu g/(m^2\cdot min)$。含氧和含硫化合物的排放速率远远高于其他类化合物的排放速率，应当作为填埋场重点关注和控制的污染物，尤其是含硫化合物，因其具有更低的嗅阈值。

对比由基于洪亮气体估算和静态通量箱测量所得的两个填埋场作业面恶臭物质释放

速率，可以发现两者数量级相同，总恶臭物质释放速率也近似相同［分别为：A 填埋场作业面总释放速率 1.76μg/(m^2·s)，P 填埋场为 1.99μg/(m^2·s)］，但各类恶臭物质的释放速率相差较大［如 A 填埋场作业面含氧化合物释放速率 1.02μg/(m^2·s)］，P 填埋场为 0.25μg/(m^2·s)］。这可能是由于不同填埋场所接收的垃圾组分不尽相同，作业面垃圾的降解程度也有所差别，因而释放的恶臭物质组分也相差较大。因此，在对填埋场进行恶臭污染控制时，应当首先检测其主要恶臭物质及其释放速率，进而采取针对性的措施。

2.2.6 基于风道法的作业面恶臭释放速率研究

由于静态箱内部是隔离环境，加之随着时间累积，静态箱内压力会逐渐增加，基于该种方法测得的面源释放速率往往小于真实值。而事实上，除却作业面垃圾组分、垃圾分布及降解程度变化，外界气象条件（如风速、温度、气压、湿度等）也会显著影响填埋场作业面的恶臭物质释放。为研究填埋场作业面在不同风速下恶臭物质释放速率的变化，本节采用风道系统来模拟自然界的不同风速，并采集不同吹扫风速下的气体样品，检测其恶臭物质浓度并计算恶臭物质释放速率，具体如下所述。

2.2.6.1 风道采样器及采样方法

(1) 风道采样系统设计

为测量填埋场作业面在不同风速下的恶臭物质释放速率，研究组还采用了风道法来收集填埋场作业面释放的恶臭气体。风道装置实物如图 2.25 所示。

图 2.25 风道装置实物

风道装置采用不锈钢材料制作，由进气管、渐扩室、风道主体、渐缩部分、出气管组成。使用纯氮气作为吹扫气源，以模拟作业面不同的吹扫风速。氮气通过进气口输送到风道内，为保证氮气均匀进入风道，进气口后设有缓冲区。进气管直径 35mm，其上设有量程为 6～120m^3/h 的涡街流量计。渐扩部分长 200mm，风道主体部分为下开口长方体，长 500mm、宽 200mm、高 100mm，下开口面积为 0.1m^2。为使风道内气流稳定，在风道主体内距渐扩室 1/4 处设有多孔板。在风道主体部分下开口处设有 50mm

长锯齿形加深钢板，以便风道装置插入垃圾堆体。此外，下开口边缘还设有 30mm 长的外翻翼板，以保证风道下开口面与垃圾表面总体平齐。渐缩部分长 100mm，渐缩部分后设有出气管，在出气管末端进行气体样品采集。

(2) 采样地点

在北京市、西安市、佛山市等地选取大型垃圾填埋场进行了填埋场作业面恶臭释放速率规律的研究。其中，在北京市的 A 垃圾填埋场开展了为期一年的长期监测，以考察作业面恶臭释放速率在一天 24h 内及在不同季节的变化情况。

(3) 恶臭气体采样及分析

采用 SOC-01 型采样装置在采样点进行“肺法”取样。为防止本底值影响，每次采样前使用样品气体清洗采样袋两次。采样完成后在 24h 内对样品完成分析。

依据 EPA TO-15 标准，使用美国 INFICON 公司的野外便携气相色谱/质谱仪 HAPSITE® ER 对采集的环境气体样品进行组分分析。

将风道装置安装在新鲜垃圾作业面的表面，所用氮气作为吹扫载气，进行恶臭释放速率的试验研究。试验主要分为两部分：一是吹扫风速与恶臭释放速率关系的研究；二是恶臭释放速率随时间变化关系的研究。

1) 风速与恶臭释放速率关系实验

吹扫风速是影响恶臭物质释放速率的关键因素。考虑到实际情况，开展了 0.10～1.0m/s 吹扫风速条件下吹扫风速与恶臭释放速率之间关系的研究。每个吹扫风速取 2 个平行样，取 2 次测试的平均值作为该吹扫条件下的测试值。

2) 恶臭释放速率随时间变化关系的研究

在北京市 A 填埋场共进行 7 次的连续 24h 作业面恶臭释放速率监测。在西安市、佛山市的垃圾填埋场分别进行了一次连续 24h 恶臭释放速率的监测。每次连续 24h 监测设置 19 个采样时间点，日间（8:00～18:00）每小时进行一次恶臭释放速率的监测采样，夜间（19:00 至次日 7:00）每两小时进行一次恶臭释放速率的监测采样。选择的 7 个代表日包含了一年中的四个季节。采样点位于暴露的新鲜垃圾作业面内，且同一天的采样位置固定。采样前使用氮气排除风道内的空气，待吹扫风速稳定后，在风道末端使用肺法采样器进行采样。整个采样过程需要控制在 5min 之内。

(4) 恶臭释放速率计算方法

面源释放速率可表示为样品浓度与风道内吹扫流量的乘积：

$$OER=\frac{Q_{air}\times c_{od}}{A_{base}\times 3600} \tag{2.13}$$

式中 OER——单位面积恶臭释放速率，μg/(m²·s)；

Q_{air}——风道内的氮气吹扫流量，m³/h；

c_{od}——测得的物质浓度，μg/m³；

A_{base}——风道主体下开口的面积，m²，本装置中 $A_{base}=0.1m^2$。

(5) 数据统计分析

考虑到恶臭释放的随机性，根据所有监测结果，使用概率密度及分布函数来刻画典型恶臭物质的释放规律。通过 matlab、R 等软件分析，计算典型恶臭物质的频率分布直方图，通过对频率分布直方图的拟合来确定不同恶臭物质的概率密度函数类型，进而将其分布概率95%的恶臭释放速率定义为该恶臭物质的典型恶臭释放速率，该速率将作为后续扩散模型计算的重要输入源强数据。

2.2.6.2 最佳吹扫风速研究

使用风道法测定不同吹扫风速条件下恶臭释放速率变化情况。不同吹扫风速下定量检出35～42种VOCs，可分为萜烯（柠檬烯、α-蒎烯、β-蒎烯）、烃类化合物（烷烃、烯烃等）、含硫化合物（二硫化碳、二甲基二硫）、苯系物（苯、萘、对二甲苯、三甲苯等）、卤代物（三氯甲烷、四氯化碳等）及含氧化合物（乙酸乙酯、己酮等）6大类。

恶臭物质从填埋场作业面释放到空气中主要受以下影响因素：

① 底层垃圾的厌氧发酵；

② 表层垃圾的生物降解，大部分的恶臭物质都是在好氧条件下微生物降解有机物产生的；

③ 垃圾中易挥发物质的直接散发。

而风的吹扫作用会加速恶臭物质的释放，吹扫风速与恶臭释放组成之间的关系如图2.26所示。当吹扫风速＜0.5m/s时，不同种类的恶臭物质占总物质的比例相近；而当吹扫风速＞0.5m/s时，监测到的恶臭物质种类组成差异较大。

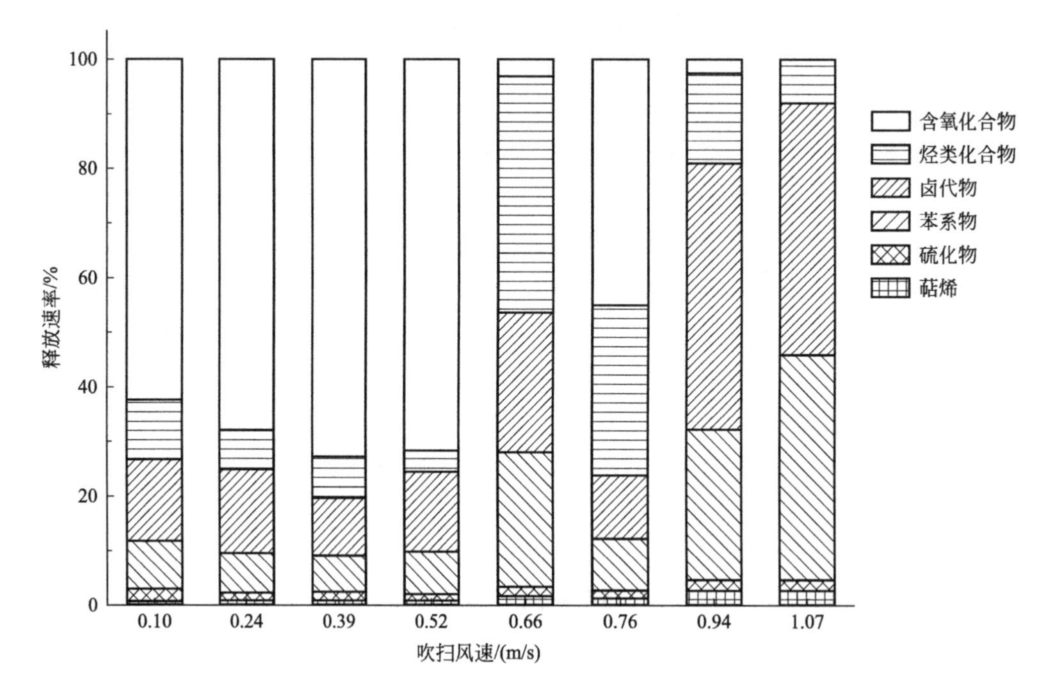

图2.26 不同吹扫风速下的物质组成

考虑到风道装置内吹扫氮气流态的稳定性，测量结果之间的平行性等，在使用风道法测量恶臭释放速率时应将吹扫风速控制在0.5m/s以下。此外，使用雷诺数（R_e）来判别风道装置内氮气的流态。雷诺数计算公式如下：

$$R_e = L\frac{u}{\nu} \tag{2.14}$$

式中 R_e——雷诺数（$R_e \leqslant 10^5$ 为层流，$R_e > 10^5$ 为紊流）；

L——吹扫路径的长度，m，在本风道装置中 $L = 0.5\text{m}$；

u——平均吹扫风速，m/s；

ν——气体的动力黏滞系数，m^2/s，标准状况下氮气的动力黏滞系数 $\nu = 1.5 \times 10^{-5} m^2/s$。

吹扫风速与雷诺数之间的关系如表 2.38 所列，当吹扫风速 $u = 0.278\text{m/s}$，$R_e = 9259$，因此在此风道装置中最佳的吹扫风速应控制在 $u \leqslant 0.28\text{m/s}$。

表 2.38 吹扫风速与雷诺数之间关系表

吹扫流量/(m^3/h)	吹扫风速/(m/s)	雷诺数(R_e)
7.315	0.102	3387
17.02	0.236	7880
19.00	0.264	8796
20.01	0.278	9259
27.72	0.385	12833
37.47	0.52	17347
38.03	0.528	17606
47.47	0.659	21977
54.99	0.764	25458
67.50	0.938	31250
77.34	1.074	35806

2.2.6.3 吹扫风速与恶臭释放速率关系

根据气液两相传质理论以及菲克定律，可以理论推导出液体表面的气体散发速率与吹扫风速（v）的 0.5 次方成正比，即 $\text{OER} \propto v^{1/2}$。对于固相和气相之间的扩散，也存在类似关系，即 $\text{OER} \propto v^n$。根据吹扫风速的试验结果，6 大类物质释放速率随吹扫风速变化情况如图 2.27 所示。

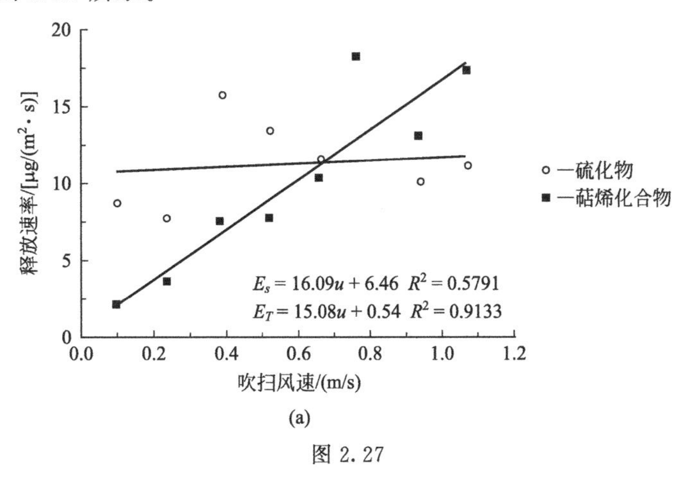

图 2.27

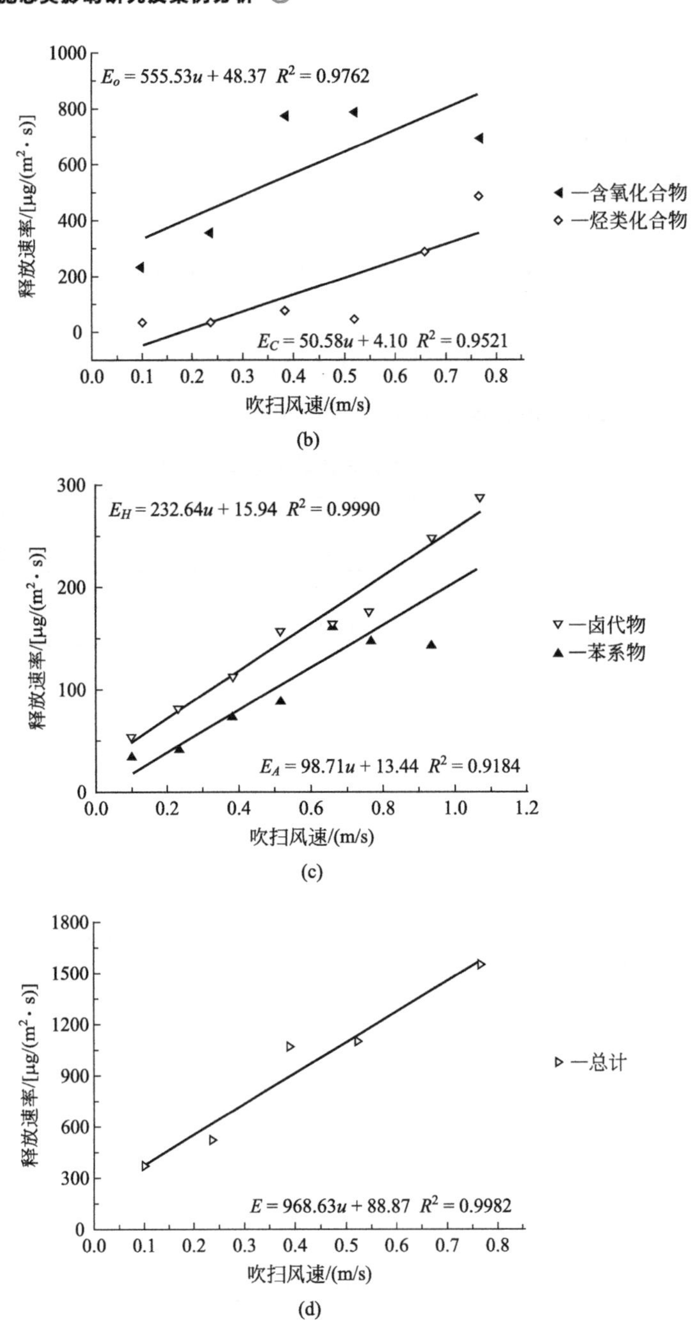

图 2.27　不同物质释放速率随吹扫风速变化情况

由图 2.27 可以看出，吹扫风速在 0.1～0.5m/s 的范围内，除硫化物外，其他 5 类恶臭物质的释放速率随着风速的增加呈线性增长趋势，且线性拟合结果较好。总挥发性恶臭物质的释放速率也随风速增加呈线性增长趋势。硫化物释放速率很小，其释放速率与吹扫风速之间无明显关系。环境风速对于垃圾填埋场恶臭释放速率有很大的影响，风速越大时填埋场释放的恶臭物质的速率越快。

2.2.6.4　连续 24h 恶臭释放速率变化情况

将一天 24h 划分为：早晨（7:00～13:00），下午（13:00～19:00），夜间（19:00～

次日 1:00）和凌晨（1:00～7:00）四个时段。通过连续 24h 监测，共检测到 84 种挥发性物质，其中定量分析了 31 种。

填埋场作业面含氧化合物的释放速率最大，占到总释放速率的（52.27±14.43）%，不同时段的平均释放速率变化情况如下：凌晨，(344.12±125.63)μg/(m² · s)；早晨，(258.98±114.04)μg/(m² · s)；夜间，(194.86±97.93)μg/(m² · s)；下午，(138.33±36.30)μg/(m² · s)。主要的含氧化合物是 2-丁酮和乙酸乙酯，分别占总含氧化合物的 70%和 15%；而且含氧化合物的恶臭释放速率与湿度之间有较好的相关性（$p=0.088$）。

填埋场作业面烃类化合物的平均释放速率为（122.32±47.87）μg/(m² · s)。共检测到 17 种烃类化合物。作业面处于富氧条件，微生物主要处于发酵的第一及第二阶段，因此产生的烃类化合物以短链（C<10）、小分子量、低沸点的为主。此过程中未检测到甲烷。

填埋场作业面卤代物的释放速率在一天之中变化不大，凌晨为（25.11±1.84）μg/(m² · s)，早晨为（20.15±1.91）μg/(m² · s)，夜间为（18.88±1.83）μg/(m² · s)，下午为（17.07±3.22）μg/(m² · s)。氯乙烯、四氯乙烯、1,2-二氯苯是卤代物的主要组成。家庭垃圾、商业垃圾及工业垃圾是卤代物的主要来源。

填埋场作业面苯系物不同时段的平均释放速率：夜间，(27.26±10.23)μg/(m² · s)；早晨，(24.84±10.76)μg/(m² · s)；下午，(22.55±7.19)μg/(m² · s)；凌晨，(22.39±3.46)μg/(m² · s)。1,3,5-三甲苯、甲苯、间二甲苯及对二甲苯是主要的苯系物组成。苯系物主要来自垃圾中的易挥发有机物，如涂料、有机溶剂、燃料等。

填埋场作业面硫化物的释放速率相对较低，仅占总恶臭释放速率的 1%左右。二甲基二硫、二硫化碳、甲硫醇是主要的硫化物组分。硫化物的释放速率与环境湿度之间具有较好的相关性（$p=0.054$）。有机硫化物（尤其是二甲基二硫）主要在食物好氧降解和发酵的过程中产生。硫化物的含量虽然较少，释放速率不高，但其嗅阈值很低，是重要的恶臭组分。

填埋场作业面萜烯化合物主要包括柠檬烯、α-蒎烯及 β-蒎烯，其中柠檬烯的含量超过 90%。柠檬烯虽然本身不是恶臭物质，但与其他污染物混合在一起，通过物质间的协同、混合等作用，会增加其在嗅觉上的烦扰程度，因此也是恶臭污染的重要组分，此外柠檬烯也常被作为新鲜垃圾的标志物。

萜烯化合物的释放速率变化情况如下：早晨，（9.83±5.82）μg/(m² · s)；下午，(5.08±3.44)μg/(m² · s)；夜间，(10.42±5.55)μg/(m² · s)；凌晨，(11.74±2.29)μg/(m² · s)。

填埋场作业面 24h 内不同恶臭物质释放速率随时间变化如图 2.28 所示。

2.2.6.5　不同季节恶臭释放速率的变化特征

不同季节 6 类物质的恶臭释放速率变化情况如图 2.29 所示。

在所有检测到的物质中，烷烃和氯代烃是填埋场恶臭释放的主要贡献物质。不同季节所检测到物质的释放速率变化情况：春季，631.93μg/(m² · s)；夏季，1298.78μg/(m² · s)；秋季，989.60μg/(m² · s)；冬季，737.18μg/(m² · s)。

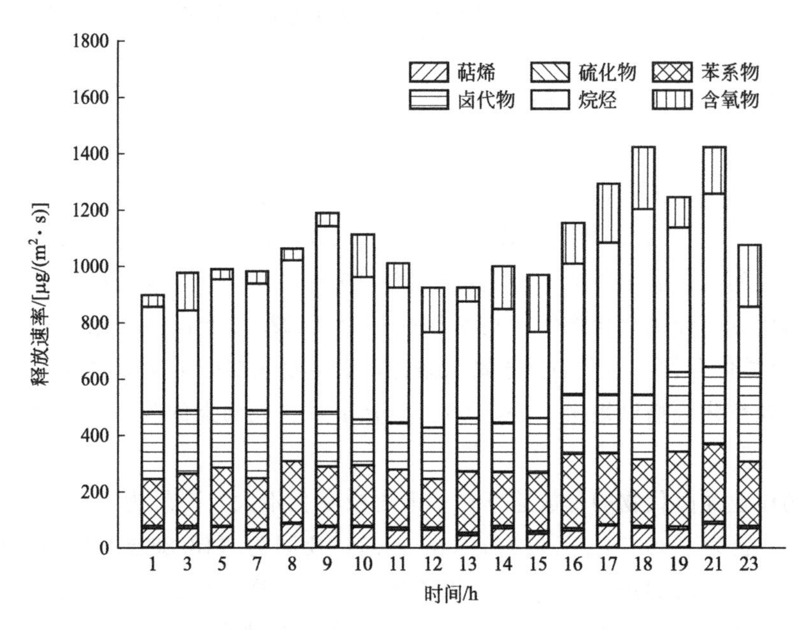

图 2.28　填埋场作业面 24h 内不同恶臭物质释放速率随时间变化

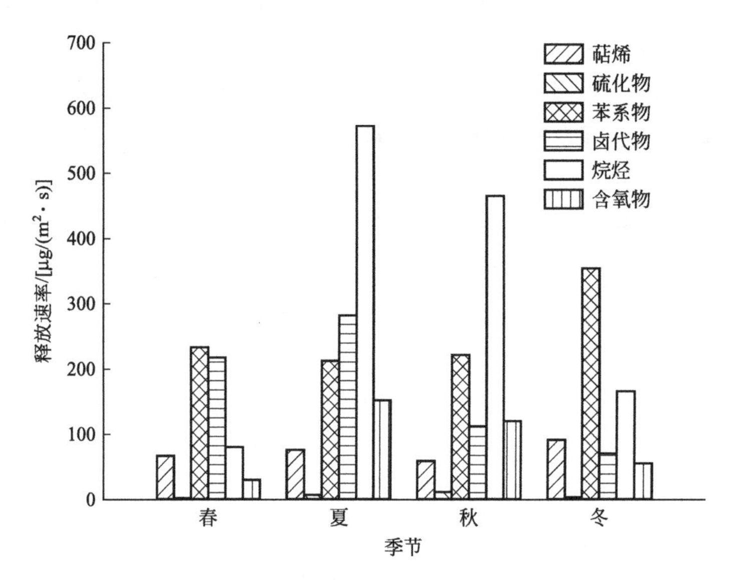

图 2.29　填埋场作业面不同季节恶臭释放速率变化情况

2.2.6.6　恶臭释放速率规律

将 A 填埋场全年的恶臭释放速率整合分析，检测到 α-蒎烯、苯、1,2-二氯苯、癸烷、二硫化碳、乙酸乙酯等 32 种污染物（见表 2.39 中所列物质）的频率＞85%，因此将此 32 种恶臭污染物质作为填埋场作业面恶臭污染的常见恶臭物质。分别绘制每种常见恶臭物质恶臭释放速率分布直方图（图 2.29），对频率分布直方图进行拟合，所得拟合结果汇总在表 2.39 中。常见恶臭物质的恶臭释放速率主要符合高斯（Guass）分布、对数正态（Lognormal）分布和逻辑（Logistics）分布 3 类。

表 2.39 常见恶臭物质释放速率分布规律表

分布规律	物质
Guass 分布	α-蒎烯、β-蒎烯、2-乙基甲苯(邻甲乙苯)、3-乙基甲苯(间甲乙苯)、间/对二甲苯、十一烷、邻二甲苯、萘、乙苯、1,2-二氯丙烷
对数正态分布	柠檬烯、二硫化碳、1,3-二氯苯、苯乙烯、甲苯、癸烷、正己烷、异庚烷、2-丁酮
逻辑分布	1,2-二氯苯、1,2,4-三甲基苯、1,2-二乙苯、1,3-二乙基苯、苯、丙基苯、1,4-二氯苯、苄基氯、三氯甲烷、十二烷、反-2-丁烯、乙酸乙酯

2.2.6.7 典型恶臭物质释放源

根据不同恶臭物质释放速率的分布规律，推求95%累积分布（累积概率密度）的恶臭释放速率，作为该物质恶臭污染的特征源强。常见恶臭污染物的释放速率如表2.40所列。

表 2.40 A填埋场作业面典型恶臭物质释放速率 单位：μg/(m² · s)

物质	5%释放速率	95%释放速率	平均释放速率	标准差	最小值	最大值
柠檬烯	3.44	94.70	38.54	32.90	2.83	138.54
α-蒎烯	2.38	29.45	15.31	10.60	1.98	58.56
β-蒎烯	2.62	44.83	16.16	13.94	0.64	52.10
二硫化碳	0.07	15.96	7.18	6.76	0.04	38.96
甲苯	13.06	165.32	56.19	46.15	9.43	192.44
1,3,5-三甲基苯	28.23	36.46	31.36	6.57	1.55	36.78
对二甲苯	8.51	55.67	33.44	22.44	6.41	110.92
邻二甲苯	17.24	22.99	21.66	5.45	16.72	49.21
苯乙烯	5.75	62.14	27.01	26.86	4.40	119.17
乙苯	4.13	26.98	16.55	13.51	2.99	68.17
1,3-二乙基苯	0.79	17.35	6.29	5.17	0.25	19.41
萘	0.98	8.43	4.38	2.71	0.40	12.56
丙基苯	1.20	12.52	4.36	3.41	0.58	13.74
1,2-二乙苯	0.47	11.34	6.16	16.59	0.44	134.22
间/对二甲苯	0.44	6.96	4.84	11.05	0.05	106.17
苯	0.87	5.65	3.41	4.82	0.52	30.71
邻甲乙苯	0.40	3.57	2.11	1.26	0.30	6.52
1,2,4-三甲基苯	0.29	1.55	0.79	0.40	0.23	1.88
1,2-二氯苯	28.60	155.04	78.63	44.60	27.07	233.58
1,3-二氯苯	9.34	164.60	70.44	50.08	7.91	205.02
1,4-二氯苯	11.23	54.37	27.92	15.20	10.70	81.12
三氯甲烷	2.00	52.44	29.74	40.58	1.53	220.41
1,2-二氯丙烷	1.09	10.04	7.62	9.97	0.79	69.79
1,4-二氯苯	0.27	6.77	2.77	2.99	0.14	14.69

续表

物质	5%释放速率	95%释放速率	平均释放速率	标准差	最小值	最大值
苄基氯	0.30	4.39	1.82	1.30	0.11	5.86
癸烷	12.61	1134.39	324.95	353.60	4.22	1346.27
反-2-丁烯	2.75	155.62	75.84	91.74	1.67	489.07
正己烷	4.00	83.05	29.96	51.13	3.40	365.75
异庚烷	1.77	53.95	22.19	22.30	0.56	97.58
十二烷	1.18	14.43	5.99	4.32	0.68	16.27
十一烷	0.21	4.91	4.42	6.34	0.13	32.51
丙酮	2.80	113.18	99.96	135.77	0.58	636.75
2-丁酮	6.81	72.86	28.52	24.01	5.17	107.23
乙酸乙酯	0.25	14.26	4.78	5.52	0.12	21.87

2.2.7 填埋场恶臭物质释放与填埋龄的关系

2.2.7.1 实验材料与方法

(1) 填埋场采样及垃圾特性

实验用垃圾原料为取自广东省佛山市某生活垃圾填埋场（简称B填埋场）的生活垃圾，该填埋场于2005年10月投入运行。本部分通过分析不同填埋龄生活垃圾厌氧发酵恶臭物质组成与浓度变化，以解析不同降解阶段垃圾的恶臭源。固体样品采集于2014年12月进行，通过在垃圾填埋堆体表面垂直向下打井，获得不同深度的填埋垃圾，以代表不同填埋龄的垃圾，具体垃圾填埋龄和实验样品标号如表2.41所列。

表2.41 垃圾样品填埋龄列表

样品编号	填埋年份	填埋深度/m	填埋龄/年
1	2007	16	7
2	2007	16	7
3	2007	16	7
4	2008	8	6
5	2008	8	6
6	2009	2	5
7	2009	2	5
8	2011	18	3
9	2011	18	3
10	2012	8	2
11	2012	8	2
12	2013	2	1
13	2013	2	1
14	—	—	空白对照
15	—	—	空白对照

注：空白对照组只添加培养后的接种污泥和去离子水，不添加固体垃圾样品；原接种污泥取自清华大学昌平污泥厌氧消化中试基地。

为提高实验系统中的微生物活性，加快实验启动速率和物料降解速率，向每组实验系统中添加了一定比例的经过培养和分离后的厌氧消化活性污泥。垃圾样品和接种污泥的TS和VS含量如表2.42所列。

表2.42 垃圾样品和接种污泥TS/VS列表

样品名称	TS/%	VS/%干基	VS/%湿基	填埋龄/年
2W-02m	61.70	45.88	28.30	1
2W-08m	52.31	46.56	27.13	2
1W-18m	32.77	49.55	16.24	3
3W-02m	56.28	29.48	16.73	5
3W-08m	44.39	37.58	31.53	6
3W-16m	44.69	16.68	14.11	7
接种污泥	0.99	45.80	0.45	—

根据反应系统的设计原则，经过测算，每组实验设定的物料配比如下：垃圾样品50g，活性污泥100g，去离子水300g。

(2) 接种污泥微生物分离与培养

为减小活性污泥中含有的化学物质对污泥接种填埋场固体废物反应系统恶臭物质产生的影响，从活性污泥中分离和培养微生物，掌握培养基配制方法以及常用的分离和培养微生物的操作。微生物富集培养后将菌种接种至填埋场固体废物产甲烷反应系统。

(3) 厌氧菌富集培养

用水样取样器取厌氧反应器活性污泥100mL置于装有900mL培养基的试剂瓶中，静置2h，使活性污泥中的大部分微生物转移至液相中。

用水样取样器从上述静置后的混合物液相中取100mL于装有900mL培养基的棕色厌氧瓶中，利用厌氧操作系统充入高纯氮气，排出空气，35～37.5℃恒温培养48～72h。培养后观察微生物的生长情况，测定VS含量，为填埋场固体废物产甲烷发酵系统接种做好准备。

(4) 垃圾厌氧产气实验

厌氧发酵实验采用全自动甲烷潜力测试系统（Automatic Methane Potential Test System，AMPTS Ⅱ，Version 1.7，January 2014，Bioprocess Control Sweden AB）进行，如图2.30所示。

AMPTS Ⅱ实验系统可自动记录各实验组产甲烷速率以及产气量。实验持续时间为60d，各实验组每天用注射器采集1mL气体样品，并用高纯氮气稀释至500mL，使用HAPSITE ER便携式气相色谱/质谱联用仪（GC/MS）（INFICON，USA）对各样品进行恶臭物质组分和浓度分析。

仪器整体配置照片见图2.31。

2.2.7.2 填埋龄对生活垃圾甲烷产量的影响

实验期间，不同实验组的甲烷产量如图2.32所示。

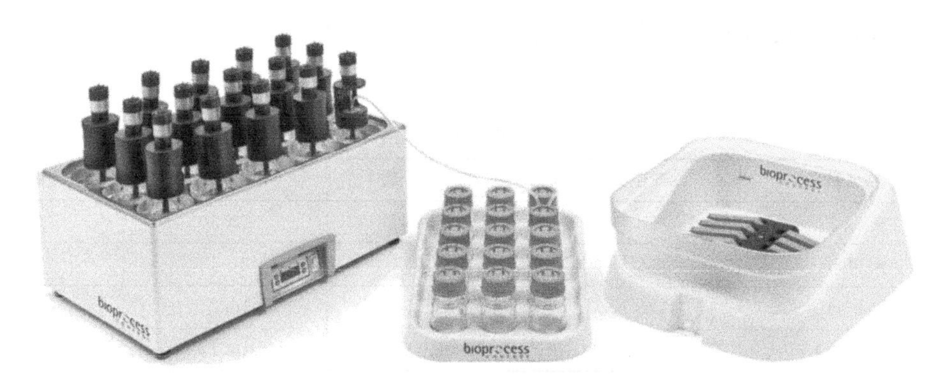

图 2.30　AMPTS Ⅱ实验系统

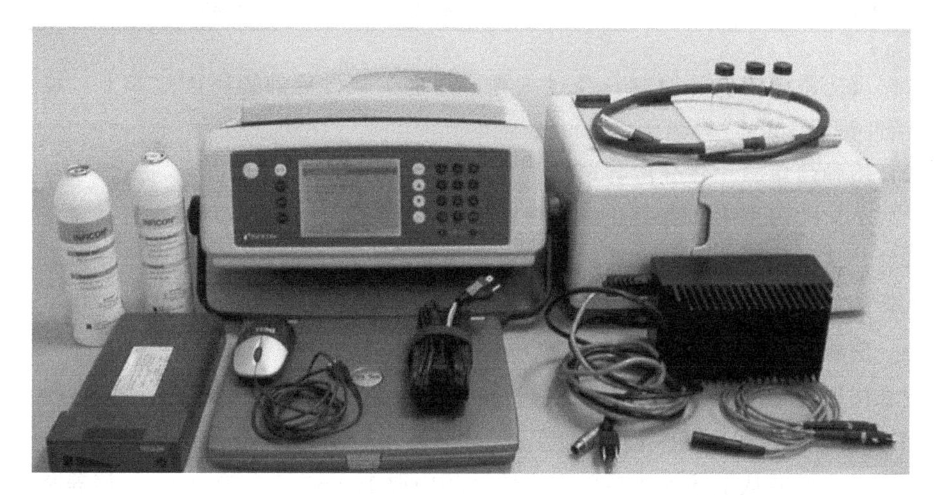

图 2.31　HAPSITE ER 便携式气相色谱/质谱联用仪整体配置

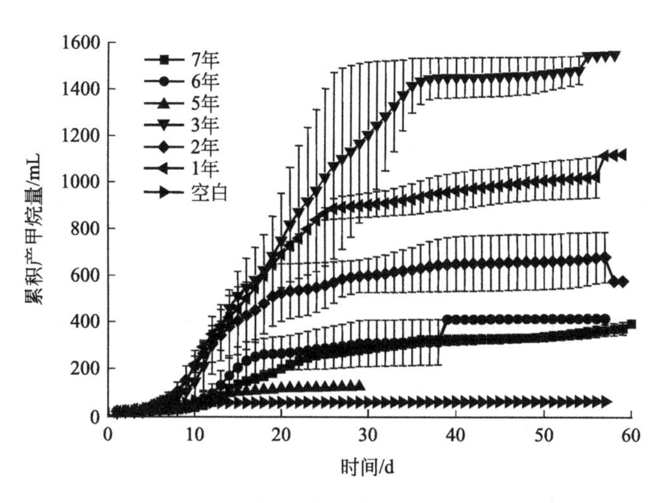

图 2.32　不同填埋龄垃圾的产甲烷线

各实验组产甲烷曲线基本符合产气规律，即发酵初期，由于微生物需要一个适应周期（5d左右），甲烷产生量较小；随后，进入稳定产甲烷阶段，甲烷产生量快速增长；实验进行至30d左右，甲烷产生量逐渐减小，个别实验组（填埋龄为5年，可能由于实验系统异常导致，数据较少，后续分析与其他组不具可比性）较早停止产甲烷，其余实验组甲烷产生量则缓慢增长。

从图2.32可以看出，不同填埋龄的垃圾其甲烷产生量具有显著性差异，产气量最大的为填埋龄3年的垃圾，其单位质量垃圾甲烷产生量为29.81mL/g VS，产气量最小的为填埋龄7年的垃圾，其单位质量垃圾甲烷产生量为6.16mL/g VS，两者相差4.8倍以上（均已扣除空白对照产气量），这说明垃圾填埋龄对垃圾产气量确实存在影响。同时，从图2.32中还可以看出，填埋龄较短（≤3年）的垃圾，其产气量明显高于填埋龄较长（≥5年）的垃圾产气量。这是由于填埋龄较短的垃圾，其可生物降解的组分含量要高于填埋龄较长的垃圾。进一步分析，还可以发现以下规律，甲烷产生量并不随填埋龄的减小而单调增加，这说明产气量虽然受填埋龄影响，但并不是唯一重要参数。其他参数，如填埋深度等，对产气量也可能有影响，即填埋场垃圾的降解程度受到填埋龄和填埋深度等参数的共同影响。

2.2.7.3 填埋龄对生活垃圾产气速率的影响

实验期间，不同填埋龄生活垃圾的甲烷产生速率如图2.33所示。

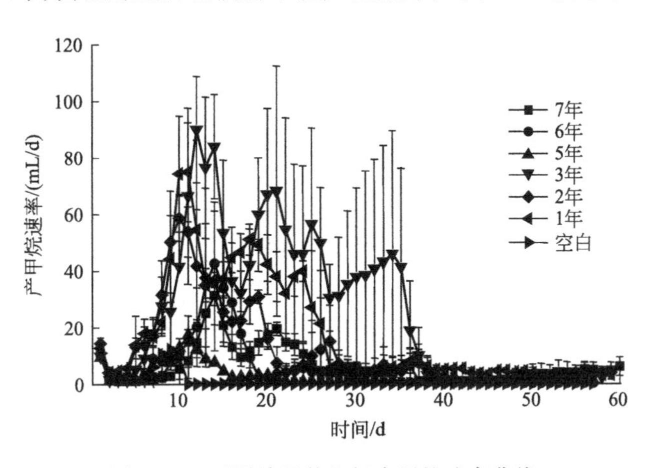

图2.33 不同填埋龄垃圾产甲烷速率曲线

图2.33给出了不同填埋龄垃圾的产甲烷速率情况，从图中可以看出，不同填埋龄的垃圾其产甲烷速率具有显著性差异；同一填埋龄样品在不同时间阶段，其产甲烷速率也存在较大差异。这是因为，产甲烷菌对环境条件的变化非常敏感，通常要求pH值在6.8～7.4之间，氧化还原电位在－330mV以下，而温度介于35～38℃或50～65℃之间。随着实验的进行，厌氧发酵将处于不同的阶段，其代谢产物会明显地影响发酵体系的pH值和氧化还原电位，从而影响产甲烷速率。本实验中，产甲烷速率最高值达112.3mL/d，总体看来，填埋龄为3年的垃圾产甲烷速率最大，其次为填埋龄为1年和2年。同时还可以看出，由于产甲烷菌的高敏感性，各平行实验组的产甲烷速率在同一

时间段并不十分一致，存在较大的偏差。

2.2.7.4 不同填埋龄垃圾的恶臭物质产生特性

与前述研究结果相似，本试验所检测出的40种恶臭化合物同样可以归为六大类，包括芳香族化合物16种，烃类化合物11种，卤代烃化合物7种，含氧化合物1种，萜烯类化合物3种，含硫化合物2种。

各类化合物的浓度百分比如图2.34所示，图中A、C、H、O、P和S分别表示芳香族化合物、烃类化合物、卤代烃化合物、含氧化合物、萜烯类化合物和含硫化合物。

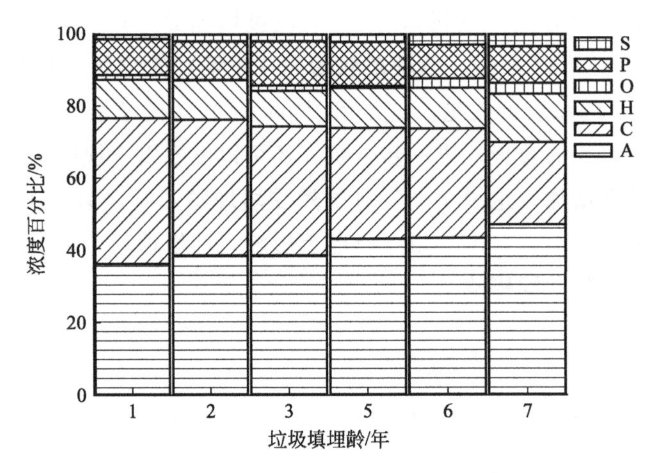

图2.34 不同填埋龄垃圾恶臭物质浓度分布

从图2.34可以看出，芳香族化合物和烃类化合物在恶臭物质组分中占主导地位，二者浓度合计占总浓度的70%以上；其次为卤代烃化合物和萜烯类化合物，而含氧化合物和含硫化合物所占的比例很小。同时，从图2.34中还可以发现如下规律：芳香族化合物和含硫化合物的浓度比例随着垃圾填埋龄的减少而减少；卤代烃化合物的浓度比例除个别填埋龄（3年）外，也随着垃圾填埋龄的减少而减少；相反，烃类化合物的浓度比例随着垃圾填埋龄的减少而增加；含氧化合物和萜烯类化合物的浓度比例变化规律不明显。

在实验周期为60d的实验中，共采样并利用HAPSITE ER便携式GC/MS测试了480个有效样品。从所有样品中共识别并定量出了40种恶臭物质，不同填埋龄生活垃圾的恶臭物质总浓度随时间的变化情况如图2.35所示。

从图2.35可以看出，不同填埋龄垃圾的恶臭物质总浓度随时间发生明显变化，浓度最大值为$(124.87\pm3.31)\times10^{-6}$，各填埋龄垃圾实验组的恶臭物质总浓度明显高于空白实验组。与图2.33进行对比分析，还可以发现如下两个规律：一是虽然甲烷产生量和产甲烷速率明显受到垃圾填埋龄的影响，恶臭物质总浓度受垃圾填埋龄的影响不明显，主要受发酵时间的影响；二是当产甲烷速率增大的时候，恶臭物质总浓度随之减小，这说明在本实验条件下，恶臭物质总浓度并不随甲烷浓度的增大而增大，反而减小。因此在甲烷大量产生时会导致系统中恶臭物质被稀释，两者的浓度不存在正比关系。

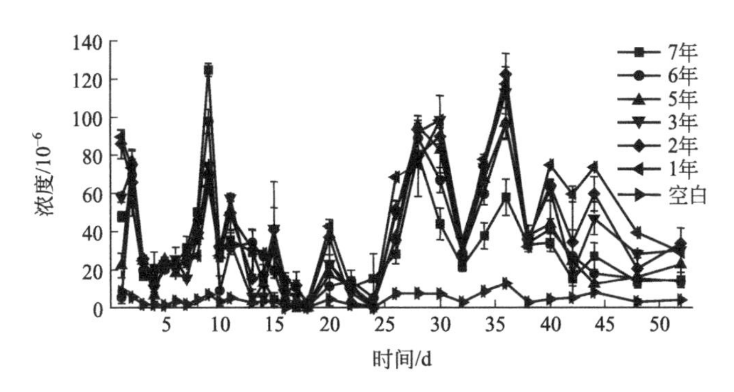

图 2.35 不同填埋龄垃圾恶臭物质总浓度随时间变化曲线

2.3 垃圾堆肥过程的恶臭污染评价技术

2.3.1 生活垃圾堆肥设施

选择了北京市某生活垃圾综合处理厂（简称 C 堆肥厂）作为研究对象。该厂占地面积 100 亩（1 亩=666.7m^2，下同），设计日处理能力 1600t，日产有机肥 500t。目前该厂基本满负荷运行。C 堆肥厂采用前分选系统加堆肥工艺为主的综合处理工艺，生活垃圾进入堆肥厂后首先进入贮料间进行前分选，通过机械、人工分选，将混合垃圾中可利用物（塑料、金属、玻璃、橡胶等）、无机物（尘土、砂石、瓦砾等）及可降解有机物（菜叶、树叶、果皮、厨余等）彻底分离。可利用物进入资源回收系统，无机物进行填埋，可降解有机物经过两级发酵工艺后制成腐熟肥料和有机肥料出售。由此，生活垃圾中各组分在进行彻底分离后，实现了城市生活垃圾的减量化、无害化、资源化。

该处理厂的堆肥是在好氧情况下进行的，主要利用好氧微生物在与空气接触的条件下，垃圾中的有机物发生一系列放热分解反应，最终使有机物转化为简单而稳定的腐殖质。该厂采用了间歇动态机械翻拌条垛式好氧堆肥，分选后的生活垃圾进入发酵车间后进行好氧发酵，当温度稳定在 40℃左右时好氧发酵结束，一般需要 21d 左右，随后进入后腐熟车间进行腐熟。堆肥后残渣运入填埋区进行填埋，渗滤液由专门装置收集，连同垃圾填埋区的渗滤液和焚烧区的渗滤液一起进入渗滤液处理区。另外，发酵车间采用负压控制系统，生活垃圾好氧发酵过程中产生的废气由排风系统抽出后通往生物滤池（主要载体为木片），经生物处理后排放。

2.3.2 堆肥气体采样

2012～2014 年期间，共在 C 堆肥厂进行了 4 次采样，分别于春、夏、秋、冬四个季节特定日期进行。每次采集 5 个样品，采集地点分别为贮料间、发酵前期、发酵后期、后腐熟及生物滤池表面。

采样期间所使用设备同前文所述（SOC-01 肺法采样装置），采样枪安放位置为距离堆体表面约 1.5m 高度的位置（呼吸带）。采样前，首先对采样袋进行 1～2 次的清洗。收集到的气体样品在 24h 内进行分析。

2.3.3 生活垃圾堆肥过程的特征恶臭物质分析

2.3.3.1 春季生活垃圾堆肥过程恶臭物质排放特征

对春季采样数据进行分析，共识别出 68 种恶臭物质，可将这些物质归成有机硫化物、芳香烃化合物、卤代物、烷烃、烯烃、萜烯及含氧化合物共 7 大类物质。

具体物质及其浓度如表 2.43 所列。

表 2.43　C 堆肥厂春季恶臭气体浓度　　单位：mg/m^3

物质	贮料间	发酵前期	发酵后期	后腐熟	生物滤池
甲硫醇	—	0.01695	0.0145	—	0.002075
乙硫醇	—	—	—	—	—
甲硫醚	—	0.02715	0.01425	0.0206	0.00005
二硫化碳	—	0.003	—	—	—
二甲二硫醚	—	0.20235	0.07665	0.09595	0.009825
α-蒎烯	0.14605	0.0544	0.03475	0.038	0.004425
β-蒎烯	0.13215	0.0464	0.03415	0.04125	0.0069
柠檬烯	1.54775	0.70115	0.89365	1.7418	0.03445
丙烯	—	0.0282	0.01085	0.04535	0.001375
二氯二氟甲烷	0.86655	—	—	—	—
乙醇	9.6166	26.6014	10.019	5.82425	0.214525
三氯氟甲烷	0.67105	0.0441	—	—	—
丙酮	2.39315	0.64955	0.525	0.7364	0.037025
二氯甲烷	0.6185	0.1595	0.04685	—	—
2-丁酮	—	1.87545	1.5231	0.48075	—
正己烷	0.3187	—	—	—	—
乙酸乙酯	8.05815	1.7434	0.50135	0.0509	0.005775
氯仿	0.32885	0.0369	—	—	—
1,2-二氯乙烷	0.19435	0.04605	0.00475	—	—
苯	1.1291	0.0889	0.0365	0.0033	0.001775
环己烷	0.17215	0.01975	—	—	—
正庚烷	0.15835	0.0128	—	—	—
三氯乙烯	0.0206	—	—	—	—
1,2-二氯丙烷	4.09615	0.1095	0.007	—	—
甲苯	8.3022	0.7391	0.142	0.0088	0.001075
2-己酮	—	0.04085	0.04515	0.05755	—
四氯乙烯	4.10725	0.7066	0.34055	—	—
乙苯	2.038	0.2335	0.04715	0.00685	0.001275

续表

物质	贮料间	发酵前期	发酵后期	后腐熟	生物滤池
间二甲苯	1.9305	0.30345	0.06	0.01045	0.00145
对二甲苯	1.9779	0.13945	0.0226	0.0021	—
苯乙烯	0.09355	0.022	0.0104	0.00745	0.00145
邻二甲苯	1.05215	0.13315	0.0233	0.00065	—
对-乙基甲苯	0.03185	—	—	—	—
1,3,5-三甲苯	0.00875	—	—	—	—
1,2,4-三甲苯	0.114	0.0297	—	—	—
1,4-二氯苯	0.0219	0.07765	0.04065	—	—
萘	—	0.0373	0.02245	0.0264	0.0002
丙烷	0.1814	0.06485	0.0191	—	0.003325
异丁烷	0.54595	0.1352	0.03985	—	0.00725
1-丁烯	0.0096	0.0047	0.0103	0.0418	—
丁烷	0.1272	0.08265	0.02745	0.0083	0.003375
2-甲基丁烷	0.18995	0.07265	0.02535	—	—
1-戊烯	—	—	0.0085	0.0302	—
戊烷	0.31055	0.0812	0.04455	0.06545	0.002825
2,3-二甲基丁烷	0.00185	—	—	—	—
环戊烷	0.0315	—	—	—	—
2-甲基戊烷	0.06235	0.0059	—	—	—
3-甲基戊烷	0.0383	0.00535	—	—	—
1-已烯	—	—	—	0.00565	—
甲基环戊烷	0.33525	0.05265	0.01125	—	—
2-甲基已烷	0.1208	0.0036	—	—	—
2,3-二甲基戊烷	0.0132	—	—	—	—
3-甲基已烷	0.0543	—	—	—	—
2,2,4-三甲基戊烷	0.00315	—	—	—	—
甲基环已烷	0.0966	0.0187	0.0037	—	—
2-甲基庚烷	0.02875	0.00085	—	—	—
3-甲基庚烷	0.03425	—	—	—	—
辛烷	0.1303	0.02795	0.0096	0.0051	—
壬烷	0.1518	0.06425	0.0209	—	—
异丙苯	0.0235	—	—	—	—
丙苯	0.03125	0.00425	—	—	—

续表

物质	贮料间	发酵前期	发酵后期	后腐熟	生物滤池
间乙基甲苯	0.08265	0.01295	0.0017	—	—
邻乙基甲苯	0.0282	0.00235	—	—	—
癸烷	0.06495	0.03485	0.0017	—	—
1,2,3-三甲苯	0.0233	—	—	—	—
间二乙苯	0.0014	—	—	—	—
十一烷	0.0123	0.02095	0.01305	0.011	0.002675

其中，有机硫化物共 5 种，分别为甲硫醇、乙硫醇、甲硫醚、二硫化碳及二甲二硫醚。贮料间未发现有机硫化物，其他四个工艺中甲硫醇含量均为最高，有机硫化物的嗅阈值通常很低，是导致恶臭的重要物质。

芳香族化合物共 19 种，其中甲苯含量最高，同时出现在五个工艺中。贮料间恶臭物质种类多且浓度较高，进入发酵前期及其后面各工艺时，恶臭物质浓度明显降低。至生物滤池处，恶臭物质种类及浓度都明显减小。

卤代物共 8 种。其中 1,2-二氯丙烷及四氯乙烯浓度较高，且 8 种物质集中出现在贮料间，随着工艺的进行，物质化学浓度在逐渐降低，至后腐熟及生物滤池处，未监测出卤代物。

烷烃化合物共 25 种，正丁烷、甲基环戊烷及戊烷浓度较高，正已烷浓度也较高，但其只出现在贮料间，在之后的四个工艺中并未监测到该物质。

烯烃化合物共 3 种，分别为丙烯、1-戊烯以及 1-己烯。其中丙烯浓度含量最高，在贮料间中并未监测出烯烃化合物。

萜烯类化合物主要是 α-蒎烯，β-蒎烯和柠檬烯。新鲜垃圾中，柠檬烯含量很高，在春季采样数据中柠檬烯是主要的萜烯类化合物，生物滤池处各物质浓度都降低，拥有较低的含量。

含氧化合物共检出 5 种，分别为乙醇、丙酮、2-丁酮、乙酸乙酯及 2-己酮。其中乙醇含量最高，且出现在五个工艺中。随着不同工艺的进行，乙醇的含量呈现出先增加后减小的趋势，至生物滤池处含氧化合物的浓度值极小。

在春季堆肥过程中各工艺单元中各类物质的浓度如图 2.36 所示。随着堆肥过程的进行，贮料间、发酵前期、发酵后期、后腐熟及生物滤池中检测到的恶臭物质总浓度在逐渐下降。发酵后期下降的速率更大些，直至生物滤池处，所能监测出的物质浓度已达很小。在前四个工艺，含氧化合物在各工艺中的浓度含量都较其他的物质高。

对比各工艺单元内各类物质所占比例（图 2.37），其差异主要体现在含氧化合物、芳香族化合物、卤代物及萜烯上。卤代物及芳香族化合物在贮料间所占比例较大，随着不同工艺的进行，其比例在逐渐减小。贮料间含氧化合物所占比例并不是很大，但在发酵前期、发酵后期、后腐熟及生物滤池处含氧化合物所占比例较高。

2.3.3.2 夏季生活垃圾堆肥过程恶臭物质排放特征

对 C 堆肥厂夏季采样数据分析，共识别出 58 种物质，同样可归成有机硫化物、芳

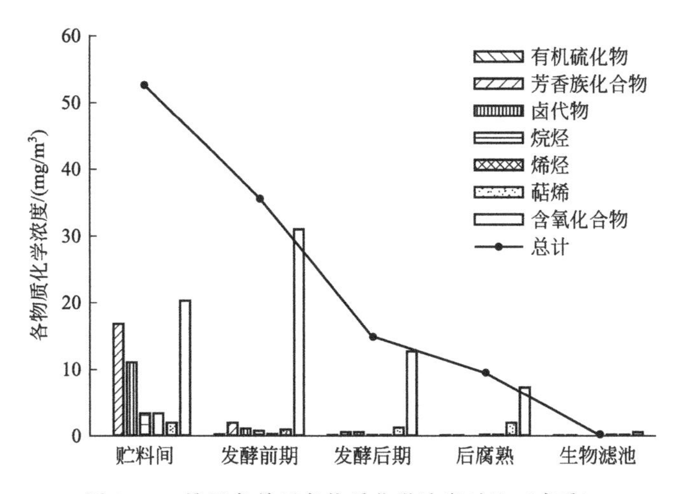

图 2.36 堆肥各单元各物质化学浓度对比（春季）

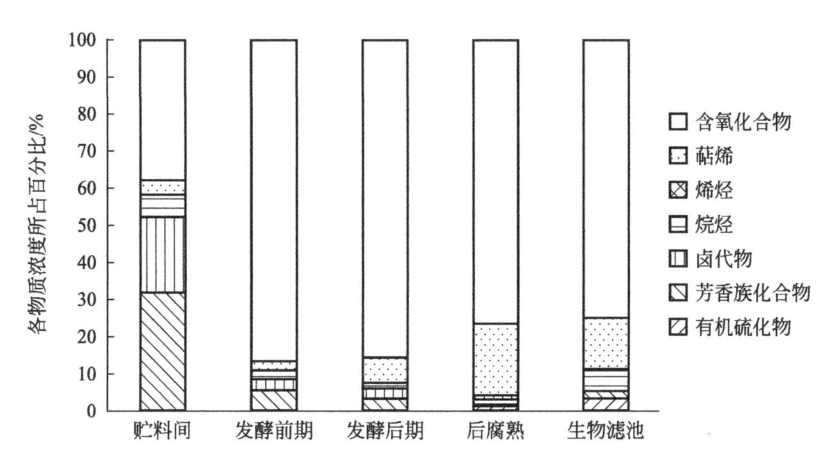

图 2.37 各工艺单元内各类物质所占浓度比（春季）

香烃化合物、卤代物、烷烃、烯烃、萜烯及含氧化合物共 7 大类物质。

具体物质及其浓度如表 2.44 所列。

表 2.44 C 堆肥厂夏季恶臭气体浓度 单位：mg/m^3

物质	贮料间	发酵前期	发酵后期	后腐熟	生物滤池
甲硫醇	—	0.028	0.024	—	—
甲硫醚	0.078	—	0.056	0.068	—
二甲基二硫醚	0.226	0.152	0.173	0.107	0.059
二硫化碳	0.016	0.006	—	0.005	0.003
乙醇	18.62	12.79	11.34	0.923	0.231
异丙醇	—	—	—	0.157	—
丙酮	—	—	0.052	0.029	0.031
2-甲基丙醛	—	0.014	—	—	—
2-丁酮	0.017	0.018	0.025	0.007	0.008
乙酸乙酯	0.718	0.897	0.763	—	—

续表

物质	贮料间	发酵前期	发酵后期	后腐熟	生物滤池
2-己酮	0.078	—	0.051	—	—
环己酮	0.01	0.001	—	—	—
丙烯	0.051	—	0.038	0.074	0.009
(*Z*)-2-丁烯	—	—	—	0.005	—
1-戊烯	—	—	—	0.069	—
2-甲基-1,3-丁二烯	—	—	—	0.007	0.004
异丁烷	0.196	0.242	0.166	—	0.012
丁烷	—	0.227	0.13	—	0.012
2-甲基丁烷	—	—	—	—	0.02
戊烷	—	—	—	0.105	0.051
2-甲基戊烷	—	—	—	—	0.007
3-甲基戊烷	—	—	—	—	0.005
甲基环戊烷	0.007	0.017	—	—	—
环己烷	0.001	0.001	—	—	—
2-甲基己烷	—	0.018	—	—	—
3-甲基己烷	—	0.024	—	—	—
正庚烷	—	0.031	0.042	—	0.001
甲基环己烷	0.01	0.018	0.007	—	—
2-甲基庚烷	—	0.004	—	—	—
辛烷	0.022	0.026	0.032	0.02	—
壬烷	—	0.043	—	—	—
癸烷	0.042	—	0.043	0.009	0.006
十一烷	0.025	—	—	—	—
十二烷	—	—	—	0.007	0.008
α-蒎烯	0.077	0.056	0.049	0.03	0.017
β-蒎烯	0.083	0.064	0.055	0.035	—
柠檬烯	0.45	0.131	0.274	0.193	0.043
苯	0.063	0.08	0.075	0.001	0.012
甲苯	0.185	0.576	0.168	0.018	0.014
乙苯	0.159	0.299	0.145	0.016	0.027
间二甲苯	0.088	0.12	0.082	0.01	0.015
对二甲苯	0.082	0.115	0.08	0.007	0.012
邻二甲苯	0.107	0.115	0.1	0.01	0.014
1-甲基乙基苯	—	0.005	0.004	—	—
丙基苯	—	—	0.005	—	—
间乙基甲苯	0.024	0.027	0.024	0.005	0.008
1,3,5-三甲基苯	0.011	0.011	0.012	—	0.003

续表

物质	贮料间	发酵前期	发酵后期	后腐熟	生物滤池
邻乙基甲苯	0.011	0.011	0.01	—	0.04
1,2,4-三甲基苯	0.394	0.036	0.042	0.01	0.009
间二乙苯	—	—	0.005	0.001	0.004
对二乙苯	—	—	—	—	0.005
萘	0.06	0.037	0.079	0.055	0.231
1,4-二氯苯	0.125	0.031	0.1	0.037	0.039
三氯一氟甲烷	—	0.035	0.029	0.003	0.006
二氯甲烷	0.09	0.237	0.069	—	0.009
1,2-二氯乙烷	0.085	0.147	0.058	0.016	0.01
四氯乙烯	1.016	0.615	0.459	—	0.005
1,2-二氯丙烷	0.029	0.026	0.019	—	—

其中，有机硫化物共有 4 种，分别为甲硫醇、甲硫醚、二甲基二硫醚和二硫化碳；其中二甲基二硫醚具有最高的浓度。含硫有机化合物的嗅阈值通常很低，是导致恶臭的重要物质。

C 堆肥厂夏季样品中芳香族化合物共有 15 种，其中苯、甲苯、二甲苯、乙苯在堆肥各个单元均能够检测到且浓度值相对较高，发酵初期的芳香族化合物含量明显高于其他单元。这可能是初始物料中的苯系化合物的支链在发酵初期被降解，生成一些较简单的苯系物。而随着发酵过程的进行，一些芳香化合物被微生物分解，其浓度逐渐降低。值得关注的是发酵车间排出的臭气经生物滤池净化后仍检测到相当量的芳香族化合物，说明微生物分解芳香族化合物的能力有限，生物滤池对芳香族化合物的去除率并不理想。另外，生物滤池排出的尾气中检测到相当高含量的萘，这可能是因为生物滤池填料为木片，本身会释放出萘等物质，环境背景值较高。卤代化合物共有 6 种，其中四氯乙烯的浓度较高，随着堆肥过程的进行含量逐渐减少。该类化合物在恶臭气体中所占比重较小，但其通常难以被微生物降解，另外，某些组分可能对人体健康造成威胁。

烷烃化合物共有 18 种，从表 2.44 中可以明显看出，在原始垃圾及堆肥初始阶段，大分子的长链烃较多；而随着堆肥的进行，在微生物作用下大分子的物质逐渐被分解，形成短链烃，从发酵间排出的臭气再经过生物滤池后，基本已经没有长链烃的存在，短链烃的浓度也明显降低。

烯烃化合物共有 4 种，分别为丙烯、顺-2-丁烯、1-戊烯、2-甲基-1,3-丁二烯。其中丙烯是主要的烯烃类物质，烯烃类在整个堆肥过程中浓度较低，仅在后腐熟阶段出现相对较高含量的丙烯和 1-戊烯。

萜烯类物质主要是 α-蒎烯、β-蒎烯和柠檬烯。新鲜垃圾中，柠檬烯含量很高，可作为新鲜垃圾的指示物。而在堆肥过程中，其浓度逐渐降低，但平均浓度仍然高于其他萜烯类化合物。

含氧化合物共有 8 种，其中乙醇浓度远高于其他恶臭组分，这可能是因为乙醇是微生物生命活动的副产物，而堆肥原料主要成分是经过预分选的易降解的有机物质，使得堆肥过程中微生物活动旺盛，从而产生了大量的乙醇。而在除乙醇外的其他恶臭组分中，贮料间、发酵前期及发酵后期过程中乙酸乙酯为主要挥发性组分。

对比各个堆肥单元臭气气体的组成（见图 2.38），其差异主要体现在烷烃、含硫有机化合物和萜烯上。且贮料间、发酵前期、发酵后期以及后腐熟阶段有机硫化物所占比重较大，生物滤池处芳香族化合物含量最多。由以上讨论已经得知，由于各单元中乙醇含量极高，导致含氧化合物在各个单元的恶臭气体中占主要地位。另外，芳香烃也是堆肥过程中的主要恶臭组分，在后腐熟车间检测到较高浓度的烯烃和萜烯，后腐熟阶段是初次堆肥产品进一步稳定化、腐熟化过程，该过程中有较多腐殖质的出现，这可能是烯烃、萜烯浓度升高的主要原因。

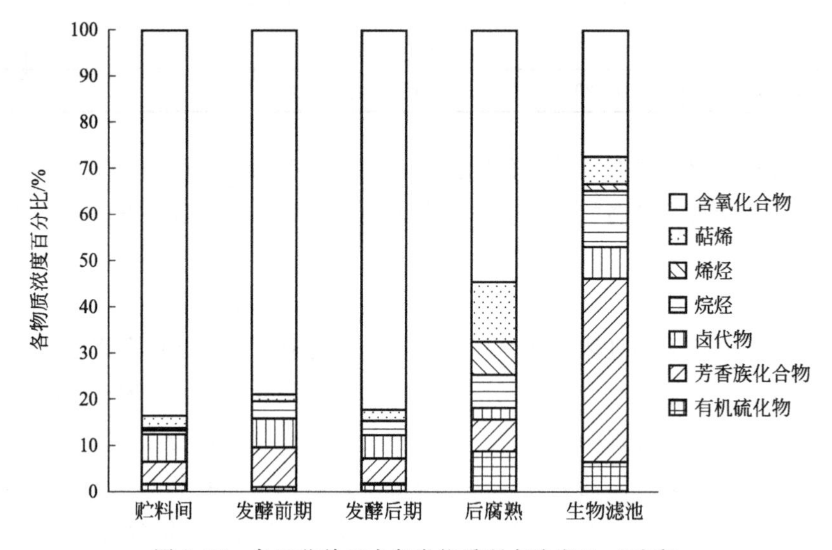

图 2.38　各工艺单元内各类物质所占浓度比（夏季）

在贮料间、发酵前期、发酵后期及后腐熟单元中，含氧化合物为主要恶臭物质，而经过生物滤池后，含氧化合物所占比例大大减少，芳香族化合物成为主要成分。这是因为含氧化合物多数为易降解的小分子物质，在臭气经过生物滤池时被滤池中的微生物分解利用，而芳香族化合物则相对较难被微生物活动所利用，因此生物滤池释放的恶臭气体结构不同于其他几个单元。

2.3.3.3　秋季生活垃圾堆肥过程恶臭物质排放特征

对秋季采样数据分析，共识别出 75 种物质，其物质组成和浓度如表 2.45 所列。

表 2.45　C 堆肥厂秋季恶臭气体浓度　　单位：mg/m^3

物质	贮料间	发酵前期	发酵后期	后腐熟	生物滤池
甲硫醚	—	0.017825	0.042475	0.02105	0.00485
二甲基二硫醚	0.02505	0.082275	0.192725	0.042475	0.02625
二硫化碳	0.05775	0.0533	0.01655	0.038325	0.0567
乙醇	0.4048	3.143775	2.950125	0.74055	0.22845

续表

物质	贮料间	发酵前期	发酵后期	后腐熟	生物滤池
丙酮	—	—	0.03815	—	—
乙酸乙酯	0.023125	0.461875	1.18775	0.042625	0.0216
2-己酮	0.004575	0.015	0.056	0.01995	—
甲基异丁酮	0.00515	—	—	0.0063	0.0054
叔丁基甲醚	0.002225	0.0057	0.0115	—	0.002325
四氢呋喃	—	0.006275	—	—	—
1-戊烯	—	0.005325	—	0.036425	—
1-己烯	0.0012	0.00355	—	0.015975	0.001225
顺-2-戊烯	0.00115	—	—	—	0.001325
苯乙烯	0.003525	0.0177	0.038625	0.004525	0.00425
丙烷	0.0099	0.0344	0.10205	0.022125	0.0097
异丁烷	0.013575	0.016225	0.261575	0.035325	0.01525
丁烷	0.008525	0.035025	0.088175	0.026525	0.009975
2-甲基丁烷	0.009875	—	—	0.019575	0.011275
戊烷	0.013125	0.036925	0.104575	0.070575	0.011475
2-甲基戊烷	0.00245	0.072825	0.17945	0.005525	0.0023
3-甲基戊烷	0.0025	0.06525	0.159975	0.004175	0.002325
甲基环戊烷	—	0.039975	0.104925	0.001275	—
环己烷	0.000375	0.0237	0.050625	0.003375	—
2-甲基己烷	—	0.0617	0.14125	0.0012	—
3-甲基己烷	—	0.082925	0.14255	0.002225	—
正庚烷	0.0034	—	—	0.01285	0.003575
甲基环己烷	—	0.007875	0.019775	0.000175	—
2-甲基庚烷	—	0.003775	0.010575	—	—
3-甲基庚烷	—	0.0023	0.011725	—	—
辛烷	—	0.0154	0.0375	0.0056	—
壬烷	—	0.04595	—	0.001625	—
癸烷	0.002075	0.03545	0.045975	0.005625	0.00175
2,3-二甲基丁烷	—	0.01445	0.039225	—	—
正己烷	0.00975	0.17165	—	0.0194	0.006125
环戊烷	—	—	0.063975	—	—
2,3-二甲基戊烷	—	0.02445	0.061125	—	—
十一烷	0.000725	0.0064	—	0.005075	0.000275
十二烷	0.003425	0.010575	—	0.00405	0.0027
α-蒎烯	0.009325	0.063125	0.1178	0.022625	0.009825
β-蒎烯	0.011075	0.0594	0.101975	0.0207	0.0113
柠檬烯	0.03985	1.001375	0.98715	0.344975	0.058775

续表

物质	贮料间	发酵前期	发酵后期	后腐熟	生物滤池
苯	0.00815	0.058525	0.144825	0.01225	0.00795
甲苯	0.030725	0.31455	0.58475	0.03045	0.033675
乙苯	0.00885	0.16975	0.332625	0.01495	0.0075
间二甲苯	0.0136	0.1088	0.712525	0.012775	0.0161
对二甲苯	—	—	0.7206	—	—
邻二甲苯	0.005175	0.125375	0.2543	0.011225	0.004125
1-甲基乙基苯	0.0002	0.00515	0.010525	0.000525	0.0002
丙基苯	—	0.00795	0.01955	—	—
间乙基甲苯	0.00225	0.0211	0.038725	0.00345	0.002325
对乙基甲苯	0.001625	0.0116	0.0211	0.0022	0.00165
1,3,5-三甲基苯	0.000925	0.0099	0.017375	0.001775	0.00095
邻乙基甲苯	0.0013	0.008725	0.016475	0.001925	0.0013
1,2,3-三甲苯	—	0.0091	0.010625	—	—
1,2,4-三甲基苯	0.006525	0.104625	0.10935	0.008025	0.004375
间二乙苯	0.0017	0.0027	—	0.001875	0.0017
对二乙苯	—	—	—	—	0.002175
萘	0.012225	0.0052	—	0.0129	0.01715
二氯二氟甲烷	0.0074	0.0138	0.02775	0.009175	0.006175
氯甲烷	0.001875	—	—	0.0026	0.001775
氯乙烷	—	0.001225	0.00975	—	—
反-1,2-二氯乙烯	—	0.00445	—	—	—
1,1-二氯乙烷	—	0.009075	0.02345	—	—
顺-1,2-二氯乙烯	—	0.0006	0.00165	—	—
氯仿	0.0063	0.112225	0.270675	0.007775	0.0047
四氯化碳	0.008525	0.0087	0.0088	0.0045	0.0086
三氯乙烯	0.0003	0.045875	0.114675	0.000575	0.000025
1,1,2-三氯乙烷	0.000475	0.005375	0.011375	0.000375	0.000425
1,4-二氯苯	0.01	0.04015	0.006325	0.015125	0.02845
氯苯	0.01735	0.0208	0.00205	0.0079	0.0276
三氯一氟甲烷	0.01175	0.0286	0.05465	0.0208	0.012125
二氯甲烷	0.10905	0.212525	0.3705	0.07175	0.114925
1,2-二氯乙烷	0.0252	0.073075	0.1416	0.016125	0.025575
四氯乙烯	0.00195	0.139	0.32715	0.01385	0.001125
1,2-二氯丙烷	0.0025	0.04945	0.198975	0.003575	0.002475

秋季样品中有机硫化物共有 3 种，分别为甲硫醚、二甲基二硫醚和二硫化碳。其中二甲基二硫醚具有最高的浓度。

芳香族化合物共有 17 种，甲苯、乙苯、间二甲苯、邻二甲苯在堆肥各个单元均能够检测到，且浓度值相对较高。发酵前期及发酵后期芳香族化合物含量明显高于其他单元，但对二甲苯只出现在发酵后期，且为该单元浓度值最高的物质。经生物滤池净化后仍能检测到相当量的芳香族化合物。

卤代化合物共有 17 种，其中二氯甲烷的浓度较高，随着堆肥过程的进行其浓度含量先增加，在发酵后期达到最大值；随后含量减少。后腐熟及生物滤池阶段臭气物质整体浓度含量较小。

烷烃化合物共有 24 种，其中异丁烷、2-甲基戊烷、3-甲基戊烷等含量较高。且集中在发酵后期出现。后腐熟及生物滤池处烷烃化合物含量明显降低。

烯烃化合物共有 4 种，分别为 1-戊烯、1-己烯、顺-2-戊烯及苯乙烯。其中苯乙烯集中出现在发酵前期及发酵后期，后腐熟及生物滤池处其含量相对减少。

萜烯类物质中柠檬烯含量较高，且发酵前期及后期萜烯类物质总浓度高于其他发酵单元。最终从生物滤池处释放出来的臭气物质中其含量明显降低。

含氧化合物共 7 种，其中乙醇及乙酸乙酯的含量较高，发酵前期及后期的含氧化合物总浓度较其他单元高，到达生物滤池单元时含氧化合物浓度值极低。

秋季采样中，随着发酵的进行，贮料间、发酵前期及发酵后期检测到的恶臭物质浓度在逐渐升高（图 2.39），在发酵后期达到最大值。随后在后腐熟及生物滤池处有明显降低。分析出现这种情况的原因为采样时当地已经进入秋末，气温较低，当生物垃圾进入贮料间时微生物活性不大，随着发酵前期及发酵后期的进行，环境温度的提高，微生物活性较大，对恶臭物质分解能力增强，在该处检测到的恶臭浓度较高。由于在此阶段效率较高，将多种恶臭物质分解，因此在后腐熟及生物滤池恶臭物质的总浓度很低。

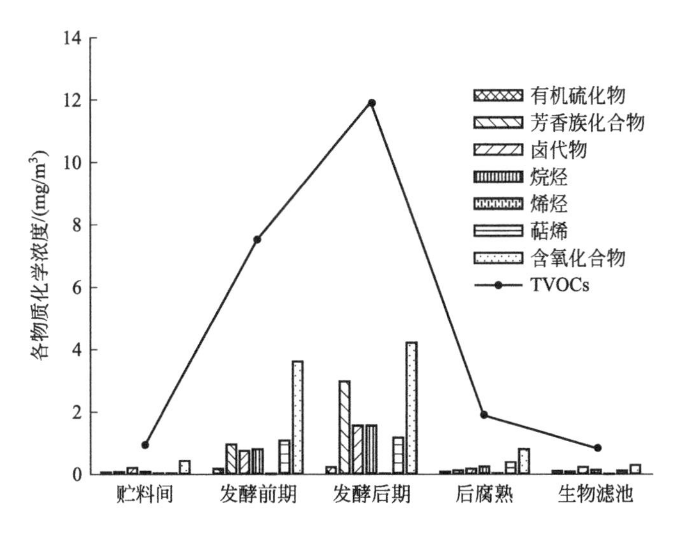

图 2.39　堆肥各单元各物质化学浓度对比（秋季）

对比各个堆肥单元臭气气体组成（图 2.40），其差异主要体现在有机硫化物、萜烯

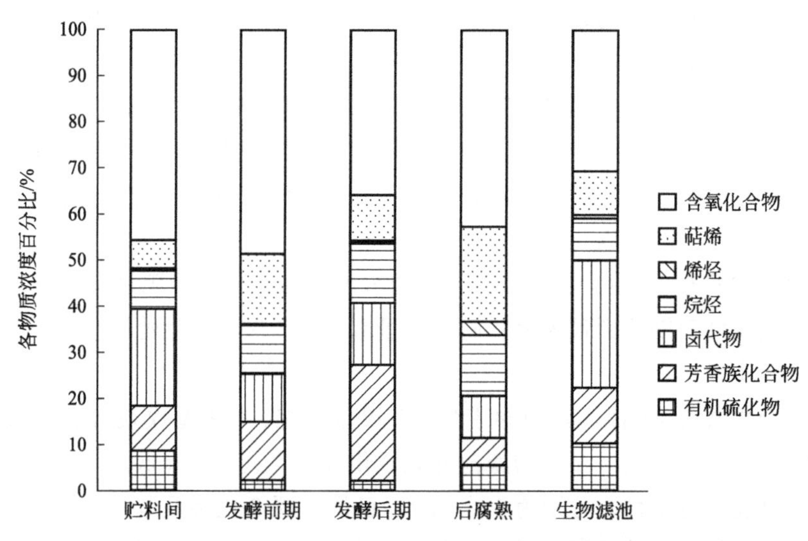

图 2.40 各工艺单元内各类物质所占浓度比（秋季）

类化合物、卤代物以及芳香族化合物上。在堆肥各单元，有机硫化物所占比重普遍较大，卤代物主要出现在贮料间及生物滤池处，芳香族化合物主要出现在发酵前期及发酵后期处。综合对比各单元物质总浓度发现发酵前期及发酵后期的臭气种类较多且臭气含量较高。

2.3.3.4 冬季生活垃圾堆肥过程恶臭物质排放特征

对冬季采样数据进行分析，共识别出 58 种物质，其组成和浓度如表 2.46 所列。

表 2.46 C 堆肥厂冬季恶臭气体浓度 单位：mg/m^3

物质	贮料间	发酵前期	发酵后期	后腐熟	生物滤池
甲硫醇	—	0.0261	0.0309	—	0.1091
甲硫醚	—	0.0627	0.0957	0.0589	0.2229
二甲基二硫醚	0.11	0.3264	0.5852	0.1541	0.7918
乙硫醚	0.0492	0.0554	0.0577	0.0513	0.0572
二硫化碳	0.0053	0.0133	0.0212	0.0136	0.0587
乙醇	7.9779	39.1554	3.4246	8.3755	26.3782
乙酸乙酯	0.0988	2.1396	3.9049	0.0373	0.0516
2-己酮	—	—	0.0269	0.027	0.0328
甲基异丁酮	0.019	0.0277	0.039	0.0137	0.0344
丙烯	0.0644	0.1243	0.1608	0.1341	0.3088
(*E*)-2-丁烯	0.0061	0.0104	0.0157	—	—
(*Z*)-2-丁烯	0.0049	—	0.0111	0.0059	0.0275
2-甲基-1,3-丁二烯	—	0.0065	0.0098	0.0073	0.0211
1-己烯	0.0056	—	—	0.0144	0.01
苯乙烯	0.0082	0.0212	0.0327	0.0097	0.0366

续表

物质	贮料间	发酵前期	发酵后期	后腐熟	生物滤池
丙烷	0.1495	0.2712	0.3576	0.0722	0.4716
异丁烷	0.2215	0.5403	0.7905	0.0513	1.2419
丁烷	0.2268	0.4109	0.5704	0.0608	0.8469
2-甲基丁烷	0.1231	—	0.1554	0.0416	0.2836
戊烷	0.1012	0.249	0.3352	0.2423	0.7551
2-甲基戊烷	0.0679	0.111	0.1271	0.0121	0.1108
甲基环戊烷	0.0236	0.0474	0.0833	—	0.053
环己烷	0.0241	0.0554	0.1134	—	0.099
2-甲基己烷	0.0349	0.0307	0.0641	—	0.0521
3-甲基己烷	0.0391	0.0373	0.0779	—	0.0609
正庚烷	0.0176	0.0445	0.0826	0.0154	0.1572
甲基环己烷	—	0.0184	0.0533	—	0.0239
壬烷	—	0.0285	0.0574	—	0.0248
癸烷	0.0112	0.0541	0.0651	0.0071	0.0477
2,3-二甲基丁烷	0.0695	0.1112	0.1283	0.0119	0.1133
正己烷	0.0705	—	—	—	—
环戊烷	0.0363	0.0782	0.0519	0.0102	0.0875
十一烷	—	0.0161	0.0291	0.0005	—
α-蒎烯	0.0439	0.1262	0.2089	0.0589	0.2748
柠檬烯	0.9771	4.5853	6.6554	1.6712	8.3484
苯	0.046	0.102	0.1505	0.0301	0.0995
甲苯	0.1303	0.2793	0.4296	0.0348	0.2706
乙苯	0.0935	0.1109	0.1753	0.0129	0.1333
间二甲苯	0.1115	0.1418	0.2231	0.0095	0.1754
对二甲苯	0.041	0.0515	0.0808	0.0027	0.0594
邻二甲苯	0.0334	0.0619	0.1003	0.0064	0.0887
1-甲基乙基苯	0.0007	0.0021	0.0042	0.0006	0.004
间乙基甲苯	0.0088	0.0159	0.0264	0.0061	0.0122
对乙基甲苯	0.0062	0.01	0.0155	0.0046	0.0132
1,3,5-三甲基苯	0.0032	0.0062	0.0111	0.0021	0.0108
邻乙基甲苯	0.0049	0.0202	0.0451	0.0039	0.061
1,2,4-三甲基苯	0.0127	0.0505	0.0829	0.0087	0.0846
萘	0.0241	0.025	0.0355	0.025	0.0191
二氯二氟甲烷	0.032	0.0376	0.0549	0.0061	0.0336
氯甲烷	—	—	—	0.0136	—
氯仿	—	0.0173	0.0363	—	0.0282
1,1,2-三氯乙烷	0.0014	0.0021	0.0056	—	0.0041

续表

物质	贮料间	发酵前期	发酵后期	后腐熟	生物滤池
1,4-二氯苯	0.0066	0.0385	0.074	0.015	0.1643
三氯一氟甲烷	0.0227	0.0401	0.0631	0.0003	0.0876
二氯甲烷	0.0512	0.1082	0.1653	0.0236	0.1192
1,2-二氯乙烷	0.0512	0.0627	0.1226	0.0142	0.1038
四氯乙烯	0.2516	0.5065	0.8741	0.0008	0.4829
1,1-二氯乙烷	—	0.0221	0.0374	—	0.0155

有机硫化物共有 5 种，分别为甲硫醇、甲硫醚、二甲基二硫醚、乙硫醚及二硫化碳，其中二甲基二硫醚具有最高的浓度。含硫有机化合物的嗅阈值通常很低，是导致恶臭的重要物质。

芳香族化合物共有 13 种，其中苯、甲苯、乙苯、间二甲苯含量较高，且出现在五个工艺中。生活垃圾经贮料间、发酵前期、发酵后期处理后，到达后腐熟阶段时所剩含量较少。在生物滤池处检测到的恶臭物质浓度较后腐熟阶段高。

卤代化合物共有 10 种，其中四氯乙烯的浓度较高，随着堆肥过程的进行含量逐渐减少。

烷烃化合物共有 18 种，随着堆肥过程的进行，在各工艺单元检测出的烷烃化合物的浓度也在增加。在后腐熟阶段检测出的恶臭物质浓度最低。丙烯、顺-2-丁烯、反-2-丁烯、2-甲基-1,3-丁二烯、1-己烯及苯乙烯。其中丙烯是主要的烯烃类物质，随着堆肥过程的进行，在各工艺单元检测出的烯烃化合物的浓度也在增加。

萜烯化合物共有 2 种，柠檬烯含量较高。随着堆肥的进行，后腐熟阶段恶臭物质浓度相对较低，在生物滤池处恶臭物质浓度较高。

含氧化合物共有 4 种，分别为乙醇、乙酸乙酯、2-己酮及甲基异丁酮，其中乙醇含量最高且出现在五个工艺单元之中。

对生活垃圾堆肥厂冬季样品数据进行分析，生活垃圾进入贮料间，由于冬季气温低，不是微生物反应最适宜的环境，因此检测出的恶臭物质浓度较低。随着堆肥过程的进行，在发酵前期及发酵后期，微生物活性增强，检测的恶臭物质浓度所有提升，但发酵前期的物质浓度大于发酵后期。至后腐熟阶段，检测到的恶臭物质浓度较低，由于通过生物滤池中的气体是从前四个反应单元同时抽取的，而冬季整体温度较低，微生物活性较弱，前面的反应单元中存在较多未能完全分解的化合物，加之生物滤池中的温度较稳定，较为适合微生物的生活及反应，因此生物滤池中检测的物质浓度较高（图 2.41）。

各不同工艺中具有重要贡献的恶臭物质种类不尽相同，主要区别在于含氧化合物、萜烯及烷烃类化合物（图 2.42）。含氧化合物在贮料间、发酵前期、后腐熟以及生物滤池阶段都占很大的比重，萜烯化合物在发酵后期、后腐熟以及生物滤池阶段所占比例较大，烷烃主要出现在贮料间、发酵后期以及生物滤池之中。

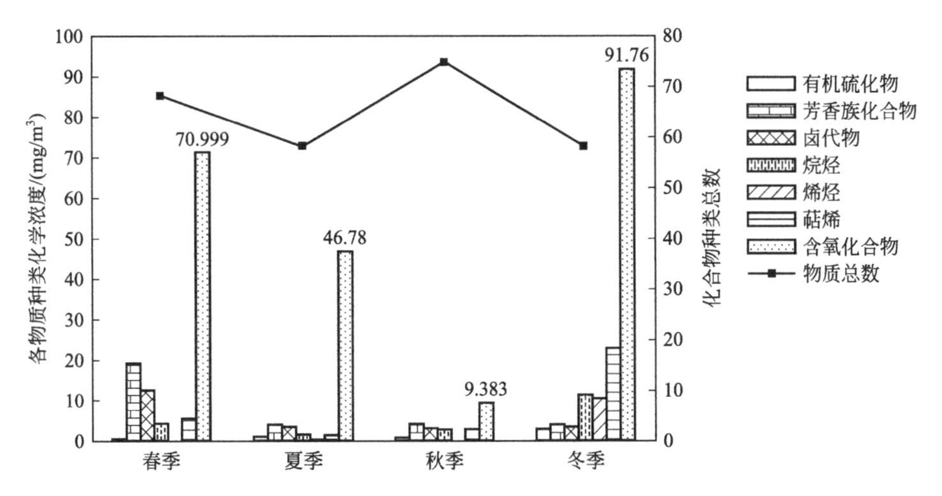

图 2.41　堆肥各单元各物质化学浓度对比（冬季）

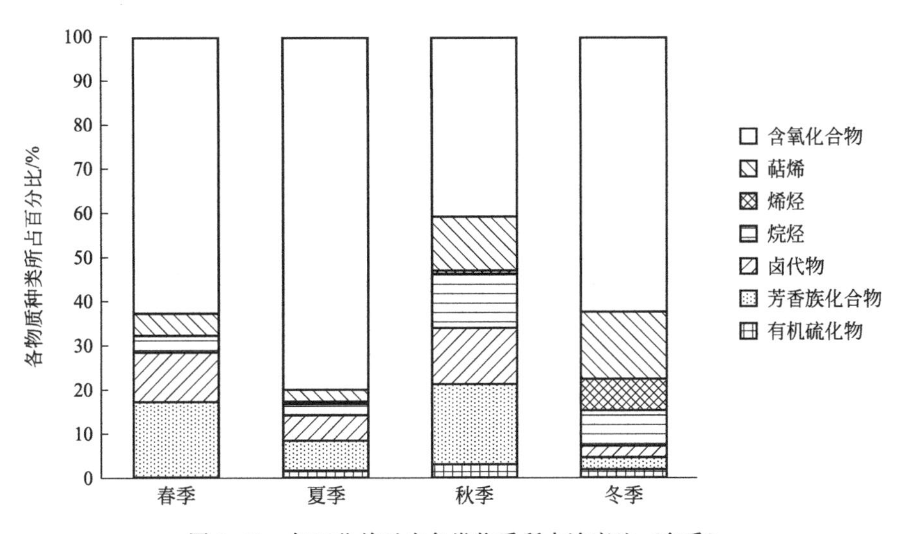

图 2.42　各工艺单元内各类物质所占浓度比（冬季）

2.3.4　生活垃圾堆肥过程恶臭物质释放规律

2.3.4.1　指标恶臭物质清单

按照 1.5.2 部分所提方法，依据恶臭物质浓度及其阈稀释倍数筛选生活垃圾堆肥厂的指标恶臭物质，筛选出浓度方面的辅助指标恶臭物质为 11 种，即二甲基二硫醚、甲苯、乙苯、邻二甲苯、间二甲苯、四氯乙烯、二氯甲烷、异丁烷、柠檬烯、乙醇和乙酸乙酯。

筛选出的该堆肥厂的核心指标恶臭物质共 12 种，分别是甲硫醚、二甲二硫醚、甲硫醇、乙苯、甲苯、间二甲苯、对二甲苯、柠檬烯、α-蒎烯、乙醇、乙酸乙酯、2-己酮。

综合考虑，堆肥厂作业面重要的恶臭物质有含氧化合物、芳香族化合物及有机硫化物。

2.3.4.2 恶臭物质季节变化规律

将检测到的恶臭物质按照所含有的特征元素进行分类，确定了分类恶臭物质在各个季节的总浓度以及检出物种数，如表 2.47 所列。从表中可以发现，春季及秋季检测出的物质种类较多，夏季及冬季检测出的物质种类相同，但总体差异不显著。物质种类的不同源于堆肥的生活垃圾原料不同，但又由于居民生活习惯在四个季节没有明显的不同，因此四个季节中检测出的物质种类大体相同。

表 2.47 各类恶臭物质的总浓度及检出物种数 单位：mg/m^3

物质	总浓度				检出物种数			
	春季	夏季	秋季	冬季	春季	夏季	秋季	冬季
有机硫化物	0.483	1.001	0.678	2.957	5	4	3	5
芳香族化合物	19.193	3.974	4.265	3.953	19	15	17	13
卤代物	12.405	3.295	2.945	3.798	8	6	17	10
烷烃	4.28	1.637	2.845	11.418	25	18	24	18
烯烃	0.13	0.257	0.135	1.057	3	4	4	6
萜烯	5.457	1.557	2.859	22.95	3	3	3	2
含氧化合物	70.999	46.78	9.383	91.76	5	8	7	4

通过对不同季节的恶臭物质组成进行分析（图 2.43），发现各个季节起重要贡献作用的化合物不尽相同。其主要差异体现在含氧化合物、萜烯、卤代物以及芳香族化合物上。春季、夏季、秋季及冬季含氧化合物含量均为最多，春季卤代物及芳香族化合物也起到较好的作用，秋季萜烯、烷烃、卤代物及芳香族化合物所占比例相似，冬季萜烯及烷烃类化合物也起到较为重要的作用。造成各个季节不同物质所占比例不同的原因是生活垃圾的来源不同。由于各个季节生活习惯的不同会造成生活垃圾的组成不同，而在堆肥过程中检测到其主要作用的恶臭物质种类也不相同。

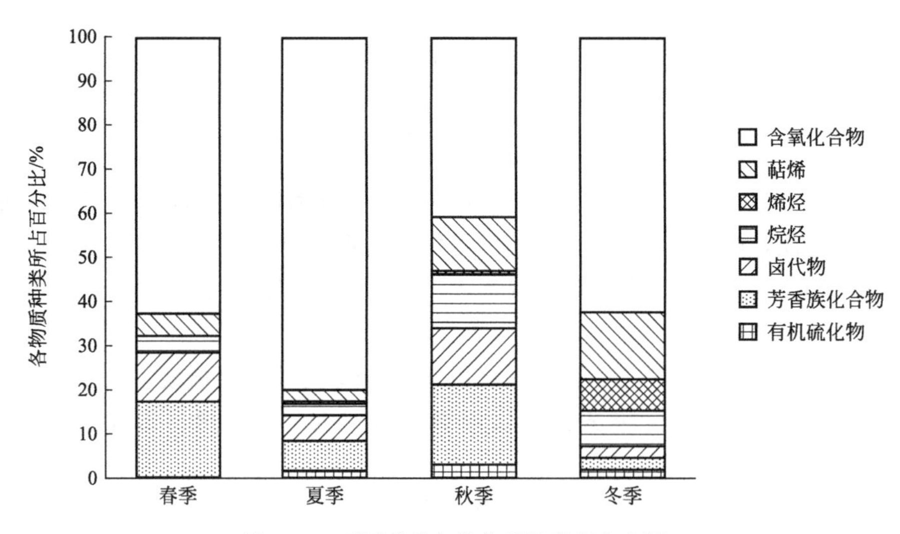

图 2.43 不同季节各类物质浓度所占比例

2.3.4.3 不同堆肥处理单元的恶臭物质变化

将检测到的恶臭物质按照不同处理单元进行分类，确定了不同处理单元在各个季节的总浓度，如表2.48所列。

表2.48 不同处理单元在不同季节的恶臭物质浓度 单位 mg/m^3

季节	贮料间	发酵前期	发酵后期	后腐熟	生物滤池
夏季	23.256	17.331	14.885	2.039	0.99
秋季	0.964425	7.4717	11.928575	1.89125	0.84415
冬季	11.5202	50.4971	21.2367	11.3793	43.2642
春季	52.88085	35.6255	14.7336	9.3663	0.3431

图2.44和图2.45分别显示了不同处理单元不同季节恶臭物质的浓度和分布情况，显示了恶臭物质随处理单元变化特征。

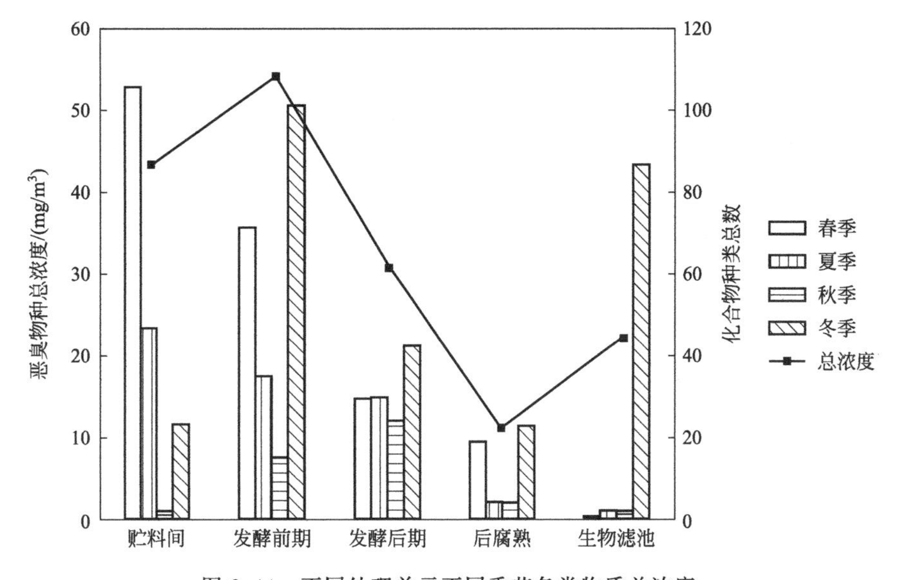

图2.44 不同处理单元不同季节各类物质总浓度

针对不同工艺单元进行分析，将各个工艺四个季节检测的物质浓度进行相加，发现在发酵前期达到最高值，生物滤池处达到最小值。这是因为生活垃圾在贮料间时只是进行简单堆放，其本身会发生缓慢的分解作用，但作用效果不是很好；随着进入堆肥厂的发酵前期，由于工艺上的改进使得有机化合物进行分解，且分解较为充分，从而得到较多的恶臭物质种类。进而进入发酵后期，继续进行生物作用，由于前一阶段已经进行了较为完全的分解作用，在该阶段继续进行微生物分解的过程中同样产生一定量的恶臭物质，但其浓度较发酵前期少，继而进入后腐熟阶段，在该阶段之前生物作用已经很充分，多数的恶臭物质都已被分解。

在生物滤池处，春季、夏季、秋季都拥有较之前四个工艺最小的浓度，但冬季的恶臭物质浓度较高，原因是冬季温度较低，之前四个工艺中微生物均未达到最适宜的活性

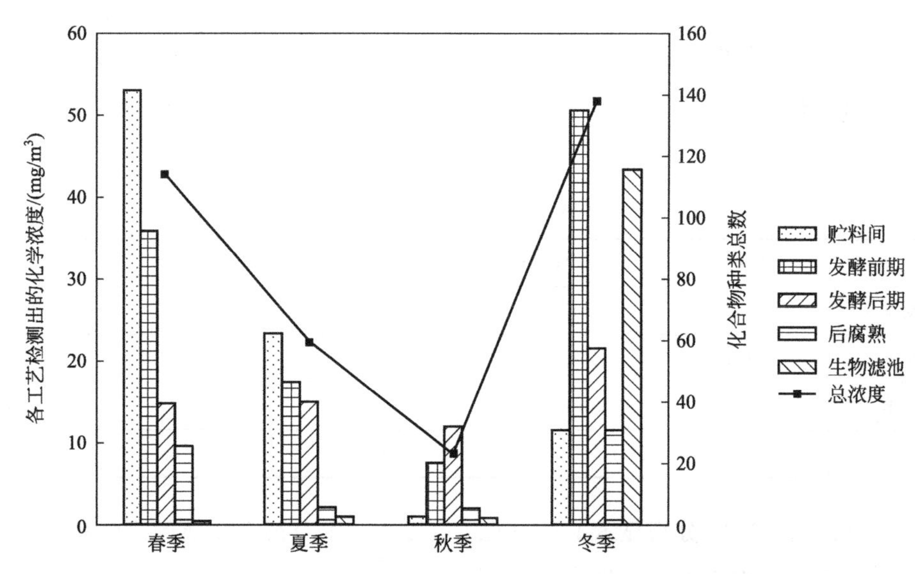

图 2.45 不同处理单元在不同季节条件下物质浓度分布

条件，因此从前四个工艺中抽出的气体一起进入到生物滤池中，由于生物滤池常年保持30℃左右的温度，适合微生物的生长，因此冬季此阶段的微生物活性较高，分解有机物的能力较强，造成冬季生物滤池处恶臭物质浓度增高的现象。

2.4 本章小结

重点针对生活垃圾转运、填埋和堆肥等处理处置设施所面临的恶臭污染问题开展了系统研究。首先通过监测分析，明确了不同垃圾处理处置设施中，转运车间、卸料平台、填埋场作业面、覆盖面、渗滤液调节池、堆肥车间等不同工艺过程与工艺环节的恶臭物质释放浓度与强度；进一步分析研究了相应设施恶臭物质产生、释放和扩散规律，揭示了恶臭物质随工艺过程等因素的变化特征和机制；并利用第 1 章获得的恶臭污染评估指标体系，识别了相应设施的指标性恶臭物质。

研究建立了基于风道法的生活垃圾填埋场作业面恶臭释放速率监测方法，获得了生活垃圾初期降解和填埋过程痕量恶臭物质释放强度与宏量物质释放强度的定量关系。从而建立了基于单位面积排放通量和基于微量气体与宏量气体释放关系的两种恶臭物质产生与释放源强的计算模型方法，实现了生活垃圾填埋场恶臭污染源解析。

参 考 文 献

[1] Atkinson，R. Atmospheric chemistry of VOCs and NO_x. Atmospheric Environment. 2000，34：2063-2101.

[2] B. F. Staley，F. X.，Steven J. et al. Release of trace organic compounds during the decomposition of municipal solid waste components. Environ. Sci. Technol. 2006，40：5984-5991.

[3] Brosseau，J.，Heitz，M. Trace gas compound emissions from municipal landfill sanitary sites. Atmospheric Environment. 1994，28：285-293.

[4] Bruno，P.，Caselli，M.，de Gennaro，et al. Monitoring of odor compounds produced by solid waste treatment

plants with diffusive samplers. Waste Management. 2007, 27: 539-544.

[5] Capelli, L., Sironi, S., Del Rosso, R. Odor sampling: techniques and strategies for the estimation of odor emission rates from different source types. Sensors (Basel). 2013, 13: 938-955.

[6] Capelli, L., Sironi, S., Del Rosso, R., et al. A comparative and critical evaluation of odour assessment methods on a landfill site. Atmospheric Environment. 2008, 42: 7050-7058.

[7] Chemel, C., Riesenmey, C., Batton-Hubert, M., et al. Odour-impact assessment around a landfill site from weather-type classification, complaint inventory and numerical simulation. J Environ Manage. 2012, 93: 85-94.

[8] Chen, X., Geng, Y., Fujita, T., An overview of municipal solid waste management in China. Waste Manag. 2010, 30: 716-724.

[9] Chiriac, R., Carré, J., Perrodin, Y., et al. Study of the dispersion of VOCs emitted by a municipal solid waste landfill. Atmospheric Environment. 2009, 43: 1926-1931.

[10] Chiriac, R., Carre, J., Perrodin, Y., et al. Characterisation of VOCs emitted by open cells receiving municipal solid waste. J Hazard Mater. 2007, 149: 249-263.

[11] Chiriac, R., De Araujos Morais, J., et al. Study of the VOC emissions from a municipal solid waste storage pilot-scale cell: comparison with biogases from municipal waste landfill site. Waste Manag. 2011, 31: 2294-2301.

[12] Chu, B., Hao, J., Li, J., et al. Effects of two transition metal sulfate salts on secondary organic aerosol formation in toluene/NO_x photooxidation. Frontiers of Environmental Science & Engineering. 2013, 7: 1-9.

[13] Davoli, E., Gangai, M. L., Morselli, L., et al. Characterisation of odorants emissions from landfills by SPME and GC/MS. Chemosphere. 2003, 51: 357-368.

[14] De MeloLisboa, H. Guillot, J. M., Fanlo, J. L., et al. Dispersion of odorous gases in the atmosphere - Part I: Modeling approaches to the phenomenon. Sci Total Environ. 2006, 361: 220-228.

[15] Deipser, A., Stegmann, R. The Origin and Fate of Volatile Trace Components in Municipal Solid Waste Landfills. Waste Management & Research. 1994, 12: 129-139.

[16] Demeestere, K., Dewulf, J., De Roo, K., et al. Quality control in quantification of volatile organic compounds analysed by thermal desorption-gas chromatography-mass spectrometry. J Chromatogr A. 2008, 1186: 348-357.

[17] Dincer, F., Odabasi, M., Muezzinoglu, A. Chemical characterization of odorous gases at a landfill site by gas chromatography-mass spectrometry. J Chromatogr A. 2006, 1122: 222-229.

[18] Drew, G. H., Smith, R., Gerard, V., et al. Appropriateness of selecting different averaging times for modelling chronic and acute exposure to environmental odours. Atmospheric Environment. 2007, 41: 2870-2880.

[19] Durmusoglu, E., Taspinar, F., Karademir, A. Health risk assessment of BTEX emissions in the landfill environment. J Hazard Mater. 2010, 176: 870-877.

[20] Eitzer, B. D. Emissions of Volatile Organic Chemicals from Municipal Solid Waste Composting Facilities. Environmental Science & Technology. 1995, 29: 896-902.

[21] Fang, J. J., Yang, N., Cen, D. Y., et al. Odor compounds from different sources of landfill: characterization and source identification. Waste Manag. 2012, 32: 1401-1410.

[22] Godayol, A., Alonso, M., Sanchez, J. M., et al. Odour-causing compounds in air samples: Gas-liquid partition coefficients and determination using solid-phase microextraction and GC with mass spectrometric detection. J Sep Sci. 2013.

[23] Hoffmann, T., Odum, J., Bowman, F., et al. Formation of Organic Aerosols from the Oxidation of Biogenic Hydrocarbons. Journal of Atmospheric Chemistry. 1997, 26: 189-222.

[24] Jenkin, M. E., Clemitshaw, K. C. Ozone and other secondary photochemical pollutants: chemical processes governing their formation in the planetary boundary layer. Atmospheric Environment. 2000, 34: 2499-2527.

[25] Johnson, B. N., Sobel, N. Methods for building an olfactometer with known concentration outcomes. Journal of Neuroscience Methods. 2007, 160: 231-245.

[26] Kaeppler, K., Mueller, F. Odor classification: a review of factors influencing perception-based odor arrangements. Chem Senses. 2013, 38: 189-209.

[27] Kim, K. H. Some Insights into the Gas Chromatographic Determination of Reduced Sulfur Compounds (RSCs) in Air. Environmental Science & Technology. 2005, 39: 6765-6769.

[28] Kim, K. H., Emissions of reduced sulfur compounds (RSC) as a landfill gas (LFG): A comparative study of young and old landfill facilities. Atmospheric Environment. 2006, 40: 6567-6578.

[29] Kim, K. H. The Averaging Effect of Odorant Mixing as Determined by Air Dilution Sensory Tests: A Case Study on Reduced Sulfur Compounds. Sensors. 2011, 11: 1405-1417.

[30] Kim, K. H., Anthwal, A., Sohn, J., et al. The role of sample collection method and the bias between different standard matrices in the determination of volatile organic compounds in air. Microchimica Acta. 2010, 170: 83-90.

[31] Kim, K. H., Choi, Y. J., Jeon, E. C., et al. Characterization of malodorous sulfur compounds in landfill gas. Atmospheric Environment. 2005, 39: 1103-1112.

[32] Kim, K. H., Pal, R., Ahn, J. W. Food decay and offensive odorants: A comparative analysis among three types of food. Waste Management. 2009, 29: 1265-1273.

[33] Kim, K. H., Park, S. Y. A comparative analysis of malodor samples between direct (olfactometry) and indirect (instrumental) methods. Atmospheric Environment. 2008, 42: 5061-5070.

[34] Kim, K. H., Baek, S. O., Choi, Y. J., et al. The emissions of major aromatic VOC as landfill gas from urban landfill sites in Korea. Environ Monit Assess. 2006, 118: 407-422.

[35] Kjeldsen, P., Christensen, T. H. A simple model for the distribution and fate of organic chemicals in a landfill: MOCLA. Waste Management & Research. 2001, 19: 201-216.

[36] Kleeberg, K. K., Liu, Y., Jans, M., et al. Development of a simple and sensitive method for the characterization of odorous waste gas emissions by means of solid-phase microextraction (SPME) and GC-MS/olfactometry. Waste Manag. 2005, 25: 872-879.

[37] Komilis, D. P., Ham, R. K., Park, J. K. Emission of volatile organic compounds during composting of municipal solid wastes. Water Res. 2004, 38: 1707-1714.

[38] Landaud, S., Helinck, S., Bonnarme, P. Formation of volatile sulfur compounds and metabolism of methionine and other sulfur compounds in fermented food. Applied Microbiology and Biotechnology. 2008, 77: 1191-1205.

[39] Lianghu, S., Sheng, H., Dongjie, N., et al. Municipal Solid Waste Management in China, in: Pariatamby, A., Tanaka, M. (Eds.), Municipal Solid Waste Management in Asia and the Pacific Islands. Springer Singapore. 2014, 95-112.

[40] Liu, W., Xu, Y., Li, C., et al. Dynamic Dilution Olfactometer Based on Triangle Odor Bag Method, Bioinformatics and Biomedical Engineering (iCBBE), 2010 4th International Conference on. 2010, 1-3.

[41] Luyen Chen, F. J., Mingwhei Chang, Shuihway Yen Rationalization of an Odor Monitoring System: A Case Study of Lin-Yuan Petrochemical Park. Environ. Sci. Technol. 2000, 34: 1166-1173.

[42] M. R. Allen, A. B., C. C. Hills. Trace organic compounds in landfill gas at seven UK waste disposal sites. Environ. Sci. Technol. 1997, 31: 1054-1061.

[43] Magda Brattoli, G. d. G. a. V. d. P., Odour Impact Monitoring for Landfills, in: (Ed.), M. S. K. (Ed.), Integrated Waste Management, InTech. 2011.

[44] Martin Schweigkofler, R. N., Determination of Siloxanes and VOC in Landfill Gas and Sewage Gas by Canister Sampling and GC-MS/AES Analysis. Environ. Sci. Technol. 1999, 33: 3680-3685.

[45] Michael A. McGinley, M., McGinley Associates, P. A. European VS USA odor standards of evaluation, Water Environment Federation 71st Annual Conference. 1998.

[46] Micone, P. G., Guy, C. Odour quantification by a sensor array: An application to landfill gas odours from two different municipal waste treatment works. Sensors and Actuators B: Chemical. 2007, 120: 628-637.

[47] Muezzinoglu, A. A study of volatile organic sulfur emissions causing urban odors. Chemosphere. 2003, 51: 245-252.

[48] Nagata, Y., Measurement of odortreshold by triangle odor bag method. 2003.

[49] Nicolas, J., Craffe, F., Romain, A. C. Estimation of odor emission rate from landfill areas using the sniffing team method. Waste Manag. 2006, 26: 1259-1269.

[50] Andersson, L. Impact of Health-Risk Perception on Odor Perception and Cognitive Performance. Chemosensory Perception. 2013, 1-8.

[51] P McKendry, J. H. L., A McKenzie. Managing Odour Risk at Landfill Sites. 2002.

[52] Parker, P. J. Y. a. A. The Identification and Possible Environmental Impact of Trace Gases and Vapours in Landfill Gas. Waste Management & Research. 1983, 1: 213-226.

[53] Pierucci, P., Porazzi, E., Martinez, M. P., et al. Volatile organic compounds produced during the aerobic biological processing of municipal solid waste in a pilot plant. Chemosphere. 2005, 59: 423-430.

[54] Ran, L., Zhao, C. S., Xu, W. Y., et al. VOC reactivity and its effect on ozone production during theHa-Chi summer campaign. Atmos. Chem. Phys. 2011, 11: 4657-4667.

[55] Riemer, D. D., Milne, P. J., Farmer, C. T., et al. Determination of terpene and related compounds in semi-urban air by GC-MSD. Chemosphere. 1994, 28: 837-850.

[56] Romain, A. C., Delva, J., Nicolas, J. Complementary approaches to measure environmental odours emitted by landfill areas. Sensors and Actuators B: Chemical. 2008, 131: 18-23.

[57] Ruth, J. H. Odor Thresholds and Irritation Levels of Several Chemical Substances: A Review. American Industrial Hygiene Association Journal. 1986, 47: 142-151.

[58] Sadowska-Rociek, A., Kurdziel, M., Szczepaniec-Cieciak, E., et al. Analysis of odorous compounds at municipal landfill sites. Waste Manag Res. 2009, 27: 966-975.

[59] Scaglia, B., Orzi, V., Artola, A., Font, X. et al. Odours and volatile organic compounds emitted from municipal solid waste at different stage of decomposition and relationship with biological stability. Bioresour Technol. 2011, 102: 4638-4645.

[60] Scheutz, C., Bogner, J., Chanton, J. P. et al. Atmospheric emissions and attenuation of non-methane organic compounds in cover soils at a French landfill. Waste Manag. 2008, 28: 1892-1908.

[61] Shon, Z. H., Kim, K. H., Jeon, E. C. et al. Photochemistry of reduced sulfur compounds in a landfill environment. Atmospheric Environment. 2005, 39: 4803-4814.

[62] Song, S. K., Shon, Z. H., Kim, K. H. et al. Monitoring of atmospheric reduced sulfur compounds and their oxidation in two coastal landfill areas. Atmospheric Environment. 2007, 41: 974-988.

[63] Statheropoulos, M., Agapiou, A., Pallis, G. A study of volatile organic compounds evolved in urban waste disposal bins. Atmospheric Environment. 2005, 39: 4639-4645.

[64] T. Parker, J. D., S. Kelly. Investigation of the composition andemisions of trace compounds in landfill gas. Environment Agency. 2002.

[65] Tagaris, E., Sotiropoulou, R. E. P. Pilinis, C. et al. A Methodology to Estimate Odors around Landfill Sites: The Use of Methane as an Odor Index and Its Utility in Landfill Siting. Journal of the Air & Waste Management Association. 2003, 53: 629-634.

[66] Tai, J., Zhang, W., Che, Y., et al. Municipal solid waste source-separated collection in China: A comparative analysis. Waste Manag. 2011, 31: 1673-1682.

[67] Tang G Q, L.X., Wang Xiaoke, Xin Jinyuan. Effects of synoptic type on surface ozone pollution in Beijing. Environmental Science. 2010, 31: 573-578.

[68] Thomas, C.L., Barlaz, M.A. Production of non-methane organic compounds during refuse decomposition in a laboratory-scale landfill. Waste Management and Research. 1999, 17: 205-211.

[69] Wang, X., Wu, T. Release of Isoprene and Monoterpenes during the Aerobic Decomposition of Orange Wastes from Laboratory Incubation Experiments. Environmental Science & Technology. 2008, 42: 3265-3270.

[70] Wang, Y., Ren, X., Ji, D. et al. Characterization of volatile organic compounds in the urban area of Beijing from 2000 to 2007. Journal of Environmental Sciences. 2012, 24: 95-101.

[71] Wu, T., Wang, X., Li, D., Yi, Z. Emission of volatile organic sulfur compounds (VOSCs) during aerobic decomposition of food wastes. Atmospheric Environment. 2010, 44: 5065-5071.

[72] Ying, D., Chuanyu, C., Bin, H., et al. Characterization and control of odorous gases at a landfill site: a case study in Hangzhou, China. Waste Manag. 2012, 32: 317-326.

[73] Zengler, K., Richnow, H.H., Rossello-Mora, et al. Methane formation from long-chain alkanes by anaerobic microorganisms. Nature. 1999, 401: 266.

[74] Zhang, D.Q., Tan, S.K., Gersberg, R.M. Municipal solid waste management in China: status, problems and challenges. J Environ Manage. 2010, 91: 1623-1633.

[75] Zhang, Y., Yue, D., Liu, J., et al. Release of non-methane organic compounds during simulated landfilling of aerobically pretreated municipal solid waste. J Environ Manage. 2012, 101: 54-58.

[76] Zou, S.C., Lee, S.C., Chan, C.Y., et al. Characterization of ambient volatile organic compounds at a landfill site in Guangzhou, South China. Chemosphere. 2003, 51: 1015-1022.

[77] 付云霞．城市生活垃圾单基质厌氧消化研究．成都：西南交通大学，2007.

[78] 国家统计局．中国统计年鉴．北京：中国统计出版社，2003-2013.

[79] 何品晶，曾阳，唐家富，等．城市生活垃圾初期降解挥发性有机物释放特征．同济大学学报（自然科学版），2010，38（6）：854-858.

[80] 胡斌，丁颖，吴伟祥，等．垃圾填埋场恶臭污染与控制研究进展．应用生态学报，2010a，21（3）：785-790.

[81] 胡斌．垃圾填埋场恶臭污染解析与控制技术研究．杭州：浙江大学环境与资源学院，2010.

[82] 胡纪萃．废水厌氧生物处理理论与技术．北京：中国建筑工业出版社，2001.

[83] 江莉莉，江志新，徐友田．海门城区异味发生的气象条件分析．第九届长三角气象科技论坛论文集，2012.

[84] 纪华．垃圾填埋场恶臭气体产气机制及其动态变化研究．北京：中国农业大学资源与环境学院，2004.

[85] 纪华．生活垃圾填埋场含硫恶臭气体分析与评价．环境卫生工程，2011，19（1）：4-6.

[86] 李元元．垃圾卫生填埋场臭气排放规律及现场除臭效果和方案研究．武汉：华中科技大学，2008.

[87] 李志华．城市生活垃圾卫生填埋场可生物降解组分降解量化分析．成都：西南交通大学，2006.

[88] 路鹏，程伟，余长康，等．冬季填埋场恶臭污染对周边村落的影响．环境卫生工程，2009，17（增刊）：77-80.

[89] 路鹏，苏昭辉，王亘，等．填埋场大气中化合物分析与恶臭指示物筛选．环境科学，2011，32（4）：936-942.

[90] 吕永，郑曼英，叶晓玫．垃圾转运站恶臭污染物研究．环境卫生工程，2007，15（6）：22-24.

[91] 聂永丰．三废处理工程技术手册：固体废物卷．北京：化学工业出版社，2000：293-320.

[92] 羌宁，王红玉，赵爱华，等．生活垃圾填埋场作业面恶臭散发率研究．环境科学，2014，35（2）：513-519.

[93] 石磊，耿静，徐金凤，等．欧洲的恶臭污染法规及测试技术进展．城市环境与城市生态，2004，17（2）：

20-22.

[94] 徐捷，吴诗剑，夏凡，等．垃圾填埋场挥发性有机物研究．环境科学与技术，2007，30（4）：48-49.

[95] 杨渤京．生物反应器填埋场产能和稳定化试验研究与模型化．北京：清华大学环境学院，2008.

[96] 邹世春，郭洪中，张淑娟，等．垃圾填埋场空气中微量挥发性有机污染物的分析．环境科学，2000，2：70-73.

[97] 邹世春，李攻科，张淑娟，等．广州大田山垃圾填埋场空气中微量挥发有机污染物组成．环境科学学报，2000，20（6）：804-806.

[98] 邹世春，张淑娟，张展霞，等．垃圾填埋场空气中微量挥发性有机物的组成和分布．中国环境科学，2000，20（1）：77-81.

第3章 餐厨垃圾生化处理设施的恶臭污染评价技术

3.1 概述

餐厨垃圾是城市生活垃圾中有机相的主要来源，占城市生活垃圾的37%～62%。餐厨垃圾产生量随城市发展而逐年增加，据不完全统计，仅全国100多个大中型中心城市的餐饮业，每天产生的餐厨垃圾就接近300万吨。餐厨垃圾以蛋白质、淀粉类、食物纤维类、动物脂肪类等有机物质为主要成分，盐分和油脂含量较高。一方面，如果不及时妥善处理，餐厨垃圾极易变质、腐烂、发酵、孳生有害微生物及蚊蝇，产生大量毒素并散发恶臭气体，从而污染水体和大气环境，严重影响市貌，危及公众身体健康，破坏环境质量；但另一方面，餐厨垃圾所含有丰富的营养元素和大量的有机物成分，是潜在的再生能源和肥料的原料。因此，餐厨垃圾具有典型的废物和资源的双重特性，如何科学管理与妥善处置餐厨垃圾已成为当前社会关注的热点问题之一。

本章内容在调研、评估我国现有餐厨垃圾处理技术的基础上，针对餐厨垃圾生化处理处置过程中的恶臭问题进行系统分析，阐明恶臭物质的产生、释放和扩散规律，识别处理处置过程中的重点恶臭污染源及其指标性恶臭物质，建立基于恶臭物质产生源强计算模型、释放扩散模型和嗅觉阈值的恶臭污染评价模型，为我国餐厨垃圾生化处理设施的恶臭防护与管理提供科技支撑。

3.1.1 我国餐厨垃圾产生及管理现状

餐厨垃圾俗称“泔水”，是酒店、餐厅、食堂、宾馆等餐饮企业，以及企事业单位食堂、居民家庭等在食物加工及用餐过程中产生的食物下脚料和餐后废弃物，主要包括米和面粉类食品残余、蔬菜、植物油、动物油、肉骨类、鱼刺等能被微生物分解的有机物。餐厨垃圾具有鲜明的资源和废物的双重特性，既具有很大的资源利用价值，又很容易对环境和人体健康造成负面影响。长期以来，我国民间习惯用餐厨垃圾饲喂猪及其他畜禽，但由于其易腐败，且可能含有化学污染物和病原微生物，不经科学处理直接用作饲料进行投喂，不仅可能危害动物健康，还会通过食物链给人类健康带来极大危害。另外，一些不法商贩从餐厨垃圾中提取的“地沟油”，经简易加工变成“食用油”，其中含有高危致癌物质，极易危害人体健康。因此，餐厨垃圾单独处理和资源化成为当前城市固体垃圾处理的重要任务。

为实现餐厨垃圾的减量化、无害化和资源化，保护生态环境，保障民众健康安全，国家及各地方政府先后出台了一系列政策文件，推动餐厨垃圾的资源化管理和利用。《“十二五”全国城镇生活垃圾无害化处理设施建设规划》指出，到2015年全国50%的设区城市初步实现餐厨垃圾分类收运处理，实现餐厨垃圾专项工程总投资109亿元。此外，《餐厨垃圾处理技术规范》（CJJ 184—2012）于2013年5月1日起正式实施。该规范为行业标准，是我国首部规范餐厨垃圾处理的技术规范。全国已有40多个城市先后出台了餐厨垃圾管理的相关法规、标准，部分城市相关管理政策如表3.1所列。近年来，北京、上海、西宁、宁波、苏州、杭州等城市按照循环经济理念开展了餐厨垃圾市场化处置管理实践，取得了一定成效。

表3.1 国内部分城市对餐厨垃圾处置的管理政策及方法

城市	管理政策及方法	具体内容
北京	《北京市动物防疫条例(草案)》	严禁动物养殖场使用饭店、宾馆、餐厅、食堂产生的未经无害化处理的餐饮废渣饲喂动物
	《北京市餐厨垃圾收集运输处理管理办法》	餐厨垃圾不得随意倾倒、堆放，不得排入雨水管道、污水排水管道、河道、公共厕所和生活垃圾收集设施中，不得与其他垃圾混倒。餐厨垃圾的产生者负有对其产生的餐厨垃圾进行收集、运输和处理的责任；餐厨垃圾的产生者不得将餐厨垃圾交给无相应处理能力的单位和个人，凡准备从事餐厨垃圾的集中收集、运输和处理的企业，应当依法取得“从事城市生活垃圾经营性清扫、收集、运输、处理服务”的行政许可和运输车辆准运证件等相关许可
上海	《上海市餐厨废弃物处理管理办法》	明确规定餐厨废弃物处理管理由市、区两级市容环卫管理部门负责
	《关于对郊区中小型生猪饲养场、点进行专项治理的通知》	禁止把未经处理的餐厨垃圾用于养殖家畜，禁止未经环卫部门批准的企业进行泔水油回收和再利用处理
杭州	《杭州市餐厨废弃物处置管理暂行办法》	对单位和居民产生的餐厨垃圾废料由政府引导统一管理
沈阳	餐饮废物处置系统	明确规定所有宾馆、饭店、酒店以及机关单位的食堂必须定期向所在地区的环境保护管理部门申报登记餐饮废弃物的产生量，并将餐饮废弃物交给指定单位进行无害化处理
青岛	《青岛市无规定动物疫病区管理办法》	饲养动物不得使用宾馆酒店废弃的食物（泔水）、生活垃圾、过期变质的食品和饲料及国家禁止使用的动物源性饲料

传统的餐厨垃圾处理方法主要包括填埋、焚烧、机械破碎等。生化处理法是现行运用较为广泛的方法，主要包括好氧堆肥法和厌氧发酵法。

国内餐厨垃圾处理方法的比较如表3.2所列。

表 3.2 国内餐厨垃圾处理方法的比较

分类	处理方法	优点	缺点
传统方法	填埋法	无需预处理，成本低，技术简单	占地面积大，对土壤和地下水有污染，营养丰富容易产生沼气产生爆炸或大气污染
	焚烧法	快速减重减容	产生有害气体，粉尘，废水
	机械破碎法	可将厨房食物垃圾破碎成足够小的颗粒	堵塞排水系统，污染周边水系
现行方法	好氧堆肥法	处理方法简单、可用于农业或制作动物饲料	附加成本高，设备效率低，影响微生物对有机物的分解速率以及堆肥的品质
	厌氧消化法	对水分的要求不如好氧条件严格，经济价值高，可以降解好氧过程中不可降解的物质，可成为动物饲料	启动时间慢，不易控制，设备复杂，一次性投资较高

3.1.2 我国餐厨垃圾处理企业发展现状

发达国家对餐厨垃圾的管理与处理处置技术的研究多开展于20世纪90年代，而近年来，国内也逐渐重视该问题，但目前开展研究及进行处理处置的城市主要为大城市。虽然像北京、上海、苏州、宁波、天津、西宁、厦门等一些城市已经开始重视对餐厨垃圾的处理，并根据自身情况制定了地方性法规制度。但其他大部分城市仍没有认识到这一点，国家针对餐厨垃圾的管理政策和技术法规也有待完善，也鲜有学者对餐厨垃圾的管理目标、技术政策等问题进行系统研究。为了实现国内餐厨垃圾的资源化、无害化处理处置，全国各级政府管理部门应逐步规范餐厨垃圾的收集、运输、处理等环节，同时完善监管体系，加大监管力度，对餐厨垃圾产生企业按规收集餐厨垃圾进行有效监督，并加强对非法生产、经营、使用餐厨垃圾的地下窝点和养殖企业的处罚力度。

国内的典型餐厨垃圾处理形式，在工艺技术方面以好氧堆肥和厌氧发酵为主。其中好氧堆肥处置以北京为代表，厌氧处置体系以西宁、宁波、苏州为代表。本章通过对西宁、宁波、苏州、北京等城市的餐厨垃圾处理处置设施进行实地调研发现，恶臭污染防护在餐厨垃圾处理处置行业的发展水平参差不齐，且餐厨垃圾处理设施的建设地点距离居民区较近或坐落在经济区内，容易因恶臭释放引发市民恶臭投诉。此外，餐厨垃圾的卸料、分拣、固液分离、油水分离、湿热水解、烘干、发酵等处置工艺环节都是典型恶臭源，对其恶臭释放特征应进行重点研究并加以有效防治。

3.1.3 餐厨垃圾恶臭污染物监测方法

针对污染源、厂界、周边环境等不同类型的气体样品，选用不同的采样方法和设备，对具有代表性的餐厨垃圾处理设施的气体样品进行采集、分析。采样方法及设备主要包括真空不锈钢管采样法、采样袋采样法和真空瓶采样法，各采样方法的具体方法和要求如表3.3所列。此外，还包括无线远程恶臭自动采样系统等自动化采样方法。

表 3.3　各采样方法的具体要求

采样方法	采样设备	适合类型	分析项目	采样时间
真空不锈钢罐采样法	真空不锈钢罐	环境及厂界	气体成分	瞬时或定时
采样袋采样法	采样袋及采样器	环境、厂界、污染源	气体成分及臭气浓度	3min
真空瓶采样法	真空瓶	环境及厂界	臭气浓度	瞬时

对于恶臭气体采样时的气象条件和点位的选择遵照《恶臭污染物排放标准》(GB 14554—1993)、《大气无组织排放监测技术导则》(HJ/T 55—2000) 和《固定源废气监测技术规范》(HJ/T 397—2007) 等标准和技术规范的相应规定。

目前我国《恶臭污染物排放标准》中的受控物质仅有 8 种，相应的分析方法和条件也各不相同，难以覆盖所有的恶臭物质。为了对多组分恶臭物质进行同步分析，同时提高方法的灵敏度和准确度，项目组对恶臭样品的低温预浓缩条件及气相色谱质谱联用仪的分析条件进行了优化，在原有 VOCs 分析的基础上建立了含硫、含氮、含氧等恶臭物质的分析方法，实现一次进样即可同时对 120 种恶臭物质进行定性定量分析，且绝大多数物质的检出限（体积分数）可达 1×10^{-9}左右。但是利用成分浓度分析法不能有效地反映恶臭样品的特点以及对人的影响程度，所以评价恶臭对民众的影响不仅要依靠仪器分析，更重要的是依据人的主观感觉，即采用嗅觉测定法。目前我国《恶臭污染物排放标准》(GB 14554—1993) 对于恶臭的感官影响控制指标为臭气浓度，其分析方法采用《空气质量　恶臭的测定　三点比较式臭袋法》(GB 14675—1993)。

3.2　典型餐厨垃圾处理设施恶臭排放特征

针对餐厨垃圾生化处理设施的恶臭污染，分别选取位于北京市、江苏省、青海省、浙江省宁波市中 4 个不同区域的典型餐厨垃圾处理企业，开展恶臭污染物采样分析，建立餐厨垃圾生化处理设施恶臭排放特征数据库，明确相应设施的恶臭物质释放特征。

3.2.1　江苏省某餐厨垃圾处理厂（J）的恶臭释放特征解析

对江苏省某餐厨垃圾处理厂（J）进行实地勘查，发现该企业运行过程中，在卸料、破碎、湿热处理、厌氧发酵等工艺环节存在较明显的臭气排放，从而确定该厂处理车间内的卸料仓、破碎机口、湿热处理设备、发酵仓为重点恶臭源。同时围绕车间周边（车间东南角、东北角、西南角、东南角）以及车间下风向 50m、100m 分别设立了采样点位。该厂（J）的主要恶臭排放单元及物质浓度分布如章后附表 3.1 所列。

该厂四个生产单元和下风向的致臭物质种类含量如图 3.1 所示。释放的物质主要包括醇类、醛类、酯类等含氧有机物和萜烯类物质，其中醇类的质量含量为 52.2%～85.0%，萜烯类物质的质量含量为 0.4%～20.1%；卸料与破碎工艺处醇类含量最高，湿热处理与发酵工艺处则有所降低；与之相对，萜烯类物质和醛类在湿热处理与发酵工艺处浓度急剧升高。这主要是由于湿热处理与发酵工艺使不同类型 VOCs 物质大量释

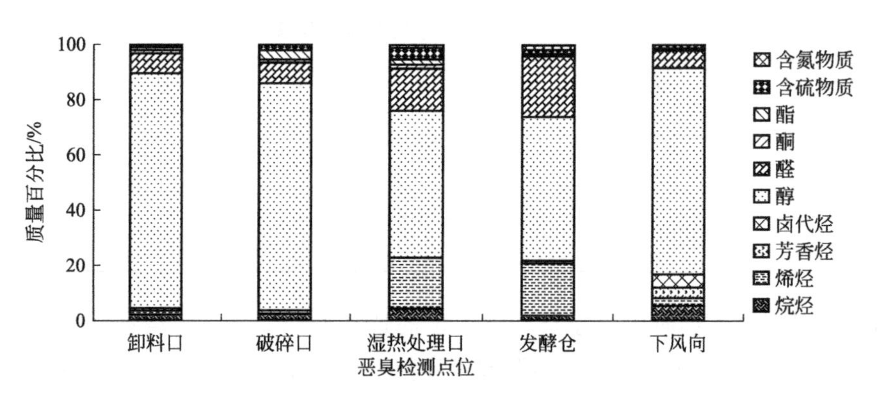

图 3.1 不同生产单元与下风向致臭物质种类含量对比

放，导致醇类物质的相对含量降低；而萜烯类浓度的升高则说明餐厨垃圾中含有大量芳香类果皮。

J厂的各采样点位恶臭物质含量及阈稀释倍数排名分别如表3.4及表3.5所列。

表 3.4 江苏某餐厨垃圾处理厂（J）各采样点位含量排名前10的物质

单位：mg/m^3

排名	卸料口	含量	破碎口	含量	湿热处理口	含量	发酵仓	含量	下风向	含量
1	乙醇	10.348	乙醇	14.089	乙醇	24.957	乙醇	14.489	乙醇	2.043
2	乙醛	0.767	柠檬烯	1.290	乙醛	6.104	乙醛	5.585	乙醛	0.176
3	甲醛	0.170	乙醛	1.102	柠檬烯	5.050	柠檬烯	3.463	二氯甲烷	0.061
4	乙酸乙酯	0.134	乙酸乙酯	0.591	α-蒎烯	1.712	α-蒎烯	1.145	柠檬烯	0.055
5	戊烷	0.124	甲醛	0.182	β-蒎烯	1.439	β-蒎烯	0.919	丁烷	0.034
6	柠檬烯	0.119	α-蒎烯	0.164	戊烷	1.104	丙酮	0.376	甲苯	0.030
7	丙酮	0.090	戊烷	0.149	乙酸乙酯	1.104	乙酸乙酯	0.353	异丁烷	0.022
8	异丁烷	0.083	丙酮	0.147	硫化氢	0.886	丙醛	0.218	二硫化碳	0.022
9	二甲二硫醚	0.060	β-蒎烯	0.146	丙烯	0.633	戊烷	0.141	丙烷	0.021
10	硫化氢	0.0370	二甲二硫醚	0.133	丙醛	0.613	甲醛	0.135	氯苯	0.020

表 3.5 江苏某餐厨垃圾处理厂（J）各采样点位阈稀释倍数排名前10的物质

单位：无量纲

排名	卸料口污染物	阈稀释倍数	破碎口污染物	阈稀释倍数	湿热处理污染物	阈稀释倍数	发酵仓污染物	阈稀释倍数	下风向污染物	阈稀释倍数
1	二甲二硫醚	2798	二甲二硫醚	6189	二甲二硫醚	10465	二甲二硫醚	4435	乙酸乙酯	119
2	乙酸乙酯	856	乙酸乙酯	3762	乙酸乙酯	7025	乙酸乙酯	2246	乙醛	60
3	乙醛	260	乙醛	374	乙醛	2072	乙醛	1896	乙醇	2
4	甲硫醇	55	甲硫醇	252	甲硫醇	1593	甲硫醇	270		
5	硫化氢	20	硫化氢	71	硫化氢	486	丙醛	84		

续表

排名	卸料口污染物	阈稀释倍数	破碎口污染物	阈稀释倍数	湿热处理污染物	阈稀释倍数	发酵仓污染物	阈稀释倍数	下风向污染物	阈稀释倍数
6	丙醛	10	丙醛	22	甲硫醚	254	甲硫醚	44		
7	乙醇	10	甲硫醚	20	丙醛	236	硫化氢	32		
8	甲硫醚	3	乙醇	13	丁醛	32	柠檬烯	15		
9	对二乙苯	1	柠檬烯	6	乙醇	23	乙醇	14		
10	柠檬烯	1			柠檬烯	22				
臭气浓度		8270		7413		150257		12286		

从表 3.4 及表 3.5 中可以看出各个处理环节中物质含量均为乙醇最高；其次为乙醛，在湿热处理口和发酵仓处，萜烯类物质的排名有所升高，主要是芳香类水果生物发酵所致。嗅阈值排名前 10 的物质中，二甲二硫醚由于其嗅阈值很低，致臭贡献值最大，约为 47%～70%；其次为乙酸乙酯，致臭贡献值约为 21%～35%；再次为乙醛，在发酵仓处，该物质的致臭贡献率达到了 21%。

对 J 厂各工艺环节的恶臭物质进行了秋季和冬季的采样和对比，每个工艺环节采集了 8～12 个样品，共获得 44 组监测数据。根据本书第 1 章提出的指标恶臭物质确定方法，筛选出该固体废物处理设施的核心和辅助指标恶臭物质，如表 3.6 所列。对 44 组样品中浓度最高的物质根据出现频次进行排序，明确乙醇、柠檬烯、戊烷等物质为指标物质，也是 J 厂释放频率和浓度相对较高的恶臭物质。然而，由于其嗅阈值不同，其对恶臭污染的贡献也不同。对阈稀释倍数>1 的恶臭物质出现频次进行排序，明确 α-蒎烯、乙醇、柠檬烯、二甲二硫醚、乙醛、甲硫醇等物质为核心指标物质，可以作为 J 厂恶臭污染常年监控的指导。

表 3.6　江苏省某餐厨垃圾处理厂（J）核心与辅助指标恶臭物质

频次排序	核心指标物质	频次/次	浓度指标物质	频次/次	毒性指标物质	频次/次
1	α-蒎烯	36	乙醇	47	甲苯	46
2	乙醇	35	柠檬烯	47	二氯甲烷	45
3	柠檬烯	32	戊烷	42	1,2-二氯乙烷	44
4	二甲二硫醚	28	二甲二硫醚	37	苯	43
5	乙醛	28	α-蒎烯	33	乙苯	43
6	甲硫醇	27	乙酸乙酯	31	间二甲苯	43
7	硫化氢	22	乙醛	30	对二甲苯	40
8	甲硫醚	18	丁烷	26	邻二甲苯	36

此外，对于列入《国家污染物环境健康风险名录》的有毒有害物质，有少量甲苯、二氯甲烷、1,2-二氯乙烷、苯等被检出，且在样品中的检出频次较高。综合上述分析可见，江苏省餐厨垃圾堆肥厂应重点关注硫化物、萜烯、乙醇、乙醛、小分子烷烃和苯系物等物质的产生与释放。

3.2.2 北京市某餐厨垃圾处理厂（N）的恶臭释放特征解析

对北京市某餐厨垃圾处理厂（N）进行实地勘查，发现N厂的卸料、一次发酵、三次发酵等车间存在较明显的臭气排放现象。同时，围绕车间周边（东南角、东北角、西南角、东南角）以及车间下风向 50m、100m 分别设立了采样点位，各物质浓度及各点位恶臭物质种类含量分别如章后附表 3.2 及图 3.2 所示。由章后附表 3.2 可以看出，卸料口和好氧发酵处恶臭物质检出总浓度较高，分别达到 31.75mg/m³ 和 18.33mg/m³，而通风发酵处由于气体交换量大，物质检出浓度较低（1.24mg/m³）。在该企业环境中检出恶臭物质共计 80 种，其中卸料口 67 种，好氧发酵 73 种，通风发酵处 57 种，下风向检出 64 种。

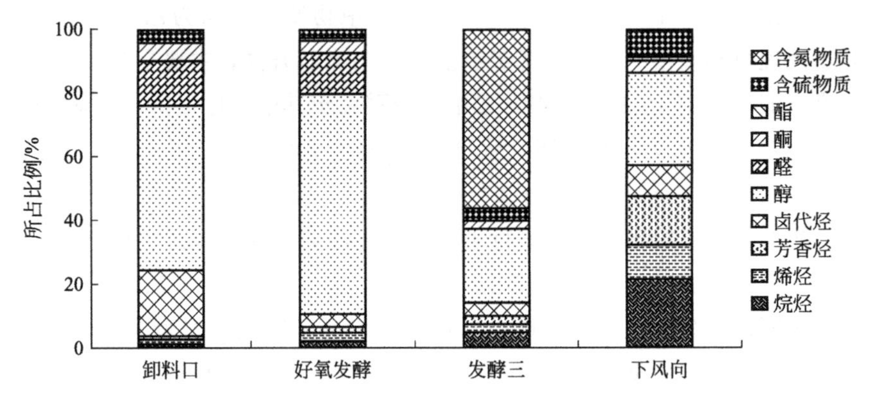

图 3.2 不同生产单元与下风向的致臭物质种类及含量

利用气质联用仪对恶臭物质的定量分析结果表明，在各个点位检出的恶臭物质涵盖了烷烃、烯烃、芳香烃、卤代烃、含氧烃、含硫化合物以及含氮化合物共计 7 大类。含氧烃在各采样点含量最为丰富。其中卸料口含氧烃浓度为 25.11mg/m³，占总质量的 79.09%，含氧烃中含量最高的物质是醇类，占总质量的 49.39%。好氧发酵处含氧烃总量较卸料口浓度低，为 15.84mg/m³，占总质量的 86.42%，通风发酵（发酵三）处的浓度最低，为 0.76mg/m³，占总质量的 61.58%。此外，卸料口点位中卤代烃的物质浓度为 4.76mg/m³，占总物质质量浓度的 15.01%，远高于好氧发酵与通风发酵处卤代烃的含量。其原因可能是卸料口处垃圾没有经过分拣，塑料类杂质含量较多，从而释放大量卤代烃。此外，通风发酵（发酵三）处氨气等含氮化合物的含量较高，占总质量的 4.99%，成为此单元恶臭污染的主要贡献物质，恶臭贡献率约为 10%。

随着餐厨垃圾发酵的逐步进行，蛋白质与脂肪首先在好氧发酵步骤分解为醇、醛、酮、酯类的含氧烃，且蛋白质中的硫也以硫化氢或硫醇、硫醚的形式释放出来，成为好氧发酵阶段的恶臭主要物质来源，而此类物质的嗅阈值都较低，因此好氧发酵阶段的臭气浓度也较高。进入通风发酵（发酵三）后垃圾进一步分解，污染物降解为小分子的烷烃（丙烷、丁烷和戊烷）和烯烃（丙烯、丁烯）等，此类物质的嗅阈值一般较高，故此处理环节处臭气浓度比之好氧发酵有所降低。

N厂各采样点恶臭含量排名及阈稀释倍数排名分别如表 3.7 及表 3.8 所列。从恶臭含量排名可以看出，各环节处物质含量乙醇最高。分析原因：一是由于餐厨垃圾大部分来自于餐馆、宾馆等，有酒精类饮料混入垃圾；二是垃圾中的粮食等在好氧菌的作用下发酵分解为乙醇。通风发酵（发酵三）处与环境空气（即厂区下风向）物质种类基本类似，说明此处垃圾已降解得比较完全，垃圾组成较为稳定。

表 3.7　北京某餐厨垃圾处理厂（N）各采样点高浓度恶臭物质

单位：mg/m^3

排名	好氧发酵	含量	卸料口	含量	发酵三	含量	下风向 50m	含量
1	乙醇	12.624	乙醇	12.403	氨	0.934	乙醇	0.133
2	乙醛	1.256	乙醛	1.840	乙醇	0.616	柠檬烯	0.029
3	丙酮	0.699	丙酮	1.242	异丙醇	0.065	二甲二硫醚	0.020
4	异戊醛	0.432	1,2-二氯乙烷	1.176	二甲二硫醚	0.061	甲苯	0.019
5	柠檬烯	0.356	氯仿	1.163	戊烷	0.041	戊烷	0.017
6	乙酸乙酯	0.205	1,1-二氯乙烷	0.955	丙酮	0.040	异丁烷	0.016
7	1,2-二氯乙烷	0.190	反-1,2-二氯乙烯	0.624	柠檬烯	0.036	丁烷	0.014
8	二甲二硫醚	0.169	硫化氢	0.522	1,2-二氯乙烷	0.027	2,2-二甲基丁烷	0.013
9	氯仿	0.168	四氯化碳	0.476	氯仿	0.025	异戊烷	0.013
10	氨	0.151	柠檬烯	0.297	甲苯	0.020	丙烷	0.012

表 3.8　北京某餐厨垃圾处理厂（N）各采样点高贡献值恶臭物质

单位：无量纲

排名	好氧发酵	阈稀释倍数	卸料口	阈稀释倍数	发酵三	阈稀释倍数	下风向	阈稀释倍数
1	二甲二硫醚	7911	二甲二硫醚	7255	二甲二硫醚	2867	二甲二硫醚	943
2	乙酸乙酯	1302	乙酸乙酯	1009	氨	216	乙酸乙酯	50
3	异戊醛	1124	乙醛	624	乙酸乙酯	105	甲硫醇	12
4	乙醛	426	硫化氢	286	对-二乙苯	1	甲硫醚	7
5	甲硫醇	62	甲硫醇	209	乙醇	1	硫化氢	5
6	硫化氢	48	甲硫醚	49				
7	甲硫醚	43	丙醛	20				
8	丙醛	36	氨	18				
9	氨	35	乙醇	12				
10	乙醇	12	对-二乙苯	2				
臭气浓度		9772		17378		7413		487

从恶臭物质阈稀释倍数排名可以看出，以二甲二硫醚为代表的硫化物是造成厂区恶臭的主要物质。卸料口与好氧发酵处酯类、醛类以及酮类等含氧烃也对恶臭污染有较大贡献。对排名前十物质的阈稀释倍数求和，其值也与各处样品的臭气浓度基本吻合，从而证明这些物质即为造成恶臭的源物质。

对N厂三个工艺环节的恶臭物质进行了采样监测，每个工艺环节采集2个气体样品，共获得6组监测数据。根据提出的指标恶臭物质确定方法，筛选出该固体废物处理设施的核心和辅助指标恶臭物质清单，如表3.9所列。

表3.9 北京某餐厨垃圾处理厂（N）核心与辅助指标恶臭物质清单

频次排序	核心指标物质	频次/次	浓度指标物质	频次/次	毒性指标物质	频次/次
1	二甲二硫醚	6	乙醇	6	二氯甲烷	6
2	α-蒎烯	6	柠檬烯	6	苯	6
3	乙醇	5	二甲二硫醚	6	甲苯	6
4	对-二乙苯	5	戊烷	4	氯苯	6
5	甲硫醇	4	乙酸乙酯	4	乙苯	6
6	甲硫醚	4	1,2-二氯乙烷	4	间二甲苯	6
7	柠檬烯	3			对二甲苯	6
8	甲硫醇	3			邻二甲苯	6
9					萘	6
10					1,2-二氯乙烷	6
11					1,4-二氯苯	6

对样品中浓度最高的物质根据出现频次进行排序，确定乙醇、柠檬烯、二甲二硫醚等物质释放频率和浓度相对较高，为N厂主要恶臭物质。然而，由于其嗅阈值不同，其对恶臭污染的贡献也不同。对阈稀释倍数>1的恶臭物质出现频次进行排序，确定二甲二硫醚、α-蒎烯、乙醇、对二乙苯、甲硫醇等物质作为N厂核心指标物质。

此外，该厂的每个样品中均能检出少量二氯甲烷、苯、甲苯、萘等化合物，为列入《国家污染物环境健康风险名录》的有毒有害物质，需引起关注。

综合上述分析，北京餐厨垃圾处理厂N应重点关注的恶臭物质包括硫化物、萜烯、乙醇、乙酸乙酯、小分子烷烃和苯系物。

3.2.3 青海省某餐厨垃圾处理厂（Q）的恶臭释放特征解析

通过对青海某餐厨垃圾处理厂（Q）的实地调查发现，该企业在餐厨垃圾处置过程中的卸料、分拣、固液分离、破碎、中间贮存、烘干等工艺环节存在较明显的臭气排放，因此确定该企业厂区内的卸料口、分拣口、固液分离机、破碎机、中间料仓、烘干机为重点监测点位。

从章后附表3.3可以看出，通过对样品进行定性定量分析，餐厨垃圾厌氧处置排放废气中共检出烷烃10种，烯烃6种，芳香烃11种，卤代烃8种，含氧有机物13种，含硫化合物6种。其中，卸料区共检出40种污染物，总体浓度水平为30.56mg/m^3；一次分拣区共检出38种污染物，总体浓度水平为140.16mg/m^3；破碎装置共检出45种污染物，总体浓度水平为125.47mg/m^3；固液分离装置共检出42种污染物，总体浓度水平为80.12mg/m^3；贮存区共检出37种污染物，总体浓度水平为13.21mg/m^3；烘干区共检出36种污染物，总体浓度水平为119.38mg/m^3；废气排放口共检出33种污染物，总体浓度水平为857.86mg/m³。废气排放口是固液分离区、贮存区、烘干区等废气收集排放的综合反映，因而其总体浓度水平较高。

由表3.10可知，各个排放单元中物质含量均为乙醇最高，排名第二的物质除废气排放口为柠檬烯外，其他工艺点位都为乙醛，其余物质也多为含氧烃类，以及少量萜烯、硫化物和烷烃；由表3.11可知，由于二甲二硫醚的嗅阈值很低，各排放单元其致臭贡献值最大，约为53%～80%；其次为乙酸乙酯，致臭贡献值约为4%～23%；再次为乙醛，在破碎区该物质的致臭贡献率达到了29%。

表3.10 青海某餐厨垃圾处理厂（Q）各采样点高浓度恶臭物质

单位：mg/m³

排名	卸料口	含量	一次分拣	含量	破碎机	含量	固液分离	含量	烘干口	含量	废气处理	含量	贮存仓	含量
1	乙醇	28.315	乙醇	133.52	乙醇	114.359	乙醇	71.063	乙醇	101.174	乙醇	736.212	乙醇	11.928
2	乙醛	2.056	乙醛	4.485	乙醛	15.392	乙醛	12.236	乙醛	20.015	柠檬烯	63.378	乙醛	0.304
3	甲醛	0.265	2,5-二甲基苯甲醛	1.454	氨	1.550	丙酮	0.877	丁醛	2.256	β-蒎烯	11.356	丙酮	0.186
4	丙酮	0.229	丁醛	1.103	丙酮	0.787	乙酸乙酯	0.485	氨	2.200	α-蒎烯	10.508	柠檬烯	0.174
5	氨	0.175	丙酮	0.917	丁醛	0.747	丁醛	0.446	戊醛	1.976	硫化氢	6.484	二甲二硫醚	0.109
6	二甲二硫醚	0.145	乙酸乙酯	0.651	柠檬烯	0.7133	柠檬烯	0.429	异戊醛	1.860	二甲二硫醚	4.539	甲醛	0.089
7	乙酸乙酯	0.135	丙醛	0.289	甲醛	0.357	二甲二硫醚	0.367	柠檬烯	1.699	丙烯	4.267	α-蒎烯	0.067
8	丁醛	0.087	二甲二硫醚	0.289	乙酸乙酯	0.309	氨	0.280	二甲二硫醚	0.696	氯甲烷	3.988	β-蒎烯	0.061
9	丁烷	0.026	氨	0.255	α-蒎烯	0.233	α-蒎烯	0.183	甲苯	0.386	甲硫醇	3.294	乙硫醚	0.048
10	异丁烷	0.017	甲醛	0.223	二甲二硫醚	0.168	戊烷	0.178	丁烷	0.352	丙烷	3.190	丁烷	0.017

表3.11 青海某餐厨垃圾处理厂（Q）各采样点高贡献值恶臭物质

单位：无量纲

排名	卸料仓	阈稀释倍数	一次分拣	阈稀释倍数	破碎机	阈稀释倍数	固液分离	阈稀释倍数	烘干口	阈稀释倍数	废气处理口	阈稀释倍数	贮存仓	阈稀释倍数
1	二甲二硫醚	10681	二甲二硫醚	20914	二甲二硫醚	9583	二甲二硫醚	23395	二甲二硫醚	31175	二甲二硫醚	341280	二甲二硫醚	5135
2	乙酸乙酯	1468	乙酸乙酯	7478	乙醛	5224	乙酸乙酯	4309	二甲二硫醚	4958	乙酸乙酯	32289	乙硫醚	363
3	乙醛	698	乙醛	1522	乙酸乙酯	2012	乙醛	4153	异戊醛	4846	甲硫醇	20191	乙酸乙酯	232
4	乙硫醚	382	乙硫醚	1475	乙硫醚	390	乙硫醚	417	乙酸乙酯	2243	乙硫醚	8236	乙醛	103

续表

排名	卸料仓	阈稀释倍数	一次分拣	阈稀释倍数	破碎机	阈稀释倍数	固液分离	阈稀释倍数	烘干口	阈稀释倍数	废气处理口	阈稀释倍数	贮存仓	阈稀释倍数
5	乙醇	41	甲硫醇	584	丁醛	347	甲硫醇	308	乙硫醚	1493	硫化氢	5658	甲硫醚	26
6	甲硫醚	48	丁醛	512	甲硫醇	272	丁醛	207	丙醛	268	甲硫醚	4140	乙醇	11
7	丁醛	40	乙醇	193	乙醇	115	甲硫醚	74	乙醇	171	乙醇	1137		
8	丙醛	61	甲硫醚	126	甲硫醚	39	乙醇	69	甲硫醚	145	柠檬烯	487		
9	甲硫醇	43	丙醛	111	硫化氢	33	硫化氢	35	硫化氢	119	苯乙烯	7		
10	硫化氢	14	硫化氢	108	柠檬烯	3	柠檬烯	1	柠檬烯	14				
11	乙醇	12												

对Q厂各工艺环节的恶臭物质进行了采样监测，每个工艺单元采集1～2个样品，共获得13组监测数据。根据提出的指标恶臭物质确定方法，筛选出该固体废物处理设施的核心和辅助指标恶臭物质，如表3.12所列。

表3.12　青海某餐厨垃圾处理厂（Q）核心与辅助指标恶臭物质

频次排序	核心指标物质	频次/次	浓度指标物质	频次/次	毒性指标物质	频次/次
1	二甲二硫醚	13	乙醇	13	苯	13
2	乙硫醚	13	乙酸乙酯	12	甲苯	13
3	乙醇	13	二甲二硫醚	11	乙苯	13
4	甲硫醚	13	柠檬烯	11	间二甲苯	13
5	乙酸乙酯	12	α-蒎烯	10	1,2-二氯乙烷	13
6	硫化氢	10	氨	9	1,4-二氯苯	13
7	甲硫醇	9	β-蒎烯	9	萘	12
8	氨	8	丙烯	7	二氯甲烷	12

对13组样品中浓度最高的恶臭物质按出现频次进行排序，明确乙醇、乙酸乙酯、二甲二硫醚、柠檬烯等物质为Q厂释放频率和浓度相对较高的恶臭物质。然而，由于其嗅阈值不同，其对恶臭污染的贡献也不同。对阈稀释倍数>1的恶臭物质出现频次进行排序，明确二甲二硫醚、乙硫醚、乙醇、甲硫醚、乙酸乙酯等物质作为核心指标物质，是Q厂中释放频率和恶臭贡献相对较高的重点物质，可以作为该厂恶臭污染常年监测的指导。

此外，该厂的每个样品中均能检出少量苯、甲苯、乙苯、间二甲苯、1,2-二氯乙烷等化合物，且检出频次很高，这些均为列入《国家污染物环境健康风险名录》的有毒有害物质，需引起关注。

综合上述分析，青海某餐厨垃圾处理厂（Q）应重点关注的恶臭物质为硫化物、萜烯、乙醇、乙酸乙酯、氨和苯系物。

3.2.4　浙江省宁波市某餐厨垃圾处理厂（K）的恶臭释放特征解析

通过实地调查发现，该企业在餐厨垃圾处理过程中的卸料、分选、油水分离、烘干、厌氧发酵等工艺环节存在较明显的臭气影响，因此确定该企业处理车间内的卸料口、分选口、油水分离设备、烘干设备及发酵仓为重点恶臭源，同时围绕车间周边（东南角、东北角、西南角、东南角）以及车间下风向 50m、100m 分别设立了采样点位。

宁波市某餐厨垃圾处理厂 K 主要恶臭排放单元物质浓度分布如章后附表 3.4 和图 3.3 所示。

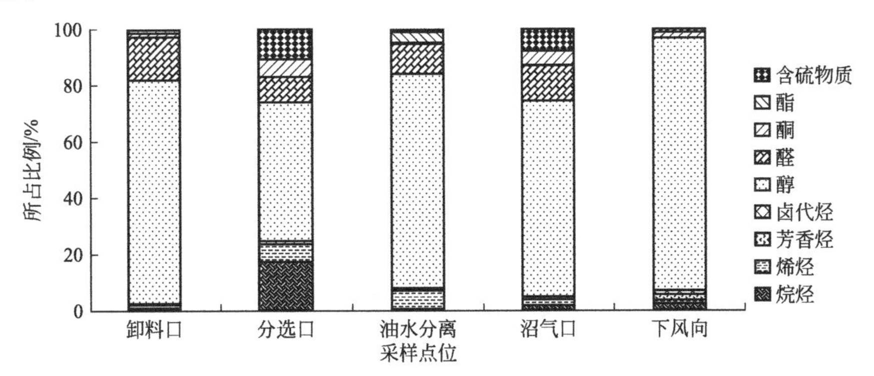

图 3.3 不同生产单元与下风向的恶臭物质种类含量

由章后附表 3.4 可知，各个工艺单元污染物排放浓度在 29.70～6.02mg/m^{3}之间，从排放强度来看，从大到小分别为分选口＞油水分离＞卸料口＞沼气口＞下风向。排放物质种类主要为醇、醛、酮、酯的含氧烃类，以及部分萜烯和硫化物，其中醇类在各个工艺单元的质量百分比在 49.14%～89.57%之间；其次为醛类，占各个工艺全部物质质量的 1.05%～42.91%；油水分离和分选处的萜烯含量较高，分别为 1.24mg/m^3 和 1.76mg/m^3，占检出物质总质量的 6.32%和 5.88%。典型恶臭物质含硫化合物在分选工艺处浓度最高，达到了 3.14mg/m^3，占物质总质量的 10.58%。

K 厂的下风向中近 90%以上物质都为醇类，是造成企业环境异味的主要物质种类。各个点位都含有大量的乙醇、乙醛，在卸料口处甲醛、丙酮、丁醛的相对浓度也较大，油水分离处柠檬烯和乙酸乙酯是主要特征物质，沼气口处恶臭物质硫化氢、丙酮和丁烯醛的特征明显，这些物质对企业下风向空气质量都有一定的影响。

通过 SPSS13.0 相关性分析，卸料口、油水分离两个处理环节的物质组成与厂界下风向处的物质组成的相关性系数分别达到了 0.992 和 0.993，故此二环节对厂界下风向的大气质量影响较大。

由表 3.13、表 3.14 可知，各个工艺及下风向大气环境中物质浓度最高的都为乙醇，排名第二的物质除沼气口为硫化氢外，其他工艺点位都为乙醛，其余物质也多为含氧烃类，以及少量萜烯、硫化物和烷烃。在各工艺点位中，此排名前十的物质含量占检出物质总量的 90%以上，能够表征各个点位的污染物释放情况。

表 3.13 宁波某餐厨垃圾处理厂（K）各采样点高浓度恶臭物质

单位：mg/m^3

排名	卸料口	含量	分选口	含量	油水分离	含量	烘干口	含量	沼气口	含量	下风向	含量
1	乙醇	7.636	乙醇	14.593	乙醇	15.253	乙醇	8.203	乙醇	4.167	乙醇	2.586
2	丁醛	0.924	乙醛	2.297	乙醛	1.681	乙醛	3.255	硫化氢	0.377	乙醛	0.050

续表

排名	卸料口	含量	分选口	含量	油水分离	含量	烘干口	含量	沼气口	含量	下风向	含量
3	甲醛	0.283	丁烷	1.845	柠檬烯	1.067	柠檬烯	0.305	甲醛	0.356	甲苯	0.019
4	乙醛	0.263	乙酸乙酯	1.741	乙酸乙酯	0.729	丙酮	0.156	丁烯醛	0.301	柠檬烯	0.019
5	丙酮	0.148	硫化氢	1.384	甲醛	0.281	丙醛	0.063	丙酮	0.281	乙酸乙酯	0.014
6	乙酸乙酯	0.083	异丁烷	1.219	戊烷	0.123	甲苯	0.037	乙醛	0.096	二甲二硫醚	0.014
7	柠檬烯	0.070	柠檬烯	1.090	丙醛	0.094	甲醛	0.033	柠檬烯	0.073	戊烷	0.014
8	二甲二硫醚	0.029	戊烷	1.025	β-蒎烯	0.084	二甲二硫醚	0.029	二甲二硫醚	0.049	二氯甲烷	0.013
9	丁烷	0.025	二甲二硫醚	0.824	硫化氢	0.080	乙酸乙酯	0.027	甲苯	0.043	丁烷	0.012
10	异丁烷	0.017	丙烷	0.823	丙酮	0.069	α-蒎烯	0.016	丁烷	0.040	丙烷	0.011

表 3.14 宁波某餐厨垃圾处理厂（K）各采样点高贡献值恶臭物质

单位：无量纲

排名	卸料口	阈稀释倍数	分选口	阈稀释倍数	油水分离	阈稀释倍数	烘干口	阈稀释倍数	沼气口	阈稀释倍数	下风向	阈稀释倍数
1	二甲二硫醚	1373	二甲二硫醚	38534	二甲二硫醚	3042	乙醛	1105	二甲二硫醚	2293	二甲二硫醚	681
2	乙酸乙酯	529	乙酸乙酯	11084	乙醛	571	乙酸乙酯	177	硫化氢	207	乙酸乙酯	93
3	丁醛	429	甲硫醇	2551	甲硫醇	240	甲硫醇	29	乙酸乙酯	134	乙醛	17
4	乙醛	89	乙醛	780	硫化氢	44	丙醛	24	甲硫醇	51	乙醇	2
5	甲硫醇	30	硫化氢	760	丙醛	36	乙醇	8	乙醛	33	硫化氢	2
6	硫化氢	7	甲硫醚	209	甲硫醚	23	硫化氢	4	甲硫醚	10		
7	乙醇	7	乙醇	14	乙醇	14	甲硫醚	4	丁烯醛	4		
8			柠檬烯	5	柠檬烯	5	柠檬烯	1	乙醇	4		
合计		2464		53937		3975		1352		2736		795
实测		2189		72154		39196		33074		29181		60

对 K 厂各工艺环节进行了秋季和冬季的恶臭物质采样监测，每个工艺环节采集了 12 个样品，共获得 60 组监测数据。根据提出的指标恶臭物质确定方法，筛选出该固体废物处理设施的核心和辅助指标恶臭物质，如表 3.15 所列。

表 3.15 宁波某餐厨垃圾处理厂（K）核心与辅助指标恶臭物质

频次排序	核心指标物质	频次/次	浓度指标物质	频次/次	毒性指标物质	频次/次
1	乙醇	50	乙醇	60	二氯甲烷	60
2	α-蒎烯	50	柠檬烯	57	苯	60
3	甲硫醇	31	乙酸乙酯	56	甲苯	60
4	柠檬烯	34	二甲二硫醚	54	乙苯	60
5	乙醛	29	甲苯	44	间二甲苯	60
6	硫化氢	29	丙烷	40	1,2-二氯乙烷	60
7	二甲二硫醚	24	二氯甲烷	35	邻二甲苯	59
8	甲硫醚	17	丁烷	33	1,4-二氯苯	57

对60组样品中浓度最高的物质出现频次进行排序，明确乙醇、柠檬烯、乙酸乙酯、二甲二硫醚等物质为宁波餐厨垃圾处理厂K释放频率和浓度相对较高的恶臭物质。然而，由于其嗅阈值不同，其对恶臭污染的贡献也不同。对阈稀释倍数＞1的恶臭物质出现频次进行排序，明确乙醇、α-蒎烯、甲硫醇、柠檬烯、乙醛等物质作为核心指标物质，是该厂释放频率和恶臭贡献相对较高的重点物质，可以作为其恶臭污染常年监测的指导。

此外，该厂的每个样品中均能检出少量甲苯、二氯甲烷、苯、间二甲苯等化合物，且检出频次很高，这些均为列入《国家污染物环境健康风险名录》的有毒有害物质，需引起关注。

综合上述分析可见，宁波餐厨垃圾处理厂K应重点关注的恶臭物质包括硫化物、萜烯、乙醇、乙酸乙酯、乙醛和小分子烷烃。

3.3 餐厨垃圾厌氧发酵恶臭产生规律与释放源强

厌氧发酵等生化处理是高有机物含量的餐厨垃圾实现资源化的有效途径，但由于餐厨垃圾富含油脂、蛋白、淀粉等极易腐败的有机质，在处理处置过程中产生大量恶臭物质，是影响该技术推广的重要瓶颈之一。餐厨垃圾厌氧发酵产生的恶臭物质中硫化物占很大比例，其中H_2S产量最高。餐厨垃圾中硫的三种主要存在形态包括硫化物（S^{2-}、HS^-、H_2S）、硫酸盐（主要是SO_4^{2-}）、有机态硫（主要存在于蛋白质中）。在厌氧消化过程中H_2S气体的产生途径主要有硫酸盐的还原、硫化物的转化以及含硫蛋白质的水解。

有机态硫主要存在于蛋白质中，参与微生物有机体的构建，在垃圾厌氧消化过程中，蛋白质发生了水解反应，有机态硫转化成其他形态的硫释放到发酵液中，产生H_2S。但在整个厌氧消化的过程中，微生物又通过同化作用消耗掉垃圾中其他形态的硫而重新合成蛋白质（有机态硫）。沼气中H_2S主要来源于硫化物的转化和硫酸盐的还原。

硫酸盐还原是指在厌氧条件下，硫酸还原菌利用废水中的有机物作为电子供体，将硫酸盐还原为硫化物的过程。其反应可表示为：

$$4H_2+SO_4^{2-}+H^+\longrightarrow HS^-+4H_2O \tag{3.1}$$

$$2CH_3CH_2CH_2COO^-+SO_4^{2-}\longrightarrow 4CH_3COO^-+HS^-+H^+ \tag{3.2}$$

$$4C_2H_5COO^-+3SO_4^{2-}\longrightarrow 4CH_3COO^-+4HCO_3^-+3HS^-+H^+ \tag{3.3}$$

本部分通过实验室模拟结果揭示餐厨垃圾产生和释放恶臭物质的规律，从而提供相应处理设施的恶臭物质释放源强估算依据和方法，为相关恶臭污染控制提供理论支撑。

3.3.1 餐厨垃圾厌氧发酵实验

3.3.1.1 试验装置

实验设计并制作两台容积不同的厌氧发酵反应器（见图 3.4），分别作为产酸相反应器和产甲烷相反应器。每台反应器由支架、双层玻璃反应器、电动搅拌器、水浴锅和湿式流量计等部分组成。产酸相反应器的有效容积是 20L，夹套容积是 6L，电动搅拌功率 90W；产甲烷相反应器的有效容积是 50L，夹套容积是 16L，电动搅拌功率 120W。反应器的温度（中温 35℃±1℃）通过夹套的水浴加热来控制，气体体积由湿式流量计测量，流量计中充满饱和食盐水，搅拌速度通过调速器来控制。

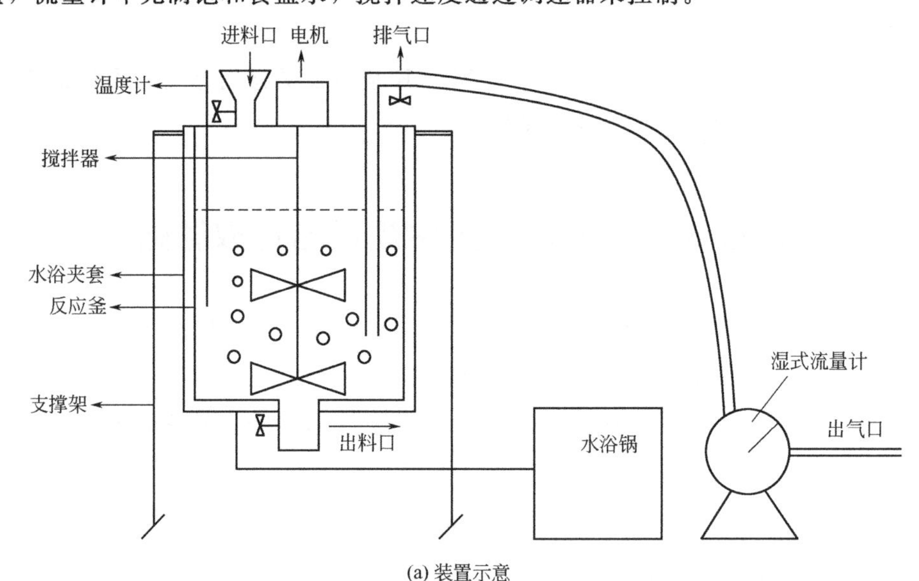

(a) 装置示意

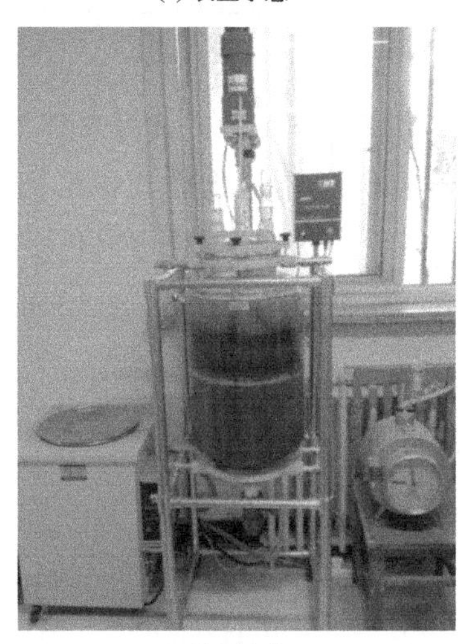

(b) 装置实物

图 3.4 餐厨垃圾厌氧发酵实验装置

3.3.1.2 试验物料

餐厨垃圾取自天津某单位食堂，剔除其中的骨头等硬物后用搅拌机将其粉碎，作为酸化阶段的原料，酸化阶段的发酵液作为产甲烷阶段的原料。接种物为餐厨垃圾厌氧发酵中试发酵罐的出料。

3.3.1.3 试验方法

(1) 产酸相和产甲烷相的分离实验

在产酸相反应器中加入12L接种物，在产甲烷相反应器中加入30L接种物，采用目前普遍应用的动力学控制法，有效实现两个反应器中产酸相和产甲烷相的分离。具体操作如下：产酸相反应器每隔24h进行一次出料与进料操作，出料前和进料后各搅拌1h。产酸相反应器的固液混合物出料后，立即导入产甲烷相反应器，作为产甲烷相反应器的进料，同样每隔24h进行一次并搅拌。初始进料量为0.5L，测定系统pH值和产气量的变化，当pH值和产气量稳定时可以认为发酵系统在这个进料负荷下进入稳定状态，可以采集出料和发酵过程产生的恶臭气体进行分析。

(2) 餐厨垃圾厌氧发酵的恶臭排放特征分析

当产酸相反应器和产甲烷相反应器实现相分离之后，分别对餐厨垃圾产酸过程和产甲烷过程的恶臭气体进行采样和分析。发酵中的pH值、产气量、化学需氧量（COD）、NH_3-N、硫化物、动植物油含量的检测方法如表3.16所列。

表3.16 主要检测项目分析方法表

检测项目	检测方法	检测依据
pH值	PHS-3C型pH计	—
产气量	湿式流量计	—
COD	重铬酸钾法	GB 11914—89
NH_3-N	蒸馏滴定法	HJ 537—2009
硫化物	碘量法	HJ/T 60—2000
动植物油	红外分光光度法	HJ 637—2012
臭气浓度	三点比较式臭袋法	GB 14675—93

此外，总固体（TS）采用烘干法测定，挥发性脂肪酸（VFA）含量采用气相色谱法测定，恶臭物质定性和定量测定采用GC-MS，详细测定方法同3.1.3部分相关内容。

3.3.2 餐厨垃圾两相厌氧发酵过程的恶臭产生规律

(1) 两相厌氧发酵过程的挥发性有机酸产生规律

餐厨垃圾厌氧发酵过程中产生的挥发性有机酸是造成恶臭的重要因素之一。以0.5L的进料量为例研究餐厨垃圾两相厌氧发酵过程，对进料后30h内酸化发酵液以及产甲烷阶段发酵液的化学需氧量（COD）、VFA含量随时间的变化进行测定，如表3.17所列。同时对不同时间段产甲烷相反应器产生的恶臭臭气浓度和恶臭物质浓度进行了采样分析，分别如表3.18和表3.19所列。

表 3.17 餐厨垃圾厌氧发酵酸化阶段和产甲烷阶段发酵液 VFA 含量及变化

时间	发酵液	VFA 含量/(mg/L)						COD /(mg/L)
		乙酸	丙酸	异丁酸	丁酸	异戊酸	戊酸	
进料前	酸化罐	2844.38	0.45	58.18	64.94	85.50	5.70	153000
	厌氧罐	2518.12	1070.26	109.62	37.66	0.72	16.42	49000
进料后 2h	酸化罐	2754.72	1.82	66.46	93.16	99.46	8.64	180000
	厌氧罐	2953.48	2.06	111.94	72.06	0.97	33.46	51600
进料后 4h	酸化罐	2566.58	3.18	0.72	93.90	94.02	19.16	174000
	厌氧罐	3225.40	—	120.48	21.56	4.20	33.06	48800
进料后 6h	酸化罐	2790.64	0.51	0.94	0.48	73.40	4.54	171000
	厌氧罐	3236.64	1.66	120.70	1.85	4.62	25.48	45200
进料后 8h	酸化罐	2837.14	486.78	31.08	0.32	81.26	31.56	167000
	厌氧罐	3201.26	2.34	124.82	14.54	0.61	13.54	43800
进料后 10h	酸化罐	2843.34	446.48	0.33	140.84	82.96	18.02	161000
	厌氧罐	3178.24	0.67	123.80	0.86	80.60	9.80	41600
进料后 24h	酸化罐	2823.74	262.20	61.32	34.62	73.30	2.20	150000
	厌氧罐	2367.58	502.50	107.22	12.92	82.28	—	37600
进料后 28h	酸化罐	2739.10	252.22	64.38	57.68	74.38	2.08	150000
	厌氧罐	2088.46	266.20	94.72	11.06	0.68	—	37200
进料后 30h	酸化罐	2593.72	200.68	53.42	32.18	65.38	5.92	150000
	厌氧罐	2047.38	326.02	86.26	6.78	23.96	5.56	37200

注：“—”表示未检出。

表 3.18 餐厨垃圾厌氧发酵产甲烷阶段恶臭臭气浓度

时间	进料后 2h	进料后 8h	进料后 24h	进料后 30h
臭气浓度	412097	732874	309029	231739
产气速率/(L/h)	6.55	7.52	4.66	3.78

表 3.19 餐厨垃圾厌氧发酵产甲烷阶段恶臭物质及浓度 单位：mg/m^3

物质	进料后 2h	进料后 10h	进料后 24h	进料后 30h
1,3-丁二烯	—	—	—	—
二氯甲烷	0.069	0.036	0.018	0.050
二硫化碳	0.337	0.308	0.624	0.842
乙酸乙酯	0.359	0.332	0.389	0.218
苯	0.027	0.025	0.033	0.036
甲基异丁酮	0.348	0.331	0.481	0.452
甲苯	0.318	0.316	0.455	0.418
2-己酮	0.473	0.435	0.627	0.516
氯苯	—	—	—	—

续表

物质	进料后 2h	进料后 10h	进料后 24h	进料后 30h
乙苯	0.086	0.072	0.095	0.082
间二甲苯	0.092	0.067	0.068	0.063
对二甲苯	0.024	—	—	—
苯乙烯	0.085	0.082	0.086	0.083
邻二甲苯	—	—	—	—
对乙基甲苯	0.040	0.039	0.041	0.040
1,3,5-三甲苯	0.016	0.015	0.016	0.016
1,2,4-三甲苯	0.425	0.247	0.242	0.222
萘	0.171	—	0.168	0.165
硫化氢	65.249	426.446	384.011	380.795
甲硫醇	3.957	4.359	3.114	1.851
乙硫醇	0.630	0.721	0.624	0.605
甲硫醚	4.007	3.339	6.811	5.274
乙硫醚	0.886	0.861	0.432	0.860
二甲二硫醚	0.960	0.974	0.961	0.978
α-蒎烯	1.539	1.583	2.380	1.955
β-蒎烯	1.257	1.239	1.871	1.486
柠檬烯	28.011	28.652	44.23	29.568

注："—"表示未检出，下同。

由表3.17可知，进料后酸化发酵液和产甲烷阶段发酵液的化学需氧量呈现先增加后减小的变化趋势，24h后基本不再变化；同时，酸化发酵液和产甲烷阶段发酵液中含量最高的VFA是乙酸。进料后酸化发酵液的乙酸含量先减少后增加，8h后基本达到进料前的水平，但是24h后乙酸含量又开始减少，而产甲烷阶段发酵液的乙酸含量先增加后减少，28h后减少缓慢。这是因为加入餐厨垃圾后，产酸相反应器中首先进行的是水解发酵过程；之后进入产氢产乙酸阶段，使乙酸含量增加；随着时间进一步延长，进入到产甲烷阶段，乙酸含量减少。但在产酸相反应器中，产甲烷菌的活性受到抑制，乙酸含量减少比较缓慢。而产甲烷相反应器中因为加入了乙酸含量比较高的酸化发酵液，所以乙酸含量先增加，之后随着产甲烷阶段对乙酸的消耗，乙酸含量降低。根据进料后酸化发酵液的乙酸含量变化，可知8h时产酸产氢阶段已经基本完成，根据进料后产甲烷阶段发酵液的乙酸含量变化，可知产甲烷阶段到28h时已经基本完成。

(2) 两相厌氧发酵过程的恶臭物质浓度和臭气浓度

由表3.18和表3.19的数据可知，进料后产甲烷相反应器产生的臭气浓度和恶臭物质浓度都呈现出先增大后减小的变化趋势，与产甲烷阶段发酵液的乙酸含量变化规律相一致。这是因为乙酸浓度越高，产甲烷菌利用乙酸产气的速率越快，从而产生的恶臭物质浓度也越高，恶臭物质浓度和VFA含量越高，对应的臭气浓度也就越大。而从24h到30h的时段内臭气浓度和恶臭物质浓度变化不明显，说明这段时间的产气速度缓慢。

同时，从表 3.19 可知，不同时间段产甲烷相反应器产生的恶臭物质浓度最高的都是硫化氢，物质浓度较高的还包括柠檬烯、甲硫醇和甲硫醚，根据其嗅阈值浓度能够计算出阈稀释倍数，从而反映其在恶臭污染中的贡献。

餐厨垃圾的两相厌氧发酵过程还受到 pH 值、进料量、运行负荷等因素的影响，从而进一步影响恶臭物质的释放，不再赘述。

(3) 进料量对厌氧发酵过程产气量和臭气浓度的影响

餐厨垃圾两相厌氧发酵过程中，产酸阶段产气量很少忽略不计，主要考虑产甲烷阶段的产气量，进料量不同时，产甲烷相反应器每天的产气量也不同。产甲烷相反应器在不同进料量条件下，每天的产气量及平均产气量如表 3.20 所列。此外，有机负荷的变化也会影响到发酵系统的产气量和处理能力。

表 3.20　不同进料量时产甲烷相反应器的每日产气量和臭气浓度

进料量/(L/d)	COD /(mg/L)	有机负荷 /[kgCOD/(m·d)]	产气量 /(L/d)	臭气浓度
0.5	260000	4.3	67	130316
0.5	327000	5.5	83	309029
1.0	220000	7.3	110	309029
1.0	222000	7.4	123	412097
1.5	217000	11.0	167	231739
1.5	228000	11.5	186	549540

由表 3.20 可知，进料量越大时，产甲烷相反应器每天的产气量越大，但是由于每天的餐厨垃圾成分变化比较大，不能仅从进料量来讨论产气量的变化。进料量相同时，有机负荷越大时产气量也越大，较高的有机负荷可获得较大的产气量，并且有机负荷与产气量基本上成线性关系。这对不同组分餐厨垃圾厌氧发酵的臭气产生规律有一定借鉴意义。

(4) 发酵液的基本特性与恶臭之间的关系

研究结果表明，产甲烷相发酵液的硫化物含量＞产酸相发酵液的硫化物含量＞餐厨垃圾原料的硫化物含量。从恶臭气体的物质浓度分析来看，产甲烷阶段出料时的空气样品和产甲烷相反应器排气口产生的气体样品中，硫化氢的物质浓度也比其他样品大。可见，发酵液中硫化物含量和恶臭物质中硫化物含量存在一定对应关系，餐厨原料、酸化发酵液、产甲烷阶段发酵液中硫化物含量和对应的恶臭中的硫化氢的物质浓度如表 3.21 所列。这是由于餐厨垃圾原料中存在的硫主要是有机态，硫化物含量较低，在厌氧发酵过程中有机态硫转化成无机态硫化物（S^{2-}、HS^-、H_2S）并释放到发酵液中，产生 H_2S。因此，随着厌氧发酵过程的进行，发酵液中硫化物含量越来越高，对应的恶臭气体中硫化氢的物质浓度也就越大。同时，从恶臭浓度和物质浓度分析可以知道，酸化出料时的空气样品臭气浓度均较大，但是气体中典型恶臭物质的浓度都不高，这是因为酸化发酵液中 VFA 的含量最高，使得酸化出料时采集的样品的臭气浓度比较大。

表3.21　硫化物含量和对应的恶臭中硫化氢的含量表

原料硫化物/(mg/L)	H_2S浓度/(mg/m^3)	酸化液硫化物/(mg/L)	H_2S浓度/(mg/m^3)	产甲烷阶段发酵液/硫化物(mg/L)	H_2S浓度/(mg/m^3)
0.105	0.07495	0.333	0.3896	17.9	55.0854
0.097	0.03995	0.365	0.1862	16.7	24.4638
0.097	0.11875	0.292	0.2888	16.0	22.0026
0.089	0.26845	0.276	0.3585	15.2	32.493

3.3.3　餐厨垃圾厌氧发酵的指标恶臭物质

餐厨垃圾双相厌氧发酵过程中，产酸阶段产气量很少，而产甲烷阶段产气量较大，是厌氧发酵过程中产生恶臭的主要原因。全部实验监测数据中恶臭物质的阈稀释倍数及物质浓度如表3.22、表3.23所列。

根据本书第1章提出的指标恶臭物质确定方法，筛选出餐厨垃圾厌氧发酵处理设施的核心与辅助指标恶臭物质，如表3.24所列。

对14组样品中浓度最高的物质根据出现频次进行排序，明确硫化氢、甲硫醚、α-蒎烯、β-蒎烯等物质为浓度指标物质，是餐厨垃圾厌氧发酵实验释放频率和浓度相对较高的恶臭物质。然而，由于嗅阈值不同，其对恶臭污染的贡献也不同。对阈稀释倍数>1的恶臭物质出现频次进行排序，明确硫化氢、甲硫醚、乙硫醇、乙硫醚等物质作为核心指标物质，是餐厨垃圾厌氧发酵实验中释放频率和恶臭贡献较高的重点物质，可以作为餐厨垃圾厌氧发酵处置设施恶臭污染常年监测的指导。

此外，对于列入《国家污染物环境健康风险名录》的有毒有害物质，虽然苯、甲苯、乙苯、间二甲苯等的检出量较少，但其在样品中的检出频次却很高，与企业调研中应关注的有毒有害物质相一致。硫化氢在核心指标物质和浓度指标物质中都排名第一，且出现频次都为100%，而在实际调研中其浓度相对较低，这有可能是实地调研的样品送到实验室检测的过程中硫化氢的易挥发性及不稳定性所导致的。综上所述，餐厨垃圾厌氧发酵过程中应重点关注硫化物、萜烯、乙醇、苯系物等物质的产生与释放，与实地调研数据基本一致。

3.3.4　餐厨垃圾厌氧处理设施恶臭物质释放源强的估算

厌氧发酵等生化处理是高有机物含量的餐厨垃圾实现资源化最主要的途径，通过餐厨垃圾厌氧发酵的恶臭排放规律，估算其恶臭排放源强，对餐厨垃圾生活处理设施的恶臭污染控制和管理有重要意义。根据餐厨垃圾生化处理企业的实地调研及厌氧发酵实验结果，以我国和日本测定的恶臭物质嗅阈值为标准，筛选出乙醇、柠檬烯、硫化氢、甲硫醇、甲硫醚、二甲二硫醚、乙醛、乙酸乙酯作为典型恶臭物质。本节通过餐厨垃圾厌氧发酵实验数据，构建了厌氧发酵条件下微量恶臭物质与宏量甲烷释放速率之间的定量关系，提供了餐厨垃圾厌氧处理设施中上述典型恶臭物质的释放源强估算方法。

表 3.22　餐厨垃圾厌氧发酵实验样品中阈稀释倍数大于 1 的恶臭物质

0.5L-1 厌氧管		0.5L-2 厌氧管		0.5L-3 厌氧管		0.5L-4 厌氧管	
物质名称	阈稀释倍数	物质名称	阈稀释倍数	物质名称	阈稀释倍数	物质名称	阈稀释倍数
硫化氢	35743	硫化氢	233605	硫化氢	210359	硫化氢	208598
甲硫醇	27504	甲硫醇	30298	乙硫醇	25859	乙硫醇	25072
乙硫醇	26108	乙硫醇	29879	甲硫醇	21644	甲硫醇	12866
乙硫醚	6669	乙硫醚	6481	乙硫醚	3252	乙硫醚	6473
甲硫醚	722	甲硫醚	602	甲硫醚	1228	甲硫醚	951
柠檬烯	288	柠檬烯	294	柠檬烯	455	α-蒎烯	321
α-蒎烯	253	α-蒎烯	260	α-蒎烯	391	柠檬烯	304
二甲二硫醚	104	二甲二硫醚	105	乙醇	110	二甲二硫醚	106
乙醇	75	乙醇	63	二甲二硫醚	104	乙醇	105

0.5L-5 厌氧管		0.5L-6 厌氧管		0.5L-7 厌氧管	
物质名称	阈稀释倍数	物质名称	阈稀释倍数	物质名称	阈稀释倍数
乙醇	151051	硫化氢	30176	硫化氢	13401
硫化氢	79069	乙硫醇	5155	乙硫醇	5959
乙硫醇	11914	甲硫醇	781	甲硫醇	1236
甲硫醇	4448	乙硫醚	649	乙硫醚	659
乙硫醚	1618	甲硫醚	306	甲硫醚	503
甲硫醚	366	α-蒎烯	129	α-蒎烯	140
α-蒎烯	153	柠檬烯	94	柠檬烯	103
二甲二硫醚	52	乙醇	64	二甲二硫醚	21
		二甲二硫醚	21	乙醇	4
		2-已酮	2	2-已酮	3

续表

1.0L-1 厌氧管		1.0L-2 厌氧管		1.0L-3 厌氧管	
物质名称	阈稀释倍数	物质名称	阈稀释倍数	物质名称	阈稀释倍数
丁醛	6734.381	硫化氢	17800	硫化氢	12053
乙硫醇	5586	乙硫醇	4774	乙硫醇	4882
硫化氢	1733	丁醛	3661	丁醛	4173
乙硫醚	1444	乙硫醚	1147	乙硫醚	1096
甲硫醇	988	甲硫醇	799	甲硫醇	744
甲硫醚	237	甲硫醚	158	甲硫醚	114
α-蒎烯	87	α-蒎烯	57	α-蒎烯	61
丙醛	38	二甲二硫醚	21	柠檬烯	46
二甲二硫醚	21	丙醛	17	二甲二硫醚	21
				丙醛	19

1.5L-1 厌氧管		1.5L-2 厌氧管		1.5L-3 厌氧管		1.5L-4 厌氧管	
物质名称	阈稀释倍数	物质名称	阈稀释倍数	物质名称	阈稀释倍数	物质名称	阈稀释倍数
硫化氢	100574	硫化氢	276250	硫化氢	77802	硫化氢	338891
乙硫醇	36882	乙硫醇	48063	乙硫醇	73433	乙硫醇	46745
乙硫醚	7632	甲硫醇	32112	甲硫醇	33655	甲硫醇	27149
甲硫醇	6117	乙硫醚	7842	乙硫醚	7828	乙硫醚	7587
α-蒎烯	762	α-蒎烯	1955	甲硫醚	1922	甲硫醚	1066
二甲二硫醚	238	甲硫醚	644	柠檬烯	1095	柠檬烯	835
甲硫醚	196	柠檬烯	511	α-蒎烯	943	α-蒎烯	433
柠檬烯	47	乙醇	267	乙醇	330	二甲二硫醚	232
甲苯	6	二甲二硫醚	259	二甲二硫醚	325	乙醇	23
乙苯	4					2-己酮	4
2-己酮	3					对乙基甲苯	2
对乙基甲苯	2						

表 3.23　餐厨垃圾厌氧发酵实验样品中物质浓度前 10 的恶臭物质

0.5L-1 厌氧管		0.5L-2 厌氧管		0.5L-3 厌氧管		0.5L-4 厌氧管	
物质名称	物质浓度	物质名称	物质浓度	物质名称	物质浓度	物质名称	物质浓度
硫化氢	65.249	硫化氢	426.446	硫化氢	384.011	硫化氢	380.795
柠檬烯	28.011	柠檬烯	28.652	柠檬烯	44.23	丁醛	40.095
丁醛	26.12	丁醛	25.592	丁醛	39.266	柠檬烯	29.568
乙醇	20.04	乙醇	16.989	乙醇	29.381	乙醇	28.137
甲硫醚	4.007	甲硫醇	4.359	甲硫醚	6.811	甲硫醚	5.274
甲硫醇	3.957	甲硫醚	3.339	甲硫醇	3.114	丙醛	1.968
丙醛	1.791	丙醛	1.722	α-蒎烯	2.38	α-蒎烯	1.955
α-蒎烯	1.539	α-蒎烯	1.583	β-蒎烯	1.871	甲硫醇	1.851
β-蒎烯	1.257	β-蒎烯	1.239	丙醛	1.862	β-蒎烯	1.486
二甲二硫醚	0.96	二甲二硫醚	0.974	二甲二硫醚	0.961	二甲二硫醚	0.978

0.5L-5 厌氧管		0.5L-6 厌氧管		0.5L-7 厌氧管	
物质名称	物质浓度	物质名称	物质浓度	物质名称	物质浓度
乙醇	40527.466	硫化氢	55.085	丁醛	28.9612
硫化氢	144.341	乙醇	17.065	硫化氢	24.4638
甲硫醚	2.032	甲硫醚	1.698	乙醇	1.0456
α-蒎烯	0.928	二氯甲烷	1.323	甲硫醚	2.7876
β-蒎烯	0.744	α-蒎烯	0.783	α-蒎烯	0.8522
二硫化碳	0.655	二硫化碳	0.631	二硫化碳	0.7632
甲硫醇	0.640	β-蒎烯	0.594	丙醛	0.7124
二甲二硫醚	0.480	甲基异丁酮	0.303	乙醛	0.7014
2-己酮	0.335	2-己酮	0.295	β-蒎烯	0.6566
甲基异丁酮	0.279	甲苯	0.259	甲基异丁酮	0.372

续表

1.0L-1 厌氧管		1.0L-2 厌氧管		1.0L-3 厌氧管	
物质名称	物质浓度	物质名称	物质浓度	物质名称	物质浓度
乙硫醚	187.180	硫化氢	32.493	硫化氢	32.493
丁醛	18.427	丁醛	10.0168	丁醛	10.0168
硫化氢	3.164	甲硫醚	0.8782	甲硫醚	0.8782
丙醛	1.557	丙醛	0.6996	丙醛	0.6996
甲硫醚	1.312	α-蒎烯	0.345	α-蒎烯	0.345
α-蒎烯	0.532	β-蒎烯	0.292	β-蒎烯	0.292
β-蒎烯	0.478	二硫化碳	0.2038	二硫化碳	0.2038
二氯甲烷	0.393	二甲二硫醚	0.194	二甲二硫醚	0.194
二硫化碳	0.370	甲苯	0.157	甲苯	0.157
二甲二硫醚	0.196	乙硫醚	0.1524	乙硫醚	0.1524

1.5L-1 厌氧管		1.5L-2 厌氧管		1.5L-3 厌氧管		1.5L-4 厌氧管	
物质名称	物质浓度	物质名称	物质浓度	物质名称	物质浓度	物质名称	物质浓度
硫化氢	183.598	硫化氢	504.294	硫化氢	142.028	乙硫醇	1072.8
α-蒎烯	4.636	乙醇	71.598	柠檬烯	106.600	硫化氢	618.646
柠檬烯	4.6	柠檬烯	49.71832	乙醇	88.432	柠檬烯	81.274
甲苯	2.296	α-蒎烯	11.8873	甲硫醚	10.662	乙醇	6.144
二甲二硫醚	2.202	甲硫醇	4.61998	α-蒎烯	5.736	甲硫醚	5.916
β-蒎烯	1.732	β-蒎烯	3.62032	甲硫醇	4.842	甲硫醇	3.906
甲硫醚	1.086	甲硫醚	3.5727	二甲二硫醚	3.010	α-蒎烯	2.632
乙硫醚	1.014	二甲二硫醚	2.3944	β-蒎烯	2.108	二甲二硫醚	2.142
乙硫醇	0.89	甲苯	1.99752	乙硫醇	1.772	二氯甲烷	2.084
甲硫醇	0.88	乙硫醇	1.1598	乙硫醚	1.040	β-蒎烯	1.632
				硫化氢	142.028	乙硫醇	1072.8

表 3.24 餐厨垃圾厌氧发酵实验数据核心与辅助指标恶臭物质表

频次排序	核心指标物质	频次/次	浓度指标物质	频次/次	毒性指标物质	频次/次
1	硫化氢	14	硫化氢	14	苯	14
2	甲硫醇	14	甲硫醚	14	甲苯	14
3	乙硫醇	14	α-蒎烯	14	乙苯	14
	乙硫醚	14	β-蒎烯	14	间二甲苯	14
5	甲硫醚	14	二甲二硫醚	12	二氯甲烷	13
6	α-蒎烯	14	乙醇	10	萘	10
7	二甲二硫醚	14	甲硫醇	9	对二甲苯	8
8	乙醇	11	柠檬烯	8		
9	柠檬烯	11	丙醛	8		
10			丁醛	8		

(1) 餐厨垃圾生化处理设施的甲烷产生速率

对实验中垃圾含固量（垃圾湿重×含固率）及甲烷产生速率进行定量拟合，研究发现直线方程的拟合效果最好，其结果如式(3.4) 所列：

$$z=0.216x(1-y)+719.8 \quad (R^2=0.944) \tag{3.4}$$

式中 x——垃圾量，g；

y——垃圾含水率，%；

z——甲烷产生速率，g/h。

投入的垃圾含固量与甲烷产生量的关系如图 3.5 所示。

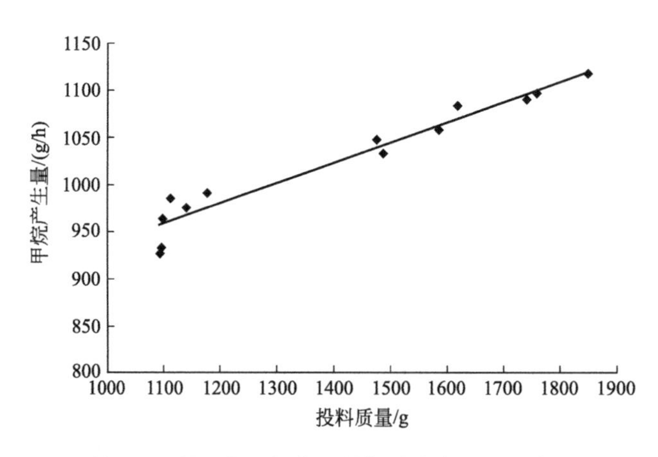

图 3.5 投入的垃圾含固量与甲烷产生量的关系

(2) 典型恶臭物质与甲烷释放速率的关系

根据实验室 13 组有效数据，拟合甲烷释放速率与典型恶臭物质释放速率的线性关系，结果如式(3.5)～式(3.12) 所述；其中，x 为甲烷的产生速率，g/h；y 为相应恶臭物质的产生速率，g/h。

硫化氢：　$y=8\times10^{-6}x-0.006\quad(R^2=0.816)$　(3.5)

乙醇：　$y=8\times10^{-4}x-0.74\quad(R^2=0.911)$　(3.6)

甲硫醚：　$y=2\times10^{-6}x-0.001\quad(R^2=0.892)$　(3.7)

二甲二硫醚：　$y=6\times10^{-6}x-0.005\quad(R^2=0.922)$　(3.8)

乙酸乙酯：　$y=4\times10^{-6}x-0.003\quad(R^2=0.862)$　(3.9)

甲硫醇：　$y=4\times10^{-6}x-0.004\quad(R^2=0.935)$　(3.10)

柠檬烯：　$y=7\times10^{-5}x-0.064\quad(R^2=0.841)$　(3.11)

乙醛：　$y=1.3\times10^{-5}x-0.011\quad(R^2=0.913)$　(3.12)

(3) 基于甲烷释放速率的餐厨垃圾厌氧发酵典型恶臭物质的源强估算

将甲烷产生速率与典型恶臭物质释放关系进行拟合，可得到典型恶臭物质释放源强估算公式，如表3.25所列。

表3.25　餐厨垃圾厌氧发酵典型恶臭物质的释放源强估算公式

排名	物质名称	恶臭物质的源强估算公式 [x为垃圾总量/g,y为含水率/%,z物质产生量/(g/h)]
1	硫化氢	$z=1.73\times10^{-6}x(1-y)-2.42\times10^{-4}$
2	乙醇	$z=1.73\times10^{-4}x(1-y)-0.3$
3	甲硫醚	$z=4.62\times10^{-7}x(1-y)+4.4\times10^{-4}$
4	二甲二硫醚	$z=1.30\times10^{-6}x(1-y)-6.81\times10^{-4}$
5	乙酸乙酯	$z=8.64\times10^{-7}x(1-y)-1.21\times10^{-4}$
6	甲硫醇	$z=8.64\times10^{-7}x(1-y)-0.0011$
7	柠檬烯	$z=1.51\times10^{-5}x(1-y)-0.014$
8	乙醛	$z=2.81\times10^{-6}x(1-y)-0.011$

(4) 餐厨垃圾厌氧发酵典型恶臭物质源强估算公式的验证

根据调研，青海某餐厨垃圾处理厂（Q）采用厌氧发酵工艺，其实际处理量为120t/d，垃圾含固率为21.73%。经计算，每天处理的垃圾中有机物含量约为26t，将其带入源强估算公式，计算得到该厂典型恶臭物质的释放速率，如表3.26所列。

表3.26　青海某餐厨垃圾处理厂（Q）典型恶臭物质释放速率估算

物质名称	排放量/(g/h)	物质名称	排放量/(g/h)
硫化氢	44.98	乙酸乙酯	22.46
乙醇	4498	甲硫醇	22.46
甲硫醚	12.01	柠檬烯	393
二甲二硫醚	33.8	乙醛	73.05

根据实际监测与调研，Q厂的餐厨垃圾产气速率约为4000m^3/h，结合废气排放口的监测数据，计算其实际典型恶臭物质释放速率，如表3.27所列。

表3.27 青海某餐厨垃圾处理厂（Q）实际恶臭物质释放速率

物质名称	排放量/(g/h)	物质名称	排放量/(g/h)
硫化氢	41.22	乙酸乙酯	20.30
乙醇	4857	甲硫醇	20.77
甲硫醚	12.38	柠檬烯	449
二甲二硫醚	29.22	乙醛	80.06

计算典型恶臭物质释放速率的估算结果和实际监测结果的偏差，以表征估算公式的准确性，如表3.28所列。

表3.28 青海某餐厨垃圾处理厂（Q）恶臭物质释放速率估算结果与实际监测结果的偏差

物质名称	偏差/%	物质名称	偏差/%
硫化氢	8.6	乙酸乙酯	10.6
乙醇	7.4	甲硫醇	8.2
甲硫醚	3	柠檬烯	12.5
二甲二硫醚	4.0	乙醛	8.8

由此可以看出，青海某餐厨垃圾处理厂（Q）典型恶臭物质释放速率的估算结果与实际监测结果的偏差在3%～13%之间，偏差较小，表明估算公式的验证效果良好，用于餐厨垃圾厌氧处理设施的恶臭释放源强估算具有一定准确性。

3.4 本章小结

基于经济性、合理性等综合考量，我国餐厨垃圾处置设施普遍距离居民区较近，最大限度地保护居民生活环境是餐厨垃圾处置设施运营企业必须履行的重大社会责任。研究以餐厨垃圾生化处理设施为研究对象，对国内具有典型代表的4家企业开展实地采样调研，研究不同类型餐厨垃圾处理生化处理设施恶臭物质的释放特征。通过餐厨垃圾两相厌氧发酵模拟实验，明确其恶臭物质的释放规律，获得了餐厨垃圾生化处理设施源强估算公式并进行了验证，为制定以周围居民生活环境保护为目标的餐厨垃圾生化处理设施恶臭污染评价技术方法提供了依据，为实现新形势下恶臭污染的有效监督与管理提供了科技支撑。

附表 3.1 江苏餐厨垃圾处理厂 J 的主要恶臭排放单元及物质浓度分布

单位：mg/m^3

分类	序号	物质名称	嗅阈值	卸料口	标准差	破碎口	标准差	湿热处理口	标准差	发酵仓	标准差	下风向 50m	标准差
烷烃	1	丙烷	2946.4	0.0121	0.0093	0.0125	0.0125	0.0073	0.0154	0.0382	0.0379	0.0207	0.0179
	2	丁烷	3107.14	0.0053	0.0052	0.0305	0.0371	0.1003	0.0604	0.0287	0.0345	0.0340	0.0389
	3	异丁烷	0	0.0828	0.0552	0.1069	0.1257	0.4460	0.3570	0.0310	0.0218	0.0223	0.0217
	4	2,3-二甲基丁烷	1.6125	0	0	0.0021	0.0033	0.0027	0.0035	0.0044	0.0061	0.0021	0.0028
	5	戊烷	4.5000	0.1243	0.0992	0.1488	0.2052	1.1041	0.9701	0.1407	0.1630	0.0194	0.0027
	6	环戊烷	4.0625	0.0001	0.0003	0.0001	0.0001	0.0016	0.0023	0.0007	0.0012	0.0003	0.0004
	7	异戊烷	4.1786	0	0	0	0	0	0	0	0	0.0088	0.0124
	8	2-甲基戊烷	0	0.0031	0.0035	0.0034	0.0032	0.0083	0.0075	0.0080	0.0040	0.0052	0.0016
	9	3-甲基戊烷	0	0	0	0.0007	0.0018	0.0031	0.0036	0.0019	0.0022	0.0016	0.0022
	10	甲基环戊烷	6.3750	0	0	0.0003	0.0007	0.0004	0.0008	0.0010	0.0015	0.0001	0.0002
	11	正己烷	5.7589	0.0059	0.0075	0.0150	0.0211	0.0156	0.0350	0.0075	0.0172	0.0096	0.0087
	12	环己烷	1.7500	0	0	0	0	0	0	0	0	0.0013	0.0019
	13	正庚烷	2.9911	0.0069	0.0041	0.0294	0.0222	0.0034	0.0067	0.0016	0.0032	0.0033	0.0023
	14	辛烷	8.6518	0.0027	0.0027	0.0316	0.0277	0.2051	0.2067	0.0423	0.0518	0	0
	15	壬烷	12.5714	0	0	0.0077	0.0218	0.0387	0.0421	0.0119	0.0185	0.0013	0.0018
	16	癸烷	3.9304	0.0049	0.0021	0.0061	0.0084	0.0105	0.0133	0.0199	0.0280	0.0088	0.0104
	17	十一烷	6.0589	0.0008	0.0022	0.0007	0.0019	0.0010	0.0029	0	0	0.0093	0.0131
	18	十二烷	0.8348	0.0010	0.0026	0.0012	0.0022	0	0	0	0	0.0022	0.0032
烯烃	19	丙烯	24.3750	0.0149	0.0075	0.0294	0.0247	0.6325	0.5866	0.0541	0.0579	0.0013	0.0018
	20	2-甲基-1,3-丁二烯	0.1457	0	0	0	0	0	0	0	0	0.0025	0.0035
	21	顺 2-丁烯	—	0.0012	0.0007	0.0001	0.0002	0.0043	0.0024	0.0001	0.0003	0.0012	0
	22	反 2-丁烯	—	0.0001	0.0003	0	0	0.0039	0.0053	0	0	0.0004	0.0005
	23	1-己烯	0.5250	0	0	0.0006	0.0016	0.0074	0.0086	0.0015	0.0022	0	0

续表

分类	序号	物质名称	嗅阈值	卸料口	标准差	破碎口	标准差	湿热处理口	标准差	发酵仓	标准差	下风向 50m	标准差
烯烃	24	苯乙烯	0.1625	0	0	0	0	0	0	0	0	0.0028	0.0040
	25	α-蒎烯	—	0.0214	0.0034	0.1640	0.1916	1.7124	2.8631	1.1448	1.7152	0.0105	0.0008
	26	β-蒎烯	—	0.0038	0.0099	0.1457	0.2201	1.4391	2.2465	0.9193	1.4416	0	0
	27	柠檬烯	0.2307	0.1189	0.0502	1.2899	1.1331	5.0497	6.1963	3.4626	3.0344	0.0546	0.0554
芳香烃	28	苯	9.4018	0.0067	0.0026	0.0085	0.0046	0.0117	0.0036	0.0111	0.0082	0.0088	0.0071
	29	甲苯	1.3554	0.0203	0.0099	0.0318	0.0182	0.0517	0.0224	0.0436	0.0303	0.0302	0.0232
	30	乙苯	0.1656	0.0094	0.0037	0.0142	0.0079	0.0266	0.0164	0.0183	0.0109	0.0083	0.0011
	31	间二甲苯	0.3313	0.0043	0.0016	0.0085	0.0053	0.0160	0.0104	0.0125	0.0066	0.0108	0.0115
	32	对二甲苯	0.2745	0.0012	0.0013	0.0052	0.0053	0.0101	0.0063	0.0092	0.0067	0.0093	0.0116
	33	邻二甲苯	1.7982	0.0017	0.0013	0.0034	0.0026	0.0059	0.0027	0.0050	0.0035	0.0036	0.0031
	34	异丙苯	0.0450	0.0001	0.0002	0	0.0001	0.0001	0.0002	0	0	0.0004	0.0006
	35	1,3,5-三甲苯	0.9107	0.0013	0.0004	0.0017	0.0008	0.0028	0.0016	0.0023	0.0011	0.0035	0.0042
	36	1,2,4-三甲苯	0.6429	0.0030	0.0011	0.0036	0.0014	0.0024	0.0027	0.0033	0.0019	0.0065	0.0072
	37	1,2,3-三甲苯	—	0.0006	0.0015	0	0	0	0	0.0004	0.0012	0.0023	0.0032
	38	间乙基甲苯	0.0964	0.0028	0.0014	0.0037	0.0012	0.0033	0.0023	0.0049	0.0021	0.0055	0.0056
	39	对乙基甲苯	0.0445	0.0025	0.0004	0.0028	0.0007	0.0050	0.0034	0.0040	0.0024	0.0038	0.0037
	40	邻乙基甲苯	0.3964	0.0017	0.0012	0.0019	0.0013	0.0015	0.0016	0.0014	0.0016	0.0029	0.0027
	41	间二乙苯	0.4188	0	0	0	0	0.0004	0.0012	0	0	0.0011	0.0015
	42	对二乙苯	0.0023	0.0018	0.0022	0	0	0.0031	0.0044	0	0	0.0009	0.0013
	43	萘	—	0.0067	0.0046	0.0048	0.0051	0.0026	0.0048	0.0012	0.0034	0.0070	0.0030

续表

分类	序号	物质名称	嗅阈值	卸料口	标准差	破碎口	标准差	湿热处理口	标准差	发酵仓	标准差	下风向 50m	标准差
卤代烃	44	F12(氯氟甲烷)	—	0.0029	0.0007	0.0026	0.0004	0.0019	0.0012	0.0025	0.0006	0.0052	0.0014
	45	氯甲烷	—	0.0066	0.0039	0.0049	0.0040	0.0171	0.0099	0.0060	0.0048	0.0054	0.0043
	46	F11(三氯氟甲烷)	—	0	0	0.0002	0.0004	0.0195	0.0331	0.0002	0.0007	0.0058	0.0082
	47	二氯甲烷	600	0.0148	0.0127	0.0242	0.0379	0.0124	0.0165	0.0188	0.0249	0.0613	0.0787
	48	氯仿	20.0179	0.0011	0.0014	0.0072	0.0082	0.0096	0.0081	0.0022	0.0030	0.0060	0.0085
	49	四氯化碳	31.2143	0	0.0001	0.0002	0.0004	0.0002	0.0003	0.0002	0.0006	0.0034	0.0047
	50	二溴氯甲烷	—	0.0006	0.0006	0.0037	0.0044	0	0	0	0	0	0
	51	1,2-二氯乙烷	—	0.0103	0.0079	0.0104	0.0045	0.0124	0.0026	0.0130	0.0070	0.0177	0.0172
	52	1,1,2-三氯乙烷	—	0	0.0001	0.0001	0.0001	0.0002	0.0003	0.0001	0.0002	0.0013	0.0017
	53	四氯乙烯	5.6375	0.0021	0.0026	0.0145	0.0178	0.0045	0.0109	0.0004	0.0010	0	0
	54	氯苯	—	0.0013	0.0026	0.0028	0.0043	0.0024	0.0043	0.0037	0.0061	0.0204	0.0289
	55	1,4-二氯苯	—	0.0033	0.0007	0.0046	0.0038	0.0014	0.0020	0.0026	0.0033	0.0074	0.0064
	56	1,2-二氯苯	—	0.0001	0.0003	0	0	0	0	0	0	0	0
含氧烃	57	甲醛	0.6696	0.1699	0	0.1824	0	0.3757	0	0.1352	0	0	0
	58	乙醇	1.0679	10.3480	4.2372	14.0889	2.5184	24.9566	21.0863	14.4886	2.2954	2.0426	2.3029
	59	乙醛	0.0029	0.7674	0.6719	1.1016	0.9280	6.1044	7.9632	5.5850	4.8455	0.1761	0.1072
	60	丙醛	0.0026	0.0265	0	0.0571	0	0.6125	0.8459	0.2177	0.4432	0	0
	61	丙酮	108.750	0.0901	0	0.1469	0.0276	0.5886	0.8464	0.3757	0.5402	0.0103	0.0029
	62	丁醛	0.0022	0	0	0	0	0.0680	0.1384	0	0	0	0
	63	乙酸乙酯	0.0002	0.1344	0.0918	0.5911	0.4761	1.1040	1.2134	0.3529	0.3062	0.0188	0.0028
	64	甲基异丁酮	0.7589	0	0	0.0008	0.0023	0.0008	0.0023	0.0011	0.0032	0.0076	0.0044
	65	2-己酮	—	0.0045	0.0077	0	0	0.0029	0.0082	0	0	0	0
	66	叔丁基甲醚	282.857	0	0	0	0	0	0	0	0	0.0032	0.0046

续表

分类	序号	物质名称	嗅阈值	卸料口	标准差	破碎口	标准差	湿热处理口	标准差	发酵仓	标准差	下风向 50m	标准差
硫化物	67	硫化氢	0.0018	0.0369	0.0478	0.1299	0.1473	0.8857	0.9717	0.0584	0.0688	0	0
	68	甲硫醇	0.0003	0.0142	0.0182	0.0648	0.0744	0.4097	0.4726	0.0693	0.0701	0	0
	69	甲硫醚	0.0007	0.0026	0.0067	0.0152	0.0287	0.1900	0.1803	0.0329	0.0482	0	0
	70	二硫化碳	0.7125	0.0083	0.0104	0.0224	0.0320	0.3511	0.3904	0.0480	0.0575	0.0216	0.0298
	71	二甲二硫醚	0	0.0599	0.0364	0.1325	0.1626	0.2240	0.1816	0.0949	0.0473	0	0
含氮物质	72	氨	0.0043	0	0	0	0	0.4432	0	0.5925	0.3107	0	0

附表 3.2　北京某餐厨垃圾处理厂（N）的生产单元主要恶臭排放物质及浓度分布

单位：mg/m³

物质种类	序号	物质名称	嗅阈值	卸料口均值	标准差	好氧发酵均值	标准差	发酵三均值	标准差	下风向均值	标准差
烷烃	1	丙烷	2946.4286	0.0324	0.0032	0.0280	0.0396	0.0165	0.0330	0.0121	0.0003
	2	丁烷	3107.1429	0.0668	0.0178	0.1021	0.0334	0.0145	0.0290	0.0138	0.0006
	3	异丁烷	—	0.0888	0.0159	0.0942	0.0878	0.0113	0.0227	0.0165	0.0002
	4	2,3-二甲基丁烷	1.6125	0.0000	0.0000	0.0035	0.0017	0.0027	0.0054	0.0022	0.0002
	5	2,2-二甲基丁烷	—	0.0000	0.0000	0.0000	0.0000	0.0195	0.0390	0.0145	0.0018
	6	戊烷	4.5000	0.0637	0.0027	0.0828	0.0097	0.0409	0.0819	0.0170	0.0006
	7	环戊烷	4.0625	0.0006	0.0008	0.0056	0.0080	0.0007	0.0015	0.0004	0.0001
	8	异戊	4.1786	0.0000	0.0000	0.0000	0.0000	0.0195	0.0390	0.0145	0.0018
	9	2-甲基戊烷	—	0.0033	0.0046	0.0163	0.0192	0.0029	0.0057	0.0021	0.0002
	10	3-甲基戊烷	—	0.0000	0.0000	0.0100	0.0142	0.0000	0.0000	0.0015	0.0001
	11	甲基环戊烷	6.3750	0.0003	0.0004	0.0033	0.0046	0.0000	0.0000	0.0000	0.0000
	12	2-甲基己烷	1.8750	0.0000	0.0000	0.0007	0.0010	0.0000	0.0000	0.0000	0.0000
	13	3-甲基己烷	3.7500	0.0000	0.0000	0.0015	0.0021	0.0000	0.0000	0.0000	0.0000

续表

物质种类	序号	物质名称	嗅阈值	卸料口均值	标准差	好氧发酵均值	标准差	发酵三均值	标准差	下风向均值	标准差
烷烃	14	甲基环己烷	0.6563	0.0000	0.0000	0.0002	0.0003	0.0000	0.0000	0.0000	0.0000
	15	正庚烷	2.9911	0.0095	0.0001	0.0126	0.0011	0.0025	0.0050	0.0017	0.0005
	16	辛烷	8.6518	0.0018	0.0000	0.0039	0.0019	0.0000	0.0000	0.0000	0.0000
	17	壬烷	12.5714	0.0000	0.0000	0.0000	0.0000	0.0000	0.0000	0.0001	0.0001
	18	癸烷	3.9304	0.0109	0.0019	0.0145	0.0062	0.0000	0.0000	0.0017	0.0004
	19	十一烷	6.0589	0.0062	0.0005	0.0125	0.0086	0.0006	0.0011	0.0015	0.0005
	20	十二烷	0.8348	0.0072	0.0002	0.0117	0.0053	0.0026	0.0053	0.0017	0.0000
烯烃	21	丙烯	24.3750	0.0309	0.0027	0.0221	0.0313	0.0128	0.0256	0.0078	0.0008
	22	顺 2-丁烯	0.0000	0.0040	0.0003	0.0120	0.0109	0.0024	0.0047	0.0015	0.0002
	23	反 2-丁烯	0.0000	0.0040	0.0004	0.0136	0.0134	0.0018	0.0036	0.0016	0.0002
	24	1-戊烯	0.3125	0.0173	0.0061	0.0000	0.0000	0.0049	0.0099	0.0019	0.0003
	25	反 2-戊烯	0.0000	0.0000	0.0000	0.0132	0.0187	0.0019	0.0038	0.0014	0.0001
	26	1-己烯	0.5250	0.0070	0.0014	0.0089	0.0013	0.0019	0.0037	0.0006	0.0008
	27	苯乙烯	0.1625	0.0064	0.0091	0.0076	0.0108	0.0000	0.0000	0.0000	0.0000
	28	α-蒎烯	0.0000	0.0303	0.0012	0.0329	0.0012	0.0167	0.0333	0.0049	0.0004
	29	β-蒎烯	0.0000	0.0329	0.0004	0.0185	0.0261	0.0000	0.0000	0.0000	0.0000
	30	柠檬烯	0.2307	0.2968	0.1044	0.3565	0.1324	0.0358	0.0717	0.0221	0.0092
芳香烃	31	苯	9.4018	0.0452	0.0251	0.0301	0.0048	0.0116	0.0232	0.0106	0.0001
	32	甲苯	1.3554	0.0563	0.0052	0.0816	0.0139	0.0199	0.0397	0.0193	0.0003
	33	乙苯	0.1656	0.0581	0.0107	0.0622	0.0025	0.0070	0.0140	0.0104	0.0012
	34	间二甲苯	0.3313	0.0195	0.0049	0.0310	0.0029	0.0052	0.0103	0.0050	0.0004
	35	对二甲苯	0.2745	0.0239	0.0058	0.0279	0.0030	0.0017	0.0035	0.0042	0.0004

续表

物质种类	序号	物质名称	嗅阈值	卸料口均值	标准差	好氧发酵均值	标准差	发酵三均值	标准差	下风向均值	标准差
芳香烃	36	邻二甲苯	1.7982	0.0346	0.0098	0.0398	0.0042	0.0025	0.0051	0.0056	0.0007
	37	异丙苯	0.0450	0.0010	0.0001	0.0012	0.0002	0.0000	0.0000	0.0002	0.0000
	38	1,3,5-三甲苯	0.9107	0.0041	0.0006	0.0054	0.0006	0.0013	0.0026	0.0007	0.0001
	39	1,2,4-三甲苯	0.6429	0.0154	0.0022	0.0203	0.0021	0.0035	0.0071	0.0030	0.0004
	40	1,2,3-三甲苯	—	0.0000	0.0000	0.0000	0.0000	0.0000	0.0000	0.0014	0.0001
	41	间乙基甲苯	0.0964	0.0086	0.0009	0.0105	0.0017	0.0031	0.0062	0.0018	0.0001
	42	对乙基甲苯	0.0445	0.0056	0.0001	0.0076	0.0018	0.0023	0.0045	0.0011	0.0001
	43	邻乙基甲苯	0.3964	0.0000	0.0000	0.0024	0.0033	0.0011	0.0023	0.0009	0.0001
	44	间二乙苯	0.4188	0.0037	0.0001	0.0040	0.0001	0.0000	0.0000	0.0009	0.0000
	45	对二乙苯	0.0023	0.0056	0.0002	0.0073	0.0015	0.0020	0.0040	0.0012	0.0001
	46	萘	—	0.0121	0.0010	0.0167	0.0027	0.0102	0.0204	0.0026	0.0001
卤代烃	47	F12(氯氟甲烷)	—	0.0053	0.0011	0.0053	0.0075	0.0106	0.0212	0.0065	0.0003
	48	氯甲烷	—	0.0035	0.0017	0.0011	0.0015	0.0041	0.0083	0.0043	0.0002
	49	F11(三氯氟甲烷)	—	0.0197	0.0011	0.0200	0.0053	0.0017	0.0034	0.0049	0.0003
	50	二氯甲烷	600.0000	0.0381	0.0073	0.0294	0.0021	0.0114	0.0229	0.0091	0.0001
	51	氯仿	20.0179	1.1634	1.6388	0.1683	0.2356	0.0252	0.0503	0.0020	0.0007
	52	四氯化碳	31.2143	0.4758	0.6717	0.0472	0.0667	0.0086	0.0172	0.0016	0.0002
	53	氯乙烷	—	0.0000	0.0000	0.0233	0.0330	0.0016	0.0032	0.0000	0.0000
	54	1,1-二氯乙烷	—	0.9549	1.3468	0.1103	0.1559	0.0161	0.0322	0.0012	0.0006
	55	1,2-二氯乙烷	—	1.1758	1.5886	0.1905	0.1887	0.0270	0.0539	0.0095	0.0006
	56	1,1,2-三氯乙烷	—	0.0014	0.0007	0.0011	0.0003	0.0002	0.0003	0.0004	0.0001
	57	1,1-二氯乙烯	—	0.0429	0.0607	0.0037	0.0052	0.0000	0.0000	0.0000	0.0000

续表

物质种类	序号	物质名称	嗅阈值	卸料口均值	标准差	好氧发酵均值	标准差	发酵三均值	标准差	下风向均值	标准差
卤代烃	58	四氯乙烯	5.6375	0.0634	0.0011	0.0507	0.0253	0.0000	0.0000	0.0027	0.0006
	59	反-1,2-二氯乙烯	—	0.6238	0.8749	0.0726	0.1026	0.0112	0.0225	0.0011	0.0003
	60	顺-1,2-二氯乙烯	—	0.1130	0.1586	0.0125	0.0177	0.0015	0.0031	0.0001	0.0000
	61	三氯乙烯	22.6339	0.0552	0.0781	0.0056	0.0079	0.0003	0.0005	0.0000	0.0000
	62	氯苯	—	0.0020	0.0005	0.0043	0.0010	0.0005	0.0009	0.0019	0.0003
	63	1,4-二氯苯	—	0.0260	0.0049	0.0371	0.0045	0.0044	0.0087	0.0046	0.0003
含氧烃	64	甲醛	0.6696	0.1308	0.0077	0.1467	0.0250	—	0.0000	0.0000	0.0000
	65	乙醇	1.0679	12.4028	1.3429	12.6238	3.5021	0.6164	1.2328	0.2115	0.1116
	66	乙醛	0.0029	1.8397	0.9126	1.2559	0.8427	0.0000	0.0000	0.0000	0.0000
	67	丙醛	0.0026	0.0526	0.0363	0.0350	0.0338	0.0646	0.1293	0.0000	0.0000
	68	丙酮	108.7500	1.2420	0.3128	0.6991	0.1579	0.0000	0.0000	0.0117	0.0008
	69	丁烯醛	0.0719	8.7149	0.4722	0.4220	5.8710	0.0401	0.0802	0.0000	0.0000
	70	乙酸乙酯	0.0002	0.1586	0.0224	0.2047	0.0231	0.0000	0.0000	0.0096	0.0025
	71	异戊醛	0.0004	0.5419	0.0613	0.4317	0.0000	0.0164	0.0329	0.0000	0.0000
	72	甲基异丁酮	0.7589	0.0000	0.0000	0.0000	0.0000	0.0000	0.0000	0.0017	0.0001
	73	2-己酮	0.1071	0.0294	0.0014	0.0228	0.0030	0.0044	0.0088	0.0015	0.0021
	74	叔丁基甲醚	282.8571	0.0000	0.0000	0.0000	0.0000	0.0158	0.0316	0.0010	0.0014
含硫物质	75	硫化氢	0.0018	0.5216	0.0812	0.0867	0.1225	0.0000	0.0000	0.0089	0.0004
	76	甲硫醇	0.0003	0.0536	0.0034	0.0159	0.0092	0.0000	0.0000	0.0028	0.0005
	77	甲硫醚	0.0007	0.0363	0.0032	0.0321	0.0049	0.0000	0.0000	0.0026	0.0037
	78	二硫化碳	0.7125	0.0129	0.0006	0.0153	0.0044	0.0000	0.0000	0.0032	0.0001
	79	二甲二硫醚	0.0000	0.1553	0.0410	0.1693	0.0270	0.0031	0.0063	0.0186	0.0022
含氮物质	80	氨	0.0043	0.0793	0.0000	0.1505	0.0000	0.0614	0.1227	0.0000	0.0000

附表 3.3　青海某餐厨垃圾处理厂（Q）生产单元主要恶臭物质及浓度分布

单位：mg/m^3

分类	序号	物质名称	嗅阈值	卸料区	一次分拣	破碎区	固液分离	贮存区	烘干区	废气排放
烷烃	1	丙烷	2946.4286	0.0000	0.0000	0.0625	0.0000	0.0000	0.0331	0.0000
	2	丁烷	3107.1429	0.0331	0.0423	0.1079	0.0381	0.0179	0.0555	0.3998
	3	异丁烷	—	0.0272	0.0331	0.0994	0.0362	0.0161	0.0363	0.2084
	4	戊烷	4.5000	0.0572	0.2035	0.0876	0.0000	0.0162	0.1501	0.0000
	5	2-甲基丁烷	—	0.0000	0.0000	0.0000	0.0000	0.0144	0.0000	0.0000
	6	正已烷	5.7589	0.0071	0.0165	0.0000	0.0166	0.0040	0.0111	0.0000
	7	正庚烷	1.7500	0.0064	0.0190	0.0128	0.0185	0.0025	0.0103	2.0960
	8	辛烷	8.6518	0.0000	0.0000	0.0029	0.0084	0.0000	0.0000	0.3612
	9	壬烷	12.5714	0.0000	0.0000	0.0040	0.0000	0.0000	0.0000	0.6092
	10	癸烷	3.9304	0.0028	0.0000	0.0044	0.0038	0.0027	0.0000	0.0000
烯烃	11	丙烯	24.3750	0.0494	0.0722	0.0418	0.0686	0.0083	0.2159	4.2678
	12	反-2-丁烯	—	0.0000	0.0000	0.0000	0.0000	0.0000	0.0000	0.0342
	13	苯乙烯	0.1625	0.0070	0.0184	0.0113	0.0106	0.0094	0.0217	0.6286
	14	α-蒎烯	—	0.0418	0.1166	0.2332	0.1830	0.0673	0.3160	10.5080
	15	β-蒎烯	—	0.0433	0.1203	0.1635	0.1393	0.0618	0.3281	11.3568
	16	柠檬烯	0.2307	0.0819	0.1775	0.7133	0.4294	0.1744	1.6995	63.3788
芳香烃	17	苯	9.4018	0.0058	0.0081	0.0065	0.0093	0.0030	0.0058	0.1000
	18	甲苯	1.3554	0.0143	0.0252	0.0257	0.0258	0.0131	0.0175	0.3572
	19	乙苯	0.1656	0.0090	0.0130	0.0181	0.0133	0.0071	0.0116	0.2854
	20	间二甲苯	0.3313	0.0059	0.0155	0.0123	0.0119	0.0079	0.0118	0.7856
	21	对二甲苯	0.2745	0.0008	0.0000	0.0055	0.0051	0.0011	0.0000	0.7122
	22	邻二甲苯	1.7982	0.0011	0.0000	0.0046	0.0032	0.0001	0.0000	0.1616

续表

分类	序号	物质名称	嗅阈值	卸料区	一次分拣	破碎区	固液分离	贮存区	烘干区	废气排放
芳香烃	23	1,3,5-三甲苯	0.9107	0.0016	0.0037	0.0019	0.0020	0.0016	0.0000	0.0430
	24	1,2,4-三甲苯	0.6429	0.0030	0.0066	0.0041	0.0043	0.0030	0.0073	0.1118
	25	间-乙基甲苯	0.0964	0.0075	0.0158	0.0000	0.0000	0.0062	0.0159	0.0736
	26	对乙基甲苯	0.0445	0.0032	0.0089	0.0042	0.0043	0.0039	0.0000	0.0670
	27	萘	—	0.0152	0.0000	0.0197	0.0208	0.0208	0.0454	0.2784
卤代烃	28	二氯二氟甲烷	—	0.0044	0.0000	0.0023	0.0019	0.0019	0.0000	0.0000
	29	氯甲烷	—	0.0066	0.0061	0.0059	0.0140	0.0030	0.0213	3.9886
	30	二氯甲烷	600	0.0206	0.0218	0.0146	0.0121	0.0101	0.0357	0.0000
	31	四氯化碳	31	0.0253	0.0158	0.0133	0.0124	0.0000	0.0000	0.0000
	32	1,2-二氯乙烷	—	0.0067	0.0116	0.0100	0.0222	0.0052	0.0140	0.0724
	33	1,1,2-三氯乙烷	—	0.0000	0.0000	0.0004	0.0009	0.0000	0.0000	0.0000
	34	氯苯	—	0.0000	0.0000	0.0004	0.0000	0.0000	0.0000	0.0000
	35	1,4-二氯苯	—	0.0044	0.0087	0.0060	0.0055	0.0045	0.0102	0.0748
含氧烃	36	甲醛	0.6696	0.1326	0.1119	0.1785	0.0286	0.0897	0.2146	0.0000
	37	乙醇	1.0679	28.3152	133.5224	114.3591	71.0638	11.9288	101.1746	736.2124
	38	乙醛	0.0029	1.0280	2.2427	7.6962	6.1184	0.3046	10.0077	0.0000
	39	丙醛	0.0026	0.0799	0.1446	0.0755	0.0449	0.0000	0.3483	0.0000
	40	丙酮	108.7500	0.1148	0.4586	0.3936	0.4389	0.1861	0.1398	0.0000
	41	丁醛	0.0022	0.0434	0.5519	0.3733	0.2230	0.0000	1.1283	0.0000
	42	丁烯醛	0.0719	0.0000	0.0886	0.0000	0.0000	0.0000	0.0000	0.0000
	43	乙酸乙酯	0.0002	0.1354	0.6510	0.3092	0.4854	0.0365	0.0000	3.1902
	44	异戊醛	0.0004	0.0000	0.0000	0.0000	0.0000	0.0000	0.9303	0.0000

续表

分类	序号	物质名称	嗅阈值	卸料区	一次分拣	破碎区	固液分离	贮存区	烘干区	废气排放
含氧烃	45	戊醛	0.0016	0.0000	0.0000	0.0000	0.0000	0.0000	0.9880	0.0000
	46	苯甲醛	—	0.0000	0.0000	0.0000	0.0000	0.0000	0.0907	0.0000
	47	对、间苯甲醛	—	0.0000	0.0000	0.0000	0.0000	0.0000	0.6834	0.0000
	48	2,5-二甲基苯甲醛	—	0.0000	0.7274	0.0000	0.0000	0.0000	0.0000	0.0000
含硫化合物	49	硫化氢	0.0018	0.0000	0.1152	0.0662	0.0563	0.0000	0.0000	6.4846
	50	甲硫醇	0.0003	0.0000	0.0896	0.0550	0.0541	0.0000	0.0000	3.2942
	51	甲硫醚	0.0007	0.0237	0.0571	0.0341	0.0492	0.0201	0.0637	1.8108
	52	二硫化碳	0.7125	0.0110	0.0163	0.0091	0.0130	0.0015	0.0291	0.7144
	53	乙硫醚	0.0001	0.0375	0.1108	0.0517	0.0538	0.0482	0.1230	0.6564
	54	二甲二硫醚	0.00002	0.1447	0.2891	0.1684	0.3677	0.1099	0.3867	4.5392

附表 3.4 宁波某餐厨垃圾处理厂（K）生产单元主要恶臭物质及浓度分布

单位：mg/m^3

物种	序号	物质名称	嗅阈值	卸料口	标准差	分选口	标准差	油水分离	标准差	沼气口	标准差	下风向 50m	标准差
烷烃	1	丙烷	2946.42	0.0144	0.005	0.8231	1.048	0.0053	0.006	0.0099	0.010	0.0115	0.005
	2	丁烷	3107.14	0.0258	0.023	1.8453	1.863	0.0392	0.027	0.0402	0.045	0.0122	0.003
	3	异丁烷	0.0000	0.0173	0.013	1.2194	1.531	0.0211	0.013	0.0252	0.028	0.0108	0.002
	4	2,3-二甲基丁烷	1.6125	0.0007	0.001	0.0080	0.007	0.0010	0.001	0.0029	0.006	0.0020	0.002
	5	戊烷	4.5000	0.0170	0.014	1.0250	0.413	0.1235	0.211	0.0284	0.043	0.0145	0.002
	6	环戊烷	4.0625	0.0000	0.0	0.0043	0.005	0.0001	0.0003	0.0008	0.001	0.0005	0.0007
	7	2-甲基戊烷	0.0000	0.0013	0.001	0.0133	0.0088	0.0030	0.0013	0.0028	0.0056	0.0052	0.0024
	8	3-甲基戊烷	0.0000	0.0000	0.0000	0.0030	0.0059	0.0000	0.0000	0.0000	0.0000	0.0020	0.0006
	9	甲基环戊烷	6.3750	0.0000	0.0000	0.0035	0.0028	0.0000	0.0000	0.0003	0.0008	0.0002	0.0003

续表

物种	序号	物质名称	嗅阈值	卸料口	标准差	分选口	标准差	油水分离	标准差	沼气口	标准差	下风向 50m	标准差
烷烃	10	正己烷	5.7589	0.0009	0.0018	0.0610	0.0481	0.0200	0.0231	0.0047	0.0115	0.0057	0.0010
	11	环己烷	1.7500	0.0000	0.0000	0.0007	0.0013	0.0000	0.0000	0.0000	0.0000	0.0003	0.0004
	12	2-甲基己烷	1.8750	0.0000	0.0000	0.0002	0.0004	0.0000	0.0000	0.0000	0.0000	0.0001	0.0001
	13	3-甲基己烷	3.7500	0.0004	0.0008	0.0001	0.0001	0.0003	0.0004	0.0000	0.0000	0.0004	0.0001
	14	正庚烷	2.9911	0.0062	0.0034	0.1707	0.1407	0.0000	0.0000	0.0033	0.0020	0.0023	0.0002
	15	辛烷	8.6518	0.0029	0.0041	0.0176	0.0352	0.0197	0.0238	0.0001	0.0002	0.0000	0.0000
	16	壬烷	12.5714	0.0000	0.0000	0.0287	0.0575	0.0000	0.0000	0.0000	0.0000	0.0000	0.0000
	17	癸烷	3.9304	0.0004	0.0008	0.0076	0.0067	0.0000	0.0000	0.0015	0.0007	0.0025	0.0003
	18	十二烷	0.8348	0.0007	0.0014	0.0000	0.0000	0.0000	0.0000	0.0000	0.0000	0.0022	0.0003
烯烃	19	丙烯	24.3750	0.0076	0.0030	0.0382	0.0564	0.0391	0.0204	0.0181	0.0150	0.0074	0.0021
	20	1-丁烯	0.9000	0.0000	0.0000	0.0561	0.1122	0.0000	0.0000	0.0000	0.0000	0.0000	0.0000
	21	2-甲基-1,3-丁二烯	0.1457	0.0007	0.0015	0.0000	0.0000	0.0000	0.0000	0.0000	0.0000	0.0033	0.0008
	22	顺-2-丁烯	0.0000	0.0013	0.0005	0.0503	0.0460	0.0003	0.0007	0.0008	0.0007	0.0009	0.0003
	23	反-2-丁烯	0.0000	0.0004	0.0004	0.0570	0.0515	0.0003	0.0006	0.0004	0.0005	0.0009	0.0004
	24	反-2-戊烯	0.0000	0.0000	0.0000	0.0000	0.0000	0.0000	0.0000	0.0004	0.0007	0.0007	0.0009
	25	1-己烯	0.5250	0.0009	0.0018	0.0054	0.0080	0.0000	0.0000	0.0019	0.0037	0.0000	0.0000
	26	苯乙烯	0.1625	0.0024	0.0031	0.0042	0.0052	0.0026	0.0030	0.0018	0.0025	0.0037	0.0013
	27	α-蒎烯	0.0000	0.0100	0.0010	0.2140	0.1585	0.0682	0.0380	0.0116	0.0054	0.0049	0.0002
	28	β-蒎烯	0.0000	0.0000	0.0000	0.2308	0.1739	0.0849	0.0748	0.0000	0.0000	0.0000	0.0000
	29	柠檬烯	0.2307	0.0702	0.0366	1.0904	0.5853	1.0672	0.4575	0.0732	0.0556	0.0194	0.0011
芳香烃	30	苯	9.4018	0.0064	0.0006	0.0138	0.0048	0.0095	0.0010	0.0069	0.0025	0.0083	0.0014
	31	甲苯	1.3554	0.0168	0.0018	0.2582	0.2664	0.0464	0.0214	0.0437	0.0470	0.0195	0.0043

续表

物种	序号	物质名称	嗅阈值	卸料口	标准差	分选口	标准差	油水分离	标准差	沼气口	标准差	下风向 50m	标准差
芳香烃	32	乙苯	0.1656	0.0053	0.0011	0.0114	0.0049	0.0160	0.0061	0.0054	0.0017	0.0066	0.0001
	33	间二甲苯	0.3313	0.0031	0.0011	0.0099	0.0054	0.0100	0.0037	0.0031	0.0013	0.0030	0.0001
	34	对二甲苯	0.2745	0.0014	0.0011	0.0059	0.0062	0.0076	0.0030	0.0007	0.0011	0.0022	0.0001
	35	邻二甲苯	1.7982	0.0011	0.0005	0.0025	0.0021	0.0047	0.0018	0.0010	0.0009	0.0027	0.0003
	36	1,3,5-三甲苯	0.9107	0.0006	0.0000	0.0014	0.0002	0.0012	0.0004	0.0007	0.0003	0.0006	0.0001
	37	1,2,4-三甲苯	0.6429	0.0015	0.0001	0.0031	0.0003	0.0023	0.0007	0.0016	0.0006	0.0018	0.0006
	38	1,2,3-三甲苯		0.0004	0.0009	0.0000	0.0000	0.0000	0.0000	0.0009	0.0009	0.0011	0.0001
	39	间乙基甲苯	0.0964	0.0016	0.0001	0.0042	0.0009	0.0030	0.0009	0.0018	0.0009	0.0014	0.0003
	40	对乙基甲苯	0.0445	0.0012	0.0000	0.0032	0.0008	0.0021	0.0007	0.0015	0.0006	0.0009	0.0002
	41	邻乙基甲苯	0.3964	0.0011	0.0000	0.0011	0.0013	0.0011	0.0009	0.0003	0.0005	0.0007	0.0001
	42	对二乙苯	0.0023	0.0011	0.0012	0.0000	0.0000	0.0000	0.0000	0.0010	0.0011	0.0006	0.0008
	43	萘		0.0041	0.0028	0.0070	0.0090	0.0000	0.0000	0.0038	0.0047	0.0025	0.0003
卤代烃	44	F12(氯氟甲烷)		0.0053	0.0004	0.0022	0.0015	0.0041	0.0012	0.0040	0.0020	0.0064	0.0000
	45	氯甲烷		0.0039	0.0010	0.0111	0.0077	0.0041	0.0003	0.0035	0.0012	0.0042	0.0005
	46	F11(三氯氟甲烷)		0.0002	0.0004	0.0036	0.0068	0.0000	0.0000	0.0005	0.0007	0.0017	0.0005
	47	二氯甲烷	600.0000	0.0077	0.0031	0.0091	0.0038	0.0035	0.0006	0.0109	0.0063	0.0136	0.0024
	48	氯仿	20.0179	0.0003	0.0003	0.0172	0.0179	0.0048	0.0034	0.0007	0.0010	0.0019	0.0004
	49	四氯化碳	31.2143	0.0002	0.0003	0.0000	0.0000	0.0002	0.0001	0.0005	0.0006	0.0014	0.0002
	50	1,2-二氯乙烷		0.0082	0.0011	0.0130	0.0052	0.0156	0.0060	0.0088	0.0039	0.0077	0.0005
	51	1,1,2-三氯乙烷		0.0002	0.0003	0.0002	0.0004	0.0002	0.0002	0.0007	0.0010	0.0006	0.0005
	52	1,2-二氯丙烷		0.0000	0.0000	0.0000	0.0000	0.0000	0.0000	0.0011	0.0031	0.0000	0.0000
	53	三氯乙烯	22.6339	0.0000	0.0000	0.0000	0.0000	0.0000	0.0000	0.0000	0.0000	0.0002	0.0002

续表

物种	序号	物质名称	嗅阈值	卸料口	标准差	分选口	标准差	油水分离	标准差	沼气口	标准差	下风向 50m	标准差
卤代烃	54	氯苯		0.0005	0.0006	0.0025	0.0037	0.0014	0.0012	0.0005	0.0010	0.0010	0.0002
	55	1,4-二氯苯		0.0028	0.0006	0.0049	0.0059	0.0006	0.0007	0.0033	0.0020	0.0037	0.0004
含氧烃	56	甲醛	0.6696	0.2830	0.0000	0.3565	0.0000	0.2811	0.0000	0.3560	0.0000	0.0000	0.0000
	57	乙醇	1.0679	7.6363	2.3840	14.5936	6.2010	15.2533	5.4458	4.1679	2.3426	2.5862	0.6554
	58	乙醛	0.0029	0.2632	0.3131	2.2978	1.3891	1.6817	2.4309	0.0964	0.2100	0.0503	0.0096
	59	异丙醇	69.6429	0.0000	0.0000	0.0000	0.0000	0.0000	0.0000	0.0000	0.0000	0.0022	0.0031
	60	丙醛	0.0026	0.0000	0.0000	0.0000	0.0000	0.0946	0.1544	0.0000	0.0000	0.0000	0.0000
	61	丙酮	108.7500	0.1482	0.0006	0.2164	0.0239	0.0690	0.0173	0.2810	0.0688	0.0062	0.0021
	62	丁醛	0.0022	0.9249	0.0000	0.0000	0.0000	0.0000	0.0000	0.0000	0.0000	0.0000	0.0000
	63	丁烯醛	0.0719	0.0000	0.0000	0.0000	0.0000	0.0000	0.0000	0.3012	0.0000	0.0000	0.0000
	64	乙酸乙酯	0.0002	0.0832	0.0590	1.7417	1.1960	0.7299	0.1987	0.0211	0.0123	0.0146	0.0010
	65	甲基异丁酮	0.7589	0.0009	0.0018	0.0016	0.0031	0.0000	0.0000	0.0068	0.0066	0.0010	0.0014
	66	2-己酮		0.0000	0.0000	0.0000	0.0000	0.0000	0.0000	0.0048	0.0068	0.0000	0.0000
	67	叔丁基甲醚	282.8571	0.0000	0.0000	0.0000	0.0000	0.0027	0.0021	0.0000	0.0000	0.0000	0.0000
硫化物	68	硫化氢	0.0018	0.0133	0.0156	1.3847	1.8371	0.0805	0.0962	0.3774	0.6602	0.0038	0.0053
	69	甲硫醇	0.0003	0.0077	0.0073	0.6560	0.2879	0.0616	0.0442	0.0131	0.0165	0.0000	0.0000
	70	甲硫醚	0.0007	0.0000	0.0000	0.1564	0.0948	0.0170	0.0201	0.0072	0.0096	0.0000	0.0000
	71	二硫化碳	0.7125	0.0012	0.0017	0.1207	0.0942	0.0088	0.0044	0.0079	0.0066	0.0030	0.0005
	72	二甲二硫醚	0.0000	0.0294	0.0039	0.8247	1.0498	0.0651	0.0232	0.0491	0.0387	0.0146	0.0000

参 考 文 献

[1] 于晖．餐厨废弃物饲喂畜禽对人体健康的危害 [J]. 粮食与饲料工业，2006 (10)：40-46.

[2] 张晴，胡建坤，李俊．我国餐厨废弃物用作动物饲料现状及其对策分析 [J]. 粮食与饲料工业，2010 (1)：49-52.

[3] 邢汝明，吴文伟，王建民，等．北京市餐厨垃圾管理对策探讨 [J]. 环境卫生工程，2006，14 (6)：58-62.

[4] 杨国栋，蒋建国，谢瑞强，等．餐厨垃圾处理技术与管理对策——以深圳市宝安区为例 [J]. 环境卫生工程，2008，16 (6)：4-6.

[5] 张晴，刘李峰，李俊，等．我国城市餐厨废弃物现状调查与分析 [J]. 中国资源综合利用，2011，29 (10)：40-43.

[6] 王星，王德汉，张玉帅，等．国内外餐厨垃圾的生物处理及资源化技术进展 [J]. 环境卫生工程，2005 (02)：25-29.

[7] 宋剑飞，李灵周，朱洁．西宁、宁波、苏州餐厨垃圾管理及处置模式对比分析与经验借鉴 [J]. 北方环境，2012，24 (05)：93-97.

[8] 黄丽丽，张妍，商细彬，等．餐厨垃圾两相厌氧发酵工艺恶臭排放特征 [J]. 安全与环境学报，2016，16 (03)：252-256.

[9] LU Zhiqiang，ZHANG Tao，WANG Yuangang，et al. Analysis on odor pollutants from kitchen garbage [J]. Urban Environment & Urban Ecology，2014，27 (2)：36-39.

[10] WANG Pan，HUANG Yanbing，YUAN Chuansheng，et al. Study on characterization of odors from successful food waste treatment plant [J]. Chinese Journal of Environmental Engineering，2014，8 (2)：624-630.

[11] V. Orzi，E. Cadena，G. D'Imporzano，et al. Potential odour emission measurement in organic fraction of municipal solid waste during anaerobic digestion：Relationship with process and biological stability parameters [J]. Bioresource Technology，2010，101 (19)：7330-7337.

第4章 污泥处理设施的恶臭污染特征

4.1 概述

随着我国经济和城市化进程的快速发展，城市污水产生量逐年增加，同时环境保护的要求不断提高，污水处理率也逐年上升。据住房和城乡建设部统计，截至2016年年底，全国设市城市、县累计建成污水处理厂3552座，污水处理能力约$1.79\times10^8 m^3/d$。

城市污泥是污水处理过程中的副产物，城市污水处理量增加的必然结果是污泥产量的增加。污水处理过程中污泥的产量取决于原污水的水量、水质、处理工艺及去除率，二级城市污水处理厂每处理万吨污水约产生含水率为80%的污泥10t。以此数据估算，目前我国污泥产量已达到$18\times10^4 t/d$，年产干污泥约$1300\times10^4 t$。随着污水处理量的增加和深度处理技术的发展，我国城市污泥产量以每年约20%的速度递增。

我国的绝大部分污水处理厂不能对含水率为80%的污泥做进一步稳定化、减量化和无害化处理。随着污水厂的长期运行，每日产生的大量污泥所带来的环境问题也越来越突出，为污泥寻找出路已经成为制约污水处理行业健康发展的瓶颈。

4.1.1 污泥处理技术的发展现状

常用的污泥处理方法主要包括填埋、干化焚烧和堆肥等，不同处理方式的优缺点比较见表4.1。

表4.1 污泥处理处置方法优缺点对比

处置方法	优点	缺点
填埋	(1)操作简便； (2)传统填埋处理费用低	(1)占地面积大； (2)对垃圾填埋场破坏严重； (3)造成土地、地表水、地下水及大气的污染； (4)现代填埋技术要求高、费用昂贵
干化	(1)杀灭病原微生物； (2)无害化、减量化显著	(1)投资成本及运行费用高； (2)尾气易产生二次污染； (3)干化污泥需进一步处理

续表

处置方法	优点	缺点
堆肥	(1)物质再循环利用； (2)成本相对较低	(1)重金属污染； (2)病原体、寄生虫影响环境和公共卫生； (3)污染周围环境和地下水

尽管填埋和焚烧是当前污泥处理的重要方法，但随着人们对填埋和焚烧处置方式弊端的深入了解，这两种方式在多数国家污泥处理中的应用比例持续下降。

我国城市污水处理厂通常采用的污泥预处理工艺为浓缩（+消化）+脱水，经机械脱水后，污泥含水率通常在70%～80%之间。当与城市生活垃圾混合填埋时，首要问题是会占用相当大比例的填埋场库容，占用一定比例的社会成本，从而大大缩短现有生活垃圾填埋场的使用寿命。

其次，将脱水污泥与城市生活垃圾混合填埋给填埋场带来一系列的运行困难，如压实机难以进行压实，严重的甚至使压实机陷入垃圾中完全不能工作。特别在雨季，接收脱水污泥的填埋场常处于瘫痪状态。因此，目前国内已有很多垃圾填埋场拒绝污泥处置。此外，当脱水污泥与城市生活垃圾混合填埋时，很容易滋生环境问题，主要表现为：氮、磷等营养元素对地下水体和地表水体的污染；污泥中含有的大量有机质导致蚊蝇滋生，臭气熏天；污泥的高含水率和有机质降解所产生的渗滤液，大幅增加渗滤液处理投资和运行费用；污泥中含有的大量微生物，使沼气产生速率加快，增加气体收集难度，导致大量温室气体逃逸扩散；将污泥从污水处理厂运输至生活垃圾卫生填埋场，带来城市街道和沿途环境污染风险。

4.1.2 污泥处理中恶臭污染的技术挑战

作为重要的环境公害之一，恶臭污染一直是困扰污泥处理厂运行的巨大难题。污泥处理过程中会产生硫化氢、氨气、甲硫醇、甲硫醚等多种恶臭气体，而这些恶臭气体一般会对周边数百米内的空气产生污染。由于受到天气、风向等因素的影响，恶臭气体的污染范围可能扩大，严重时可能对周围数千米范围内的环境和居民带来影响。世界各地污泥处理厂的运行结果表明，大量已运行的污泥处理设施因排放的恶臭气体污染环境，带来大量投诉而不得不进行改造或重建，甚至很多污泥处理厂因恶臭污染问题不能妥善解决而被迫关闭。

例如，美国马里兰州的一家污泥堆肥厂采用负压抽风供氧工艺，并建有小型的生物滤池除臭设施，采用腐熟堆肥作填料，但因其不能有效解决恶臭污染问题而带来大量投诉。之后，该厂将生物滤池规模扩大1倍，但仍未能根本解决恶臭污染问题。

我国第一家以BOT模式建立运行的污泥处理厂采用污泥制作建材，日处理脱水污泥600t。但自2003年投产以来，长期排放恶臭气体，对周围3km范围内的空气产生污染，截至2007年关于该厂恶臭污染的投诉已近200宗，主要是来自附近居民的投诉。2009年，当地政府关闭了该污水处理厂。

可见，臭气污染是决定污泥处理厂能否正常运行的关键因素之一，研究污泥处理过程中恶臭气体的产生与释放特征，对完善污泥处理工艺，提出控制措施及落实防护距离有重要意义。

4.2 污泥处理设施恶臭气体的产生与释放

污泥处理过程中的恶臭污染来源于恶臭气体的释放和迁移扩散，因此科学认识恶臭气体的产生、释放和扩散规律，对于改进污泥处理工艺、防止恶臭污染有重要意义。

4.2.1 污泥处理设施的恶臭物质及浓度

城市污泥产生于污水处理过程，由于污泥中含有多种生物易降解物质，且污泥中有丰富的微生物种群，在污泥处理处置的各个环节都会发生生物降解反应，产生多种臭味气体。污泥浓缩池、消化池、脱水车间、污泥运输设备、污泥后续处理车间等均是引起恶臭污染的重要场所。对于污泥堆肥处理工艺，污泥储存车间、混料车间、中间输送环节、发酵车间等也是容易发生恶臭污染的区域。污泥堆肥处理过程中，产生恶臭气体最多的环节是发酵过程，尤其是采用翻抛供氧的发酵系统，翻抛时会散发大量高浓度恶臭气体。污泥干化过程中，由于外源热的作用，污泥本身中含有的一些恶臭物质会大量散发，同时，污泥中各种成分在较高温度下会发生变化，产生新的恶臭物质。

污泥中有机质的生物降解过程常伴随着多种恶臭物质的产生，特别在厌氧条件下，容易产生 H_2S、挥发性有机酸、硫醇、二甲基硫化物等还原性物质，这些物质嗅阈值较低，恶臭贡献值大。有学者认为，保持堆肥过程的完全好氧状态，能够有效避免恶臭气体的产生，但实际监测数据表明，即使在完全好氧的堆肥过程中仍然会产生大量小分子挥发性物质和有刺激性气味的中间产物，如 NH_3、乙酸、丙酮酸、柠檬酸等，但通常好氧过程所产生的挥发性气态物质比厌氧过程的代谢产物其气味更易于被人接受。有研究发现污泥堆肥过程中产生的主要恶臭污染物有脂肪酸、胺、芳香化合物、无机硫、有机硫、萜烯等。

通常，污泥处理过程中产生的常见恶臭物质主要包括以下几类。

(1) 脂肪酸 (fatty acids)

脂肪酸是长链一元羧酸，广泛存在于脂肪、油类、蜡等物质中。长链脂肪酸可水解为低分子量的挥发性酸，如乙酸、丙酸、丁酸等，进一步释放其他恶臭物质。

(2) 胺类 (amines)

胺类物质是氨的烷基衍生物，产生于蛋白质、氨基酸的厌氧降解过程。众多工业废物中发现有胺类的存在，特别是渔业和甜菜制糖工业中。甲胺、乙胺、二甲胺、三乙胺、尸胺和腐胺是常见的几种有臭味的胺类化合物，均易产生于物质的腐烂过程中。

(3) 芳香化合物 (aromatics)

芳香化合物是基于苯环的有机化合物，芳香化合物是许多植物散发出气味的重要原因。污泥堆肥过程中木质素的好氧降解过程会产生芳香化合物，蛋白质厌氧降解过程中会产生吲哚和甲基吲哚等由苯环和氮组成的五元杂环化合物，吲哚和甲基吲哚均具有难闻的气味。

（4）无机硫化物（inorganic sulfide）

无机硫化物主要是指硫化氢（H_2S），硫化氢是在污水和污泥处理过程中最常见的一种恶臭气体。硫化氢具有特殊的臭鸡蛋气味，检出限极低，在浓度为二十亿分之一即可检出。在污泥堆肥过程中如果有厌氧区域或大块的曝气不充分的区域存在，就会产生硫化氢气体。

（5）有机硫化物（organic sulfides）

硫醇是巯基（—SH）与脂肪烃基相连的有机化合物，具有特殊的难闻气味，硫醇类化合物的分子量越小，臭味越浓。硫醇浓度为三十亿分之一（体积比）时，人即可闻出其臭味。导致臭鼬臭和石油恶臭的根源主要是因为丁硫醇（$C_4H_{10}S$）的存在，烷基硫（alkyl sulfides）是醚类化合物的O被S取代而形成的化合物，结构简式为R—S—R，烷基硫存在于洋葱和蒜等植物中，是这类植物发出特殊臭味的主要原因，二甲基硫（C_2H_6S）的浓度为十亿分之一（体积比）时人的嗅觉即可感知。

含硫的氨基酸类物质无论是在厌氧条件下还是在好氧条件下降解，都会产生硫醇类物质，但在厌氧条件下产生的物质种类和浓度比好氧条件下更多。在好氧堆肥条件下，即使堆体中存在局部厌氧状态，硫醇也可被氧化为二甲基硫醚（dimethyl sulfide）及二甲基二硫醚（dimethyl disulfide），使其在堆肥过程中处于不断产生又不断降解的动态过程。

（6）萜烯（terpenes）

通式一般为$(C_5H_8)_n$，是具有一个或多个环的环烷烃的变异化合物，普遍存在于大自然中。萜烯一般具有香气，是引起植物芳香味的主要物质，几个世纪以来人们一直在植物中提取萜烯生产香水。

（7）氨气（ammonia）

蛋白质在好氧或厌氧降解过程中均会产生氨气，任何C/N值较低的物料在堆肥过程中均会释放出过剩的氨气。生活污泥、渔业废料、粪便和杂草等均为蛋白质含量较高的物料。污泥堆肥过程所产生的废气中氨含量甚至高达1000×10^{-6}。氨气的嗅阈值相对较高，人对氨气的耐受浓度也相应比较高。

（8）其他恶臭气体

污泥堆肥过程中产生的具有恶臭气味的有机化合物种类很多，成分非常复杂，乙醛、醇类、酮类、烯烃类、酯类、丙烯酸盐、丁酸盐等多种具有气味的物质也会存在于堆肥的物料中或者在堆肥过程中产生。

污泥处理过程中恶臭物质的沸点和嗅阈值影响人对恶臭物质的反映情况，沸点越低，恶臭物质越容易挥发进入空气，在恶臭物质种类一定时，空气中恶臭物质浓度越高、嗅阈值越低则人对相应恶臭污染的反应也越大。污泥好氧堆肥过程的温度一般在30～70℃之间，最高温度可达60～80℃。在该温度范围内，气态恶臭物质可能含有NH_3、H_2S、CS_2、甲胺、二甲胺、三甲胺、甲硫醇、甲硫醚、乙硫醇、丙硫醇和丙烯硫醇（沸点＜80℃）。粪臭素、甲硫醇、乙硫醇、二甲二硫和丁硫醇的嗅阈值小于或等

于 10^{-4} mg/m^3，这些物质在浓度极低时也能被人察觉。我国在《工作场所有害因素职业接触限值》(GBZ 2.1—2019) 中有新的要求，可查阅相关标准。

4.2.2 污泥处理设施恶臭物质释放特征

污泥处理的各个阶段，包括污泥脱水、污泥运输、污泥处置过程中均会产生恶臭污染。国内已有对污水处理厂污泥脱水机房恶臭物质释放浓度的相关研究报道，但针对污泥堆肥处理设施的恶臭物质释放仍停留在不同区域浓度测定的水平，针对恶臭物质的释放和扩散特征少有研究。国外对污泥处理设施恶臭物质释放的相关研究主要集中在污泥脱水机房和堆肥处理工程。

从图 4.1 中可看出，污泥堆肥等处理过程中，即使提供了良好的充氧条件，颗粒内部也仍存在部分厌氧状态。O_2 传质是好氧发酵动力学的控制步骤，当 O_2 进入污泥内部使其进行好氧降解时，主要气态产物为 CO_2。而当污泥降解处于厌氧状态时，厌氧反应将产生大量恶臭物质。好氧过程产生的恶臭物质主要包括 NH_3，厌氧过程产生的恶臭物质则包括 NH_3、H_2S 及多种挥发性有机化合物（VOCs）等（图 4.2）。

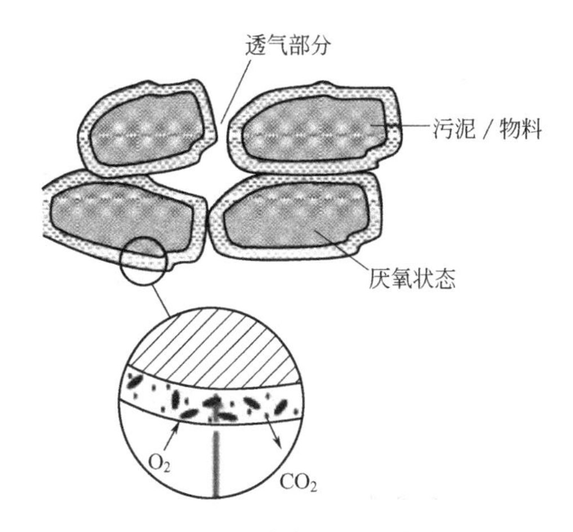

图 4.1 污泥产生恶臭物质的反应动力学示意

恶臭物质是指由挥发性无机物（VICs）和挥发性有机化合物（VOCs）组成的、刺激嗅觉器官而引起不愉快感觉的气味物质。

污泥堆肥过程中产生的 VICs 主要是 NH_3 和 H_2S。NH_3 主要来自好氧发酵过程中含氮有机物（如蛋白质、氨基酸等）的降解，而 H_2S 则是氧气供应不足时，厌氧细菌对有机物分解不彻底的产物。

在好氧发酵中 NH_3 主要由以下两个过程产生。

① 含氮有机物的氧化过程：

$$C_sH_tN_uO_v \cdot aH_2O + O_2 \longrightarrow C_wH_vN_gO_z \cdot cH_2O + H_2O + CO_2 + NH_3 + 能量 \tag{4.1}$$

② 细胞物质的氧化过程：

$$C_5H_7NO_3 + 5O_2 \longrightarrow 5CO_2 + 2H_2O + NH_3 + 能量 \tag{4.2}$$

H_2S 主要由以下两种条件产生。

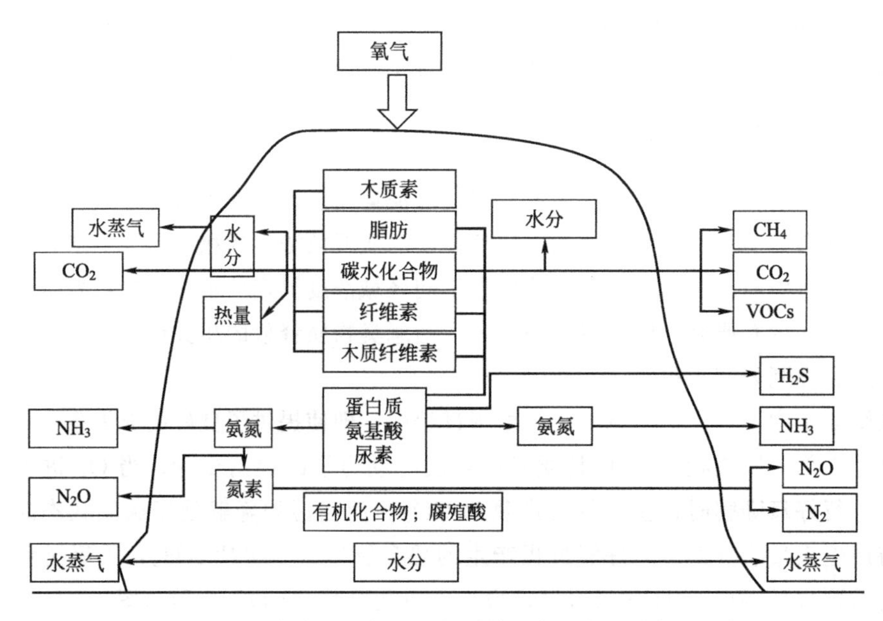

图 4.2 污泥好氧及厌氧过程物质转化与恶臭物质产生示意

① 厌氧条件下，SO_4^{2-} 在脱硫细菌作用下转化为 H_2S：

$$SO_4^{2-}+\text{有机质}\xrightarrow{\text{厌氧菌}}S^{2-}+H_2O+CO_2 \tag{4.3}$$

$$S^{2-}+2H^{+}\longrightarrow H_2S \tag{4.4}$$

② 含硫氨基酸的分解：

$$\underset{\text{(半胱氨酸)}}{SHCH_2CH_2NH_2COOH}+H_2O\longrightarrow \underset{\text{(丙酮酸)}}{CH_3COCOOH}+NH_3+H_2S \tag{4.5}$$

恶臭物质还包括一部分挥发性有机化合物，如含氮有机物、含硫有机物、挥发性脂肪酸及部分烃类化合物和醛类物质。氮化物中的胺类是由氨基酸脱羧而致，硫化物来自于含硫氨基酸的厌氧降解，而挥发性脂肪酸及小部分烃类化合物和醛类是由于好氧发酵高温期生化反应较剧烈，堆体内局部厌氧，有机物降解不完全所致。

4.2.3 污泥堆肥过程中恶臭气体产生的影响因素

污泥堆肥过程的实质是微生物降解污泥中有机质的过程，不同的堆肥底物及物料组成、不同的堆肥工艺、同一种堆肥工艺的不同控制方式，均可能导致恶臭气体释放种类及浓度的较大差异。

(1) C/N 值对恶臭气体产生的影响

污泥堆肥过程中物料组成成分是新物质产生种类的决定性因素，已有关于物料组成对污泥堆肥过程中恶臭物质的影响研究主要集中在 C/N 值对 NH_3 产生的影响。C/N 值是污泥堆肥过程中与微生物活性密切相关的重要参数之一，同时也是影响堆肥过程中 NH_3 产生的关键因素。C/N 值过高，大多数微生物供氮不足，生长受到限制，有机物降解缓慢；C/N 值过低，使污泥中的氮以 NH_3 的形式挥发，从而散发出恶臭气体。有学者认为这是污泥堆肥中后期产生恶臭物质的主要原因，同时过量的氨还会抑制有机物的分解。城市污泥的C/N值通常在（6∶1）～（16∶1）之间，属低C/N值基质，可通过加入秸秆、锯末、花生壳等高碳物质做调理剂将最初的C/N值调节至合适范围（25～35为宜），能够减少氨的释放，提高氮在堆肥产物中的存留。

（2）pH值对恶臭气体产生的影响

pH值是影响恶臭气体产生的重要因素。污泥堆肥过程中，蛋白质、氨基酸会因微生物的活动而发生脱羧作用和脱氨作用，这是堆肥过程中恶臭气体产生的主要原因之一。脱羧作用在pH值为4～5的条件下发生，导致胺及含硫化合物的产生；在高pH值条件下，氨基酸脱氨生成NH_3和挥发性脂肪酸（VFAs）。H_2S溶于水呈酸性，pH值越高溶解越多，释放越少；NH_3溶于水呈碱性，pH值越低溶解越多，释放越少。

已有研究表明，污泥的堆肥过程中，NH_3的产生与pH值有密切的关系，只有在$pH>7.0$时才有NH_3产生；当$pH<7.0$时几乎没有NH_3产生，这是由于在酸性环境下氨气转变成铵盐，以NH_4^+形态存在。有研究者发现在生活垃圾堆肥高温期物料pH值迅速上升，同时NH_3的释放量也迅速增加。采用不同底物进行的大量堆肥实验研究表明，过程中NH_3的释放主要集中在pH值上升的堆肥阶段，当pH值下降并趋于稳定时NH_3的释放量也逐渐减小。

（3）鼓风量对恶臭气体产生的影响

鼓风对污泥好氧发酵过程中恶臭气体产生有重要影响，不充足的O_2供给可以导致厌氧菌种群的繁殖并且产生挥发性有机酸和其他恶臭气体。目前关于鼓风量和鼓风方式对堆肥过程中恶臭气体影响的相关报道仍然较少，氧气供应水平对恶臭物质产生的影响尚不明确。有研究表明鼓风对控制堆肥过程中H_2S和CH_3SH的产生具有重要意义，采用较大的鼓风量［0.50L/(min·kgVS)或0.75L/(min·kgVS)］可显著减少堆肥过程中恶臭气体的释放，而较低的鼓风量不足以控制恶臭气体的产生。堆肥过程中挥发性有机酸（VOAs）的产生与O_2的供给有明显关系，O_2对VOAs的影响是通过影响微生物种群的类型实现的。当堆肥开始后，微生物活动消耗原有氧气，厌氧环境开始出现，于是VOAs开始产生，导致pH值下降为4.9，恶臭气体开始产生。

不同的堆肥工艺O_2供应方式不同，常见的有正压鼓风、负压抽风、翻抛供氧等，正压鼓风或负压抽风又可分为连续式和间歇式，不同的供氧方式，或采用的控制参数不同对恶臭物质的产生也有一定影响。有研究者建议堆肥中期宜采用正压鼓风，后期采用负压抽风，该操作有利于恶臭气体的排除。美国环保署（EPA）则建议，在污泥堆肥中不论采用何种通风方式，通风量以$0.3m^3/(min·t$干污泥）为宜，但同时有美国其他研究人员发现，这一风量不足以使堆体初期温度升高，不能起到干燥作用，因此建议风量应增加到$1.8m^3/(min·t$干污泥）。

4.3 典型污泥处置设施恶臭气体产生与排放特征

针对城镇污水处理厂污泥脱水预处理、好氧堆肥和热干化等处理处置过程中的恶臭问题，分析了不同处理处置过程中恶臭气体的产生机理和影响因素。选择的典型污泥处理处置设施包括：2 座污泥脱水设施（南北方各 1 座）；3 座污泥堆肥设施（南方，北方和中原地区各 1 座）；1 座污泥干化设施（西南某污水处理厂污泥干化设施）。

4.3.1 污泥脱水设施恶臭气体的产生与排放特征

选择北方某污水处理厂 Q 开展恶臭调研，其处理工艺由最初的射流曝气改为鼓风曝气，污水处理能力为 $4\times10^4 m^3/d$，每天产生 21t 含水率为 80%的湿污泥。

所选西南地区某污水处理厂 T 至今已运行 14 年，于 2005 年底实现二级处理系统通水调试运行，采用除磷脱氮二级生物处理工艺，出水水质达到国家一级排放标准。

针对上述典型污泥脱水设施的调查表明，污泥脱水车间（见图 4.3）中恶臭物质种类繁多，表 4.2 中为通过 GC-MS 测定的恶臭物质种类和浓度。其中，阈稀释倍数大于 1 的恶臭物质共有 9 种，分别为乙醛、硫化氢、柠檬烯、甲硫醚、甲硫醇、对乙基甲苯、苯乙烯、β-蒎烯和对二甲苯。

图 4.3　污泥脱水车间照片

表 4.2　典型污泥脱水车间恶臭物质种类与阈稀释倍数

物质名称	嗅阈值/(mg/m³)	浓度/(mg/m³)	阈稀释倍数
乙醛	0.0015	0.6071	404.72
硫化氢	0.0004	0.1030	251.16
柠檬烯	0.0380	0.2548	6.71
甲硫醚	0.0030	0.0082	2.73
甲硫醇	0.0021	0.0043	2.05
对乙基甲苯	0.0083	0.0146	1.76
苯乙烯	0.035	0.0599	1.71
β-蒎烯	0.0330	0.0527	1.60
对二甲苯	0.058	0.0688	1.19
α-蒎烯	0.0180	0.0080	0.45
二硫化碳	0.2100	0.0076	0.04
丙烯	13.0000	0.0079	0.00

续表

物质名称	嗅阈值/(mg/m³)	浓度/(mg/m³)	阈稀释倍数
二氯二氟甲烷		0.0018	
氯甲烷		0.0038	
乙醇	0.52	0.0855	0.16
三氯氟甲烷		0.0018	
2-丙烯醛	0.0036	ND	
丙酮	42	0.0477	0.00
1,1,2-三氯-1,2,2-三氟乙烷		0.0005	
二氯甲烷	160	0.0166	0.00
正己烷	1.5	0.0087	0.01
乙酸乙酯	0.87	0.0130	0.01
氯仿	3.8	0.0012	0.00
1,2-二氯乙烷		0.0042	
苯	2.7	0.0035	0.00
四氯化碳	4.6	0.0009	0.00
环己烷	2.5	0.0033	0.00
正庚烷	0.67	0.0147	0.02
甲苯	0.33	0.5193	1.57
四氯乙烯	0.77	0.0089	0.01
氯苯	0.68	0.0131	0.02
乙苯	0.17	0.0699	0.41
间二甲苯	0.041	0.1548	3.77
邻二甲苯	0.38	0.0755	0.20
1,1,2,2-四氯乙烷	7.3	0.0033	0.00
1,3,5-三甲苯	0.17	0.0158	0.09
1,2,4-三甲苯	0.12	0.0503	0.42
苄基氯	0.041	0.0102	0.25
萘	0.038	0.0042	0.11
丙烷	1500	0.0080	0.00
异丁烷		0.0013	
丁烷	1200	0.0049	0.00
2-甲基丁烷	20	0.0067	0.00
戊烷	1.4	0.0052	0.00
2-甲基-1,3-丁二烯		0.0160	
2,3-二甲基丁烷	0.42	0.0019	0.00
2-甲基戊烷		0.0021	
辛烷	1.7	0.0010	0.00
壬烷	2.2	0.0037	0.00

续表

物质名称	嗅阈值/(mg/m³)	浓度/(mg/m³)	阈稀释倍数
丙苯		0.0024	
间乙基甲苯	0.018	0.0144	0.80
邻乙基甲苯	0.074	0.0040	0.05
癸烷	0.62	0.0638	0.10
1,2,3-三甲苯		0.0080	
对二乙苯		0.0207	
十一烷	0.87	0.0176	0.02

注：ND表示未检出。

典型污泥脱水设施中，部分物质的阈稀释倍数<1，但其物质浓度相对较高，甚至大于0.01mg/m³。因此，推荐把污泥脱水设施释放的恶臭物质中，浓度大于0.01mg/m³或阈稀释倍数≥1的物质均作为重点关注的恶臭物质，按照浓度排序主要包括乙醛、甲苯、柠檬烯、间二甲苯、硫化氢、乙醇、邻二甲苯、乙苯、对二甲苯、癸烷、苯乙烯、β-蒎烯、1,2,4-三甲苯、丙酮、对二乙苯、十一烷、二氯甲烷、2-甲基-1,3-丁二烯、1,3,5-三甲苯、正庚烷、对乙基甲苯、间乙基甲苯、氯苯、乙酸乙酯、苄基氯、甲硫醇、甲硫醚。

4.3.2 污泥堆肥设施恶臭气体的产生与排放特征

作为中国北方典型的污泥堆肥处理设施，QH污泥处置工程于2009年建成并运行，采用自动控制生物堆肥处理技术，设计日处理城市污泥200t，如图4.4为QH污泥堆肥厂的混料车间和发酵车间，图4.5为QH污泥堆肥厂生物除臭装置。

SS污水处理厂位于中国东部地区，处理量$13.8\times10^4m^3/d$。该工程采用智能控制污泥好氧发酵工艺，工程设计规模为120t/d（湿污泥，含水率80%）。采用鼓风机曝气方式，发酵后期采用翻抛机对物料进行匀翻，如图4.6为SS污泥堆肥厂发酵车间和堆体，图4.7为SS污泥堆肥厂生物除臭设施。

(a) 混料车间

(b) 发酵车间

图 4.4　QH 污泥堆肥厂的混料车间和发酵车间

图 4.5　QH 污泥堆肥厂生物除臭装置

(a) 发酵车间

图 4.6

(b) 堆体

图 4.6 SS 污泥堆肥厂发酵车间和堆体

图 4.7 SS 污泥堆肥厂生物除臭设施

Z 污泥处置工程位于中原地区，设计日处理规模为 600t/d（图 4.8 为 Z 污泥处置工程）。采用高温固态好氧槽式发酵工艺，生产辅助设施按总规模一次建设，而生产线分步实施，一期工程先行建设 100t/d 生产能力的生产线。

(a)

(b)

(c)

(d)

图 4.8 Z污泥处置工程

分别在上述污泥堆肥工程的混料车间、堆肥车间、堆体和生物除臭的排气口进行采样，检测到挥发性物质 GC-MS 图谱如图 4.9 和表 4.3 所示。结果表明，污泥好氧发酵产生的挥发性物质多达 60 种（表 4.3），除 NH_3 和 H_2S 之外，全部为挥发性有机化合物（VOCs），主要包括硫化物 12 种、酮类 10 种、芳香烃 9 种、醇类 8 种、萜烯类 7 种和其他物质 12 种。从 GC-MS 的图谱中也可以看出，蒎烯、二甲二硫、二甲基三硫、甲硫醚、2-甲基-1-丙烯、丙酮、2-丁酮是 VOCs 中含量较高的挥发性有机物。

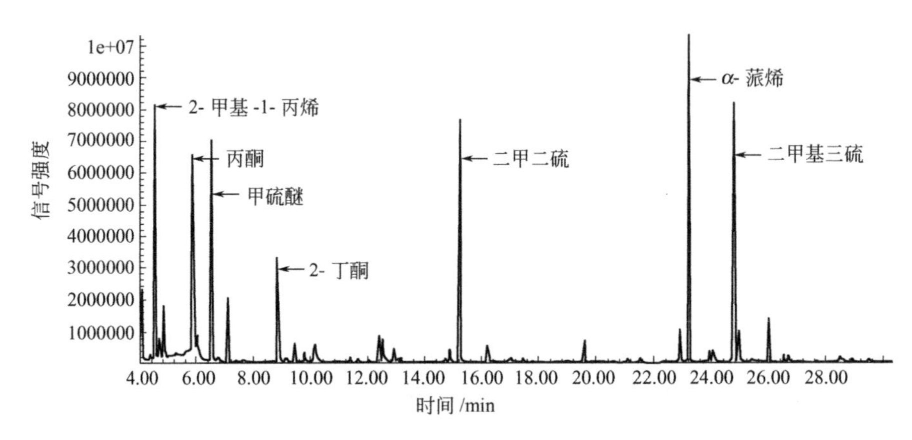

图 4.9 污泥好氧发酵产生的挥发性物质 GC-MS 图谱

表 4.3 污泥好氧发酵过程中产生的挥发性物质全分析表

峰	保留时间/min	面积/%	挥发性物质
1	4.06	2.68	丙烯
2	4.35	0.11	异丁酮
3	4.53	7.55	2-甲基-1-丙烯
4	4.71	0.41	1-丁烯
5	4.84	1.75	甲硫醇
6	5.87	7.08	丙酮
7	6.02	1.1	异丙醇
8	6.37	0.06	1,2-二甲基环丙烷
9	6.55	8.39	甲硫醚
10	6.77	0.16	乙酸甲酯
11	7.10	1.99	二硫化碳
12	7.68	0.15	1-丙醇
13	8.85	3.74	2-丁酮
14	9.08	0.18	2-甲基呋喃
15	9.14	0.3	2-丁醇
16	9.46	0.59	甲基环硫乙烷
17	9.57	0.05	甲硫基乙烷
18	10.15	1.19	2-甲基-1-丙醇
19	11.38	0.24	3-甲基-2-丁酮
20	11.65	0.22	1-丁醇
21	12.04	0.1	2-甲硫基丙烷
22	12.53	0.83	2-戊酮
23	12.69	0.07	1-庚烯
24	12.95	0.51	3-戊酮
25	13.05	0.08	庚烷
26	13.13	0.22	甲硫脲

续表

峰	保留时间/min	面积/%	挥发性物质
27	14.71	0.21	3-甲基-1-丁醇
28	14.87	0.7	2-甲基-1-丁醇
29	15.23	10.3	二甲二硫
30	16.19	0.55	甲苯
31	16.94	0.18	2-己酮
32	17.40	0.13	辛烷
33	18.86	0.11	2-甲基-1-戊醇
34	19.17	0.04	甲基乙基二硫
35	19.36	0.05	1,1,3-三甲基环己烷
36	20.20	0.07	乙苯
37	20.56	0.05	间二甲苯
38	21.10	0.18	2-庚酮
39	21.47	0.11	苯乙烯
40	21.52	0.17	甲基异丙基二硫
41	23.21	12.1	α-蒎烯
42	23.94	0.36	莰烯
43	24.12	0.03	1-乙基-3-甲苯
44	24.44	0.03	1,3,5-三甲苯
45	24.64	0.1	β-水芹烯
46	24.78	9.43	二甲基三硫
47	24.98	1.22	β-蒎烯
48	25.27	0.04	癸烷
49	25.42	0.12	1,2,4-三甲苯
50	25.99	1.38	3-蒈烯
51	26.49	0.26	1-甲基-2-异丙基苯
52	26.69	0.23	柠檬烯
53	27.64	0.1	1-甲基-4-异丙基-1,4-环己二烯
54	28.45	0.21	2-壬酮
55	28.60	0.08	1-甲基-4-异丙烯基环己烯
56	28.90	0.13	葑酮
57	30.54	0.25	樟脑
58	31.47	0.03	萘

根据检测的污泥堆肥设施的混料车间、堆肥车间堆体及生物除臭排放口的恶臭物质浓度，阈稀释倍数大于1的恶臭物质包括硫化氢、甲硫醇、二甲二硫醚、甲硫醚、氨

气、间二甲苯和对乙基甲苯 7 种。但不同污泥处理单元的典型恶臭气体种类不同（表 4.4）。堆体释放的恶臭气体阈稀释倍数总和最大，堆肥车间恶臭气体阈稀释倍数总和也相对较高。对车间内的气体进行收集并通过生物滤池进行处理，能够有效去除产生的大部分恶臭物质。通过对 SS 厂污泥堆肥后的生物滤池排放口的恶臭气体检测发现，阈稀释倍数>1 的物质仅包括二甲二硫醚、甲硫醚、间二甲苯 3 种，而硫化氢、甲硫醇、氨气和对乙基甲苯通过生物滤池后去除效果良好，可见污泥堆肥后设置生物滤池进行除臭十分必要。

表 4.4　污泥堆肥工艺中阈稀释倍数大于 1 的恶臭物质

臭气物质	阈稀释倍数			
	混料间	堆体	车间	生物除臭后
硫化氢	439	1683	439	—
甲硫醇	27	0～205.7	8.6～90.7	—
二甲二硫醚	45	140.6～1312	57.3～61.4	40.8
甲硫醚	69	18～767	13～33.7	5.2
氨气	3.7	27.9	5.1	—
间二甲苯	—	1.1	1.1	1.1
对乙基甲苯	—	1.3	—	—

同样，在典型污泥堆肥设施中，部分物质的阈稀释倍数<1，但其物质浓度相对较高，也存在部分浓度>0.01mg/m^{3}的物质。因此，将浓度>0.01mg/m^{3}或阈稀释倍数≥1 的物质均作为污泥堆肥设施释放的重点恶臭物质（表 4.5）。

表 4.5　污泥堆肥工艺中重点关注的恶臭物质（以浓度由大到小排列）

位置	浓度大于 0.01mg/m^{3}或阈稀释倍数≥1 的恶臭物质
堆体	二甲二硫醚、2-丁酮、丙酮、甲苯、乙酸乙酯、甲硫醚、乙醇、间二甲苯、二硫化碳、十一烷、丙烯、苯乙烯、1-丁烯、对二甲苯、乙苯、邻二甲苯、甲硫醇、二氯甲烷、异丁烷、1,2,4-三甲苯
堆肥车间	二甲二硫醚、丙酮、2-丁酮、甲苯、乙醇、间二甲苯、乙酸乙酯、甲硫醚、十一烷、二硫化碳、丙烯、苯乙烯、丙烷、丁烷、二氯甲烷、己烷、1-丁烯、乙苯、对二甲苯、邻二甲苯、异丁烷、1,2,4-三甲苯、甲硫醇
生物除臭	1-丁烯、丙烯、二硫化碳、戊烷、甲苯、苯乙烯、丁烷、乙苯、异丁烷、邻二甲苯、对二甲苯、二氯甲烷、间二甲苯、反-2-丁烯、甲硫醚、十一烷、辛烷、2-甲基己烷、1,2,4-三甲苯、叔丁基甲醚、2-甲基丁烷、对乙基甲苯、氯甲烷、己烷、二甲二硫醚

4.3.3　污泥干化设施恶臭气体的产生与排放特征

污泥干化处理项目工程 C（图 4.10），位于中国西南地区，其占地面积 150 亩，设计规模为 240t/d（含水率 80%）。污泥处理工艺为浓缩—消化—脱水—干化，干化后污泥处置方式为近期卫生填埋，远期资源化利用。污泥干化工艺采用两段式组合干化工艺，是亚洲第一条该工艺的生产线，也是该技术在全球处理规模最大的生产线，总投资概算 2.06 亿元。新建污泥处置车间和仓库 3640m^2，污泥干化设备共 3 组。

通过污泥热干化处理设施释放的恶臭物质种类和浓度，可计算获得相应设施释放恶

(a)

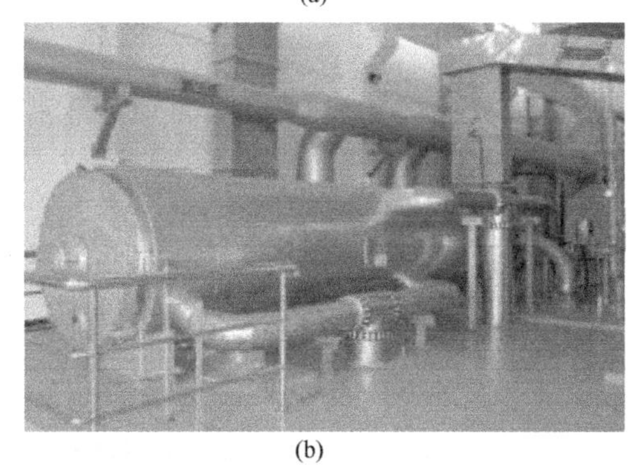

(b)

(c)

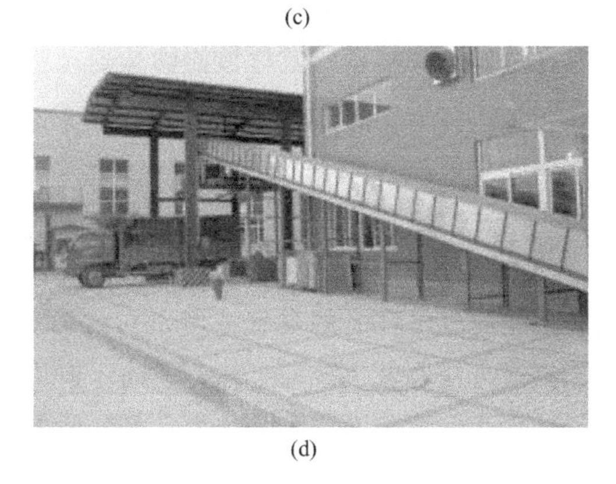

(d)

图 4.10　污泥干化处理工程 C

臭物质的阈稀释倍数。污泥热干化工艺中阈稀释倍数＞1 的恶臭物质见表 4.6，浓度大于 0.01mg/m^3或阈稀释倍数≥1 的物质见表 4.7。

表 4.6　污泥热干化工艺臭气阈稀释倍数大于 1 的物质表

臭气物质	阈稀释倍数排序	
	干化车间	干化污泥成品料仓
乙醛	359	312
硫化氢	32	37.6
间二甲苯	2.1	1.7
柠檬烯	1	—
甲硫醚	—	—
甲硫醇	1	—
苯乙烯	1.2	—
对乙基甲苯	—	—
甲苯	—	—
β-蒎烯	—	—
对二甲苯	—	—

表 4.7　污泥热干化工艺中重点关注的恶臭物质（以浓度由大到小排列）

位置	浓度大于 0.01mg/m³ 或阈稀释倍数≥1
干化车间	乙醛、间二甲苯、十一烷、甲苯、乙醇、苯乙烯、丙酮、柠檬烯、对二甲苯、邻二甲苯、乙苯、氯甲烷、二氯甲烷、1,2,4-三甲苯、硫化氢、乙酸乙酯、甲硫醇、氯仿
干化污泥成品料仓	乙醛、间二甲苯、甲苯、丙酮、十一烷、柠檬烯、苯乙烯、对二甲苯、乙醇、邻二甲苯、乙苯、硫化氢、1,2,4-三甲苯

对于热干化污泥处理设施，污泥存储车间中的恶臭物质种类和释放量与污泥堆肥设施的存储车间中释放的恶臭物质没有显著差别。但和污泥堆置及好氧堆肥不同，污泥热干化处理设施释放的恶臭物质种类有较大差异，干化过程中释放量也较大。主要恶臭物质（按阈稀释倍数＞1 作为判断指标）包括乙醛、硫化氢、柠檬烯、间二甲苯、甲硫醇、苯乙烯，并且污泥干化车间和成品存放车间的恶臭物质阈稀释倍数总和远＞1。但该污泥干化工程的厂界恶臭测定结果显示，其排放能够达到《恶臭污染排放标准》的要求。这主要得益于该工程对生产过程中产生的恶臭气体进行了化学除臭处理，首先用水喷淋洗涤，然后加入浓硫酸，最后加入次氯酸钠和氢氧化钠吸收中和。

4.3.4　污泥堆肥设施中臭气浓度与恶臭物质浓度的关系

利用三点比较式臭袋法检测气体样品的臭气浓度，与利用 GC-MS 分析的不同恶臭物质的浓度在物理意义、测试方法和数值表征上均不相同，但均是反映气体样品恶臭污染程度的一种方式。为了探索污泥堆肥设施中气体样品臭气浓度与各种恶臭物质浓度之间的关系，对采集的气体样品中氨气、硫化氢和挥发性有机化合物三甲胺、甲硫醇、甲硫醚、二甲二硫、苯乙烯、丙烯、丙酮、2-丁酮、异丙醇、甲苯进行了相关性分析。通过在污泥处理厂不同地点采样测定污泥好氧发酵过程产生的主要恶臭物质的浓度，并通过三点比较式臭袋法测定总臭气浓度，结果如表 4.8 所列。

表 4.8　污泥堆肥过程中产生的主要恶臭物质的浓度　　单位：mg/cm^3

分类		样品 1	样品 2	样品 3	样品 4
无机物	氨	21.8	7.73	0.61	3.44
	硫化氢	31.2	0.69	0.25	0.18
挥发性有机化合物（VOCs）	三甲胺	ND	0.17	0.00	0.00
	甲硫醇	9.10	ND	0.06	0.02
	甲硫醚	37.0	2.30	0.21	0.10
	二甲二硫	27.5	2.89	0.10	0.13
	苯乙烯	0.35	0.05	0.00	0.00
	丙烯	3.96	0.04	0.01	0.00
	丙酮	2.24	0.25	0.13	0.05
	2-丁酮	33.9	2.31	0.06	0.00
	异丙醇	4.08	0.68	0.00	0.00
	甲苯	1.03	0.07	0.20	0.01
TVOCs		119.2	8.76	0.76	0.30
臭气浓度(无量纲)		549541	9772	2344	741

注：ND 表示未检出。

由表 4.8 中可以看出，随着各恶臭物质浓度降低，总臭气浓度也明显降低。线性回归分析结果表明，臭气浓度和 H_2S 浓度（$R^2=1$）及 TVOCs 浓度呈显著正相关（$R^2=0.99$），而 NH_3 的浓度和臭气浓度没有线性关系，该结论与 Tsai 等（2008）获得的结果一致。然而，NH_3 因具有刺激性气味且在好氧发酵过程中产生浓度较大，一直被列为好氧发酵过程中重点关注的恶臭物质。

4.4 污泥好氧堆肥挥发性有机化合物（VOCs）的产生特征

4.4.1 污泥堆肥过程中 VOCs 产生的动态变化

假定堆体结构均匀，以一好氧发酵单元为例，VOCs 的瞬时浓度和产生浓度、扩散浓度的关系见图 4.11。

由图 4.11 可知，好氧发酵过程中 VOCs 的浓度变化遵循以下方程：

$$C_{t_1}=C_{t_0}-C_d+C_p \tag{4.6}$$

式中　C_{t_1}——t_1 时刻堆体的瞬时浓度，mg/m^3；

C_{t_0}——t_0 时刻堆体的瞬时浓度，mg/m^3；

C_d——$t_0 \sim t_1$ 时段扩散出的浓度，mg/m^3；

C_p——$t_0 \sim t_1$ 时段产生的浓度，mg/m^3。

因此：

$$C_p=C_{t_1}-C_{t_0}+C_d \tag{4.7}$$

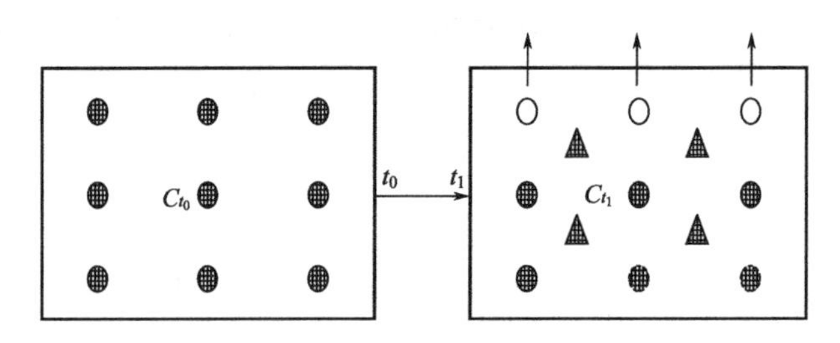

图 4.11　VOCs 瞬时浓度与产生浓度、扩散浓度关系示意

●—t_0时刻堆体的瞬时浓度（C_{t0}，mg/m³）；▲—t_0～t_1时段产生的浓度（C_p，mg/m³）；

○—t_0～t_1时段扩散的浓度（C_d，mg/m³）

对于通风静态垛式好氧发酵工艺，堆体与外界气体交换的方式包括通风和表面扩散。研究发现，强制通风系统的堆体表面风速为（0.3±0.1）m/s，约为静态通风系统堆体表面风速的 150 倍。可见，通风静态垛系统中气体传质主要发生在通风阶段，本研究中认为不通风阶段的堆体处于静止状态，不发生 VOCs 扩散现象。因此不通风时，$C_d=0$，则

$$C_p=C_{t_1}-C_{t_0} \tag{4.8}$$

$$R_p=C_p/(t_1-t_0) \tag{4.9}$$

式中　R_p——t_0～t_1时段 VOCs 的产生速率，mg/(m³·min)。

由于 VOCs 主要来源于有机质的降解，在一个鼓风周期内，有机质降解不明显，因此可认为一个鼓风周期内 VOCs 的产生速率遵循相同规律，由公式（4.9）计算出一个鼓风周期内不鼓风阶段的 VOCs 产生速率［mg/(m³·min)］，并对其规律进行拟合，拟合方程代表该鼓风周期的 VOCs 产生速率特征，进而分别在鼓风阶段和不鼓风阶段进行积分。鼓风阶段，VOCs 的产生速率方程与气体通量的乘积在对应时间段的积分为该时段的产生量；不鼓风阶段，VOCs 的产生速率方程与试验单元的空气体积乘积在对应时间段的积分为该时段的产生量，具体如下式所示：

$$F_p=v\int_{t_0}^{t_1}f(t)\mathrm{d}t+V\int_{t_1}^{t_2}f(t)\mathrm{d}t \tag{4.10}$$

式中　F_p——一个鼓风周期的 VOCs 产生量，mg；

$f(t)$——一个鼓风周期内由 VOCs 产生速率拟合出的函数；

v——鼓风阶段的气体通量，m³；

V——不鼓风阶段试验单元的空气体积，m³；

t_0——一个鼓风周期内开始鼓风的时刻；

t_1——一个鼓风周期内结束鼓风的时刻；

t_2——一个鼓风周期结束的时刻。

而试验单元空气的体积（V）则为试验单元总体积与自由空域（FAS）的乘积。自由空域（FAS）值由下式间接求得：

$$FAS=1-Y_m\times S_m/(G_m\times Y_w)-Y_m\times(1-S_m)/Y_w \tag{4.11}$$

$$1/G_m=VS/G_v+(1-VS)/G_f \tag{4.12}$$

式中　Y_m——物料的（湿）容重，g/cm³；

S_m——物料的固体含量，%；

Y_w——水的密度，g/cm^3，一般为 $1g/cm^3$；

G_m——物料的相对密度；

G_v——VS 的相对密度，一般为 1；

G_f——灰分的相对密度，一般为 2.5；

VS——挥发固体的含量，%。

VOCs 的释放浓度和瞬时浓度的关系为：

$$C_e = C_{t_1} - C_{t_0} \tag{4.13}$$

式中　C_e——$t_0 \sim t_1$ 时段堆体释放的浓度，mg/m^3；

C_{t_1}——t_1 时刻堆体表面释放的瞬时浓度，mg/m^3；

C_{t_0}——t_0 时刻堆体表面释放的瞬时浓度，mg/m^3。

$$R_e = C_e / (t_1 - t_0) \tag{4.14}$$

式中　R_e——$t_0 \sim t_1$ 时段 VOCs 的释放速率，$mg/(m^3 \cdot min)$。

不鼓风阶段的堆体处于静止状态，不发生 VOCs 扩散及释放。因此，VOCs 的释放主要发生在鼓风阶段。具体公式如下：

$$F_e = v \int_{t_0}^{t_1} g(t) dt \tag{4.15}$$

式中　F_e——一个鼓风周期的 VOCs 释放量，mg；

$g(t)$——一个鼓风周期内由 VOCs 释放速率拟合出的函数；

v——鼓风阶段的气体通量，m^3；

t_0——一个鼓风周期内开始鼓风的时刻；

t_1——一个鼓风周期内结束鼓风的时刻。

在整个好氧发酵过程中，将上述每个鼓风周期的 VOCs 产生或释放量求和，便可得到整个好氧发酵过程的 VOCs 总产生或释放量。

以每 12h 为一时间单元，取堆体内部和表面的 VOCs 最大瞬时浓度作图，结果如图 4.12 所示。整个堆肥过程中 VOCs 的浓度变化呈现堆肥前期最高，随后逐渐降低的趋势。VOCs 的浓度在堆肥第 2 天达到峰值，堆体内部和表面浓度分别达 $3275mg/m^3$ 和 $1197mg/m^3$。进入高温期后，VOCs 的浓度降至 $100mg/m^3$ 以下，并逐渐维持在较低的水平。堆肥后期，由于翻抛对堆体的干扰，促进了 VOCs 的产生和外排，第 12 天 VOCs 的浓度出现了次高峰，堆体内部和表面浓度分别为 $462mg/m^3$ 和 $198mg/m^3$。可见，升温期是 VOCs 产生和释放的主要时期，翻抛可促进 VOCs 的产生并释放。

4.4.2　污泥堆肥不同阶段堆体内部和表面 VOCs 的浓度特征

堆肥不同阶段堆体内部和表面 VOCs 的浓度特征如图 4.13 所示。

从整个发酵过程来看，堆体内部和表面的 VOCs 浓度变化规律与图 4.12 所述一致。从不同发酵阶段来看，升温期不同阶段的 VOCs 浓度变化规律类似 [图 4.13(a)～(c)]，鼓风阶段由于堆体内部 VOCs 向外扩散的速率大于其产生速率，导致 VOCs 的瞬时浓度迅速下降；鼓风停止后，堆体内部 VOCs 处于净产生阶段，因此，图 4.13 的

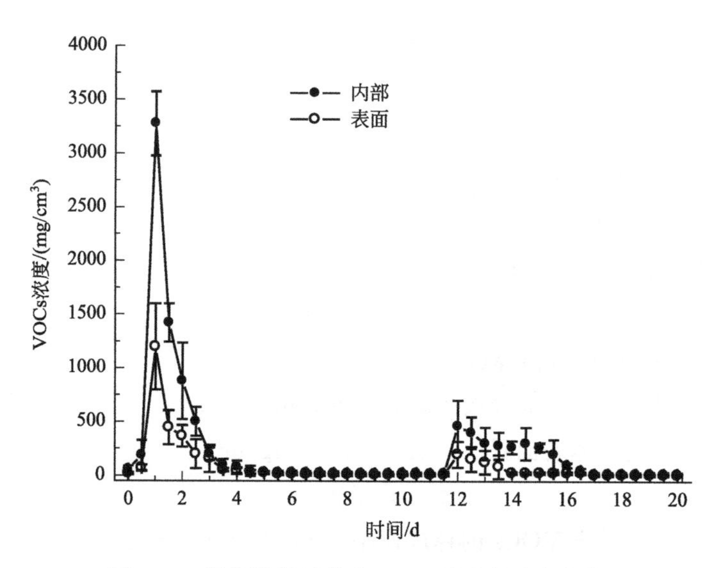

图 4.12 污泥堆肥过程中 VOCs 浓度的动态变化

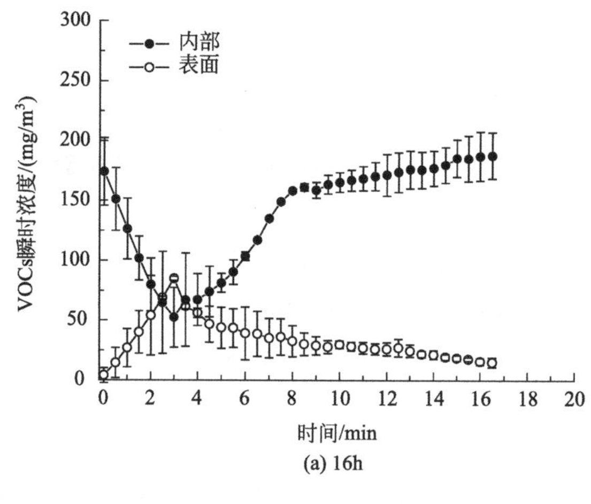

(a) 16h

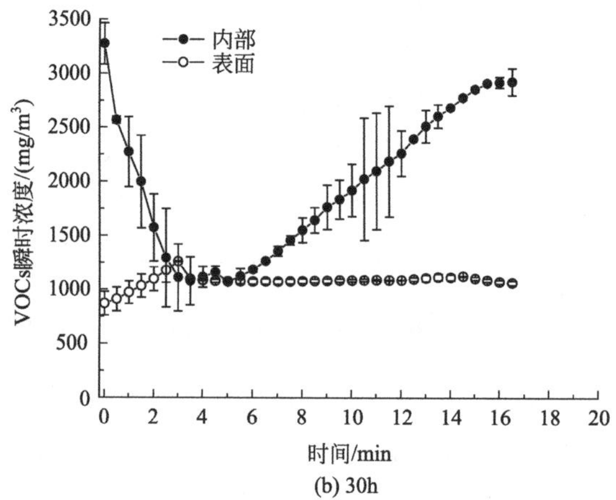

(b) 30h

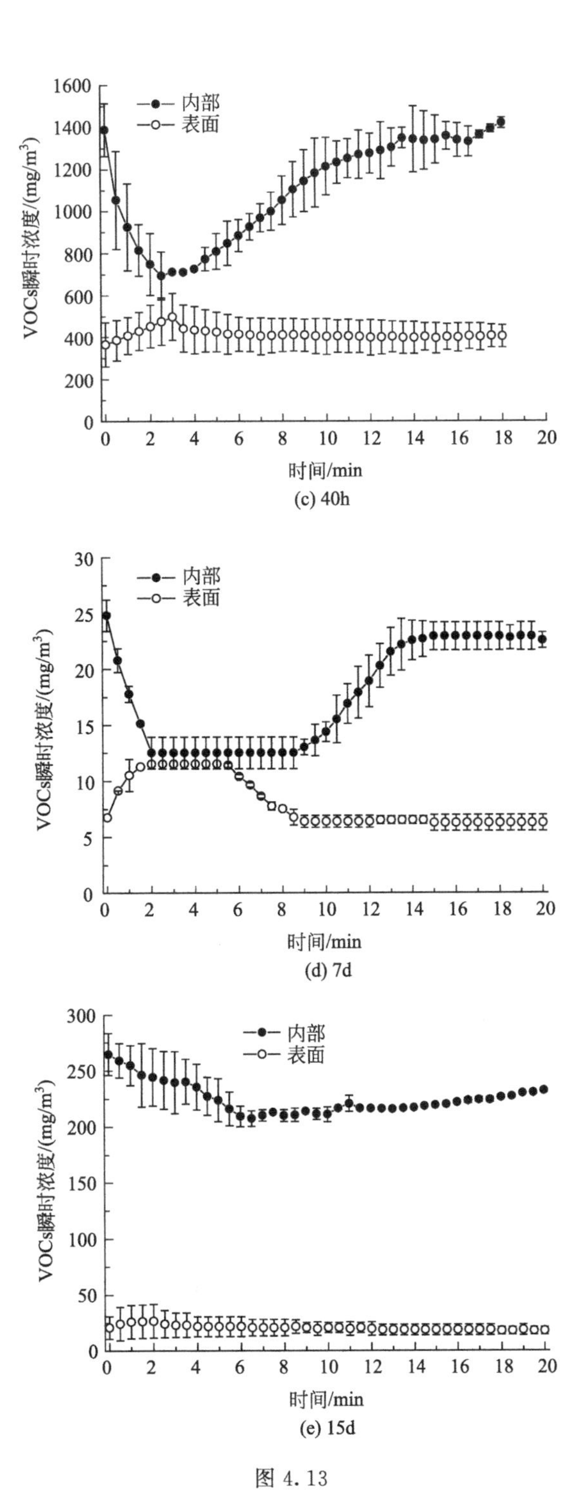

(c) 40h

(d) 7d

(e) 15d

图 4.13

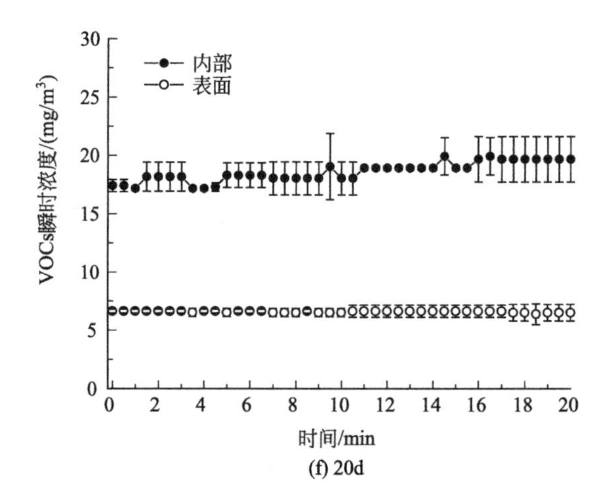

图 4.13　污泥堆肥过程中不同鼓风周期 VOCs 随时间的变化规律

16h、30h 和 40h 中所示的鼓风停止阶段 VOCs 浓度变化即可反应该阶段 VOCs 的产生情况。升温期堆体内部 VOCs 的最高瞬时浓度出现在 30h，达 3275mg/m^3。与堆体内部的浓度变化规律不同，由于空气的吹脱作用，鼓风阶段 VOCs 在堆体表面释放，导致堆体表面的 VOCs 瞬时浓度呈现逐渐增加的趋势，停止鼓风后，堆体表面不再释放 VOCs（堆体的自然扩散远远小于通风作用，因此在本书中忽略自然扩散），但由于已存在 VOCs 的稀释，导致堆体表面 VOCs 的瞬时浓度逐渐降低。升温期，堆体表面 VOCs 的最高瞬时浓度高于 1000mg/m^3。

高温期［图 4.13(d)］堆体内部 VOCs 的浓度变化特征与升温期不同，呈现出先降低之后持续不变，随后再次上升的趋势，鼓风停止前后 VOCs 浓度平台期的出现说明此时堆体内部的扩散速率或等同于产生速率。堆体内部和表面 VOCs 的最高瞬时浓度分别为 25mg/m^3和 7.5mg/m^3。

在堆肥进程的影响下，在降温期翻抛后［图 4.13(e)］以及发酵结束前［图 4.13(f)］，堆体内部和表面的 VOCs 浓度均呈现基本恒定不变的趋势，说明这两个阶段微生物活性显著降低。在堆肥进行到 20d 时［图 4.13(f)］，VOCs 已基本不再产生，因此鼓风曝气对堆体内部和表面的 VOCs 浓度均无显著影响。此时，堆体内外瞬时浓度稳定于 20mg/m^3以下。

4.4.3　污泥堆肥不同阶段 VOCs 的产生和释放速率

堆肥过程中不同鼓风周期的 VOCs 产生速率与时间的拟合曲线如图 4.14 所示，它们的关系可用一元二次方程表达，一般方程式为：

$$f(t)=\exp(at^2+bt+c) \tag{4.16}$$

式中　a，b 和 c——常数。

$R_p=\exp(c)$ 为不同阶段一个鼓风周期的初始产生速率值。$R_p=\exp[(4ac-b^2)/4a]$为拟合曲线的峰值，即一个鼓风周期的最大产生速率值。可以看出，VOCs 的初始、最大产生速率均以 30h、40h 较高，随着堆肥的进行在堆肥中后期显著降低。

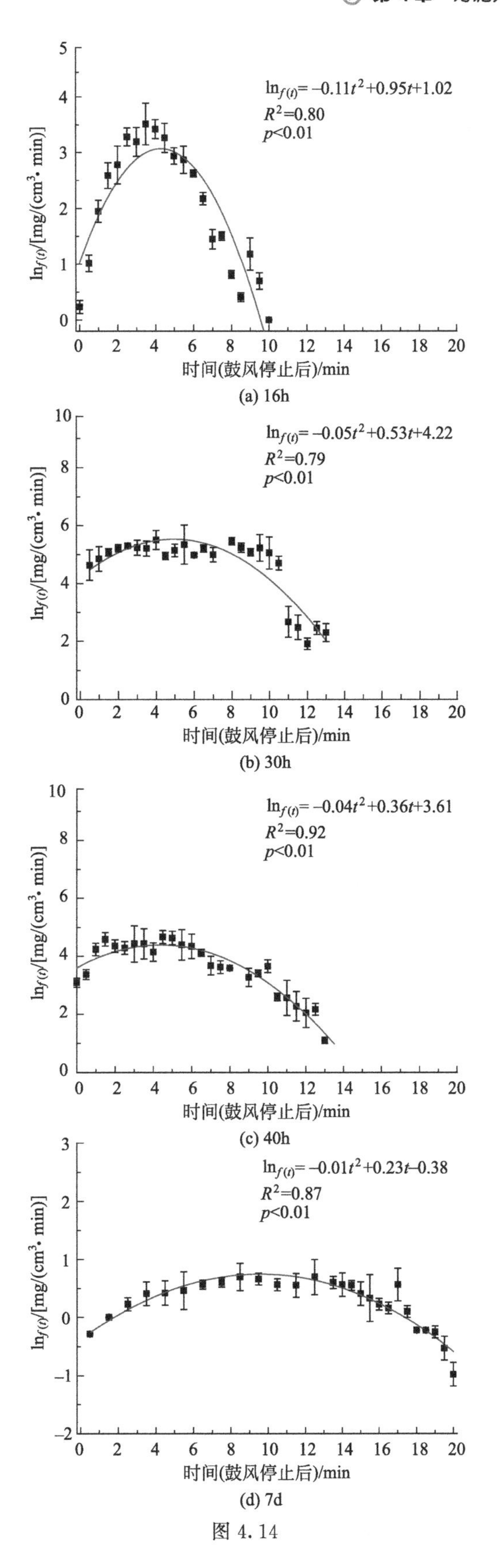

$\ln_{f(t)}=-0.11t^2+0.95t+1.02$
$R^2=0.80$
$p<0.01$
$\ln_{f(t)}$/[mg/(cm³• min)]
时间(鼓风停止后)/min
(a) 16h
$\ln_{f(t)}=-0.05t^2+0.53t+4.22$
$R^2=0.79$
$p<0.01$
$\ln_{f(t)}$/[mg/(cm³• min)]
时间(鼓风停止后)/min
(b) 30h
$\ln_{f(t)}=-0.04t^2+0.36t+3.61$
$R^2=0.92$
$p<0.01$
$\ln_{f(t)}$/[mg/(cm³• min)]
时间(鼓风停止后)/min
(c) 40h
$\ln_{f(t)}=-0.01t^2+0.23t-0.38$
$R^2=0.87$
$p<0.01$
$\ln_{f(t)}$/[mg/(cm³• min)]
时间(鼓风停止后)/min
(d) 7d

图 4.14

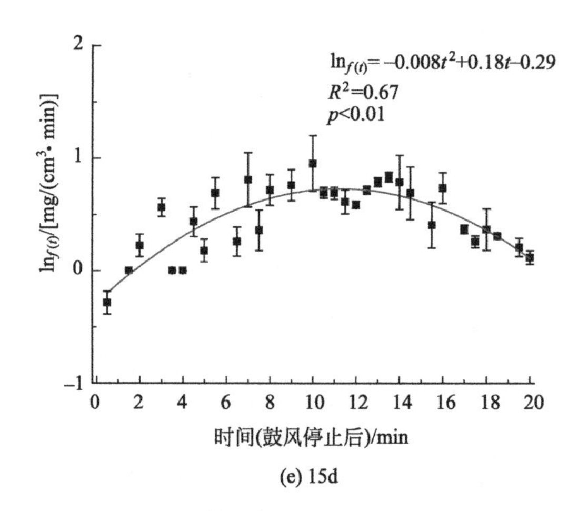

(e) 15d

图 4.14 污泥堆肥不同阶段 VOCs 产生速率与时间的关系

常数 a 决定了拟合曲线的形状，$|a|$越大，拟合曲线开口越小，对应堆体内 VOCs 的产生速率变化越大。图 4.14 显示，随着堆肥的进行，$|a|$逐渐减小，表明 VOCs 的产生速率变化逐渐变小。$-b/2a$ 决定了产生速率达到峰值的时间，$-b/2a$ 越大，产生速率达到峰值的时间越长。由图 4.14 可知，$-b/2a$ 的值由第 16 小时的 4.32 逐渐增加至第 15 天的 11.25。可见，随着堆肥的进行，VOCs 的产生速率曲线逐渐趋于平缓。

堆肥过程中不同鼓风周期的 VOCs 释放速率与时间的拟合曲线如图 4.15 所示，VOCs 的释放速率与时间呈线性相关，一般方程式为：

$$g(t)=kt+m \tag{4.17}$$

式中 k 和 m——常数。

常数 k 代表直线的斜率：$k>0$ 时，VOCs 释放速率随着时间的延长而增加，k 值越大，斜率越大，VOCs 的释放浓度增加越快；$k<0$ 时，VOCs 释放速率随着时间的延长而降低。如图 4.15 所示，堆肥前期的 VOCs 的释放速率随着鼓风时间的增加而升高，堆肥中后期，由于微生物活性的降低与有机质的充分降解，VOCs 的释放速率随着鼓风时间的增加而降低。

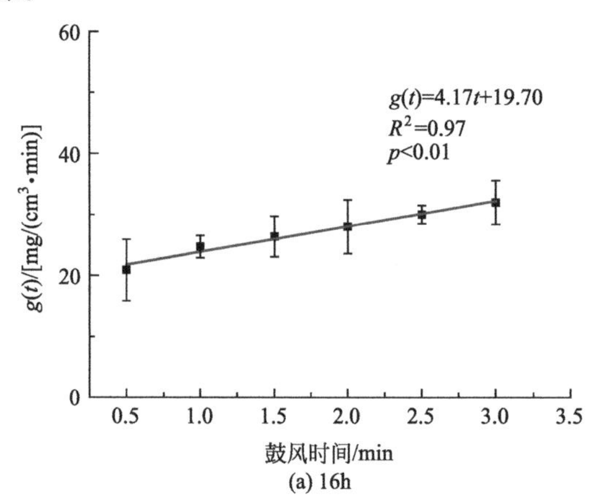

(a) 16h

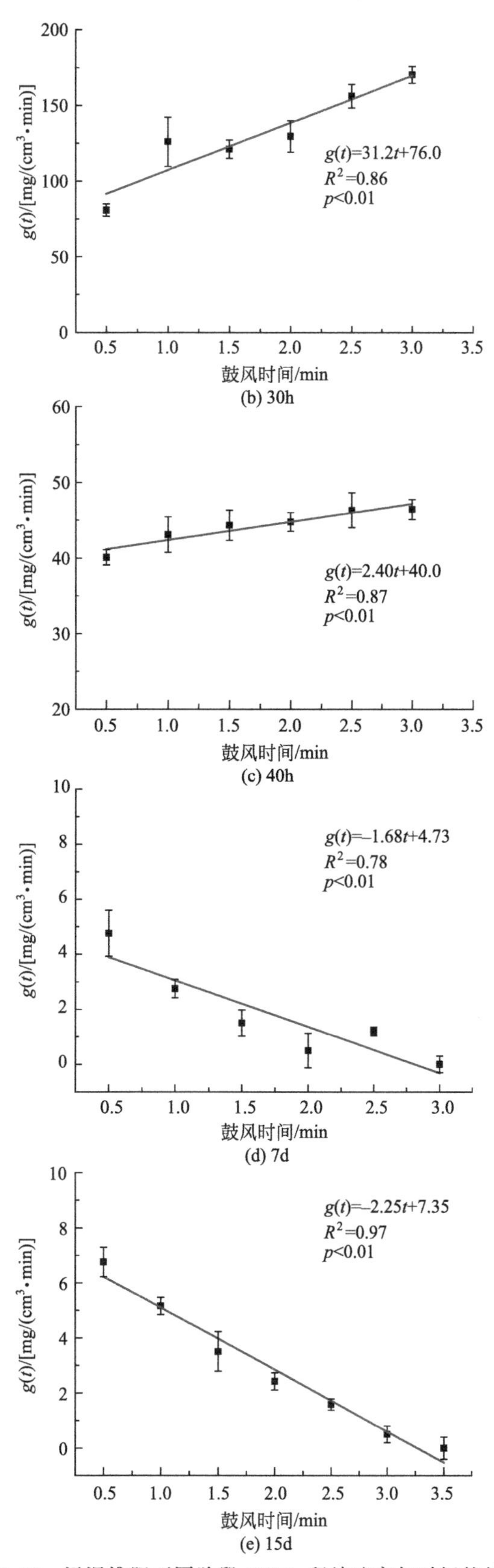

图 4.15　污泥堆肥不同阶段 VOCs 释放速率与时间的关系

常数 m 代表直线的截距，即鼓风开始时刻的释放速率值。可以看出，VOCs 的初始释放速率以 30h 最高，达 76mg/(m³ · min)。随着堆肥的进行，在堆肥中后期 VOCs 的释放速率降至 10mg/(m³ · min) 以下。

4.4.4 污泥堆肥过程中 VOCs 的产生和释放量变化

将式(4.16) 和式(4.17) 分别代入式(4.10) 和式(4.15)，利用 Mapplesoft13.0 进行运算，可获得不同堆肥阶段一个鼓风周期的 VOCs 产生和释放量，如图 4.16 所示(以 C 元素表征每千克干物质释放的 VOCs 总量)。VOCs 的最大产生和释放量出现在升温期后期，最大产生和释放量分别为 444mg/(kgDM · d) 和 202mg/(kgDM · d)。堆肥高温期 VOCs 的产生和释放量降低至较低水平，VOCs 的产生和释放量分别为 16.7mg/(kgDM · d) 和 2.37mg/(kgDM · d)。在堆肥后期，VOCs 的产生和释放较堆肥高温期有了一定的升高，这主要是翻抛促进了 VOCs 的产生和释放。

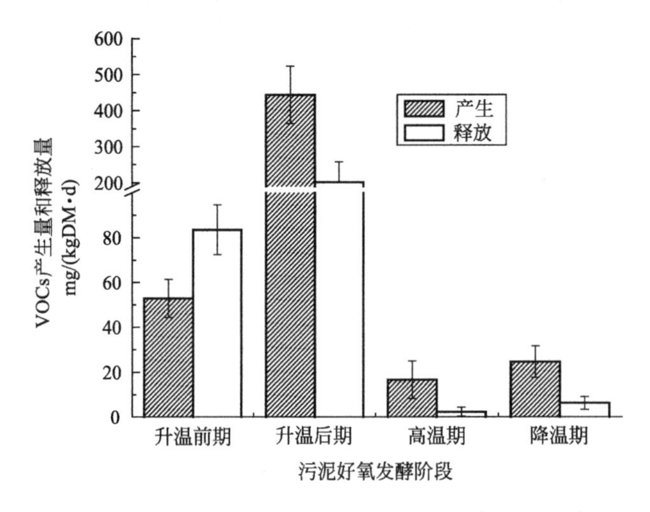

图 4.16 污泥堆肥不同阶段每天 VOCs 的产生和释放量

整个堆肥过程 VOCs 的产生和释放总量如表 4.9 所列。VOCs 的产生总量是 1.09gC/(kgDM)，释放总量是 0.47gC/(kgDM)。VOCs 的总产生量和总释放量分别占 C 损失的 3.74%和 1.62%。

表 4.9 污泥堆肥过程 VOCs 的产生和释放总量表

项目	VOCs-C		
	总量/[gC/(kgDM)]	占初始 C 的百分比/%	占 C 损失的百分比/%
产生	1.09±0.26	0.31±0.07	3.74±0.89
释放	0.47±0.14	0.13±0.04	1.62±0.48

4.4.5 污泥堆肥过程中 VOCs 的产生浓度与温度的关系

一般来说，温度在一定程度上会影响 VOCs 等恶臭物质的产生和释放，且多数研究表明，温度的升高会促进恶臭物质的释放。由表 4.10 可以看出，在不同的温度范围内，40～50℃的温度区间所释放的 VOCs 浓度最大，堆体内 VOCs 的最大产生浓度高于 250mg/m³。40～50℃的温度区间是升温后期及降温前期的主要温度范围，污泥堆肥过程中温度在 40～50℃之间可以促进 VOCs 的产生。在污泥堆肥过程中，VOCs 的产生浓度出现两次峰值（图 4.17），分别出现在升温后期和降温前期，升温期的最高浓度为 3275mg/m³，降温期的最高浓度为 462mg/m³。

表 4.10 污泥堆肥不同阶段的温度及其对应的 VOCs 产生浓度范围表

发酵阶段	温度范围/℃	VOCs 浓度范围/(mg/m³)	VOCs 最大浓度出现时的温度/℃
升温前期	16.1～35.3	26.1～186.9	31.3
升温后期	40.2～49.8	431.7～3275	44.8
高温期	51.1～63.5	12.5～24.8	60.9
降温前期	39.5～43.3	150.4～462.0	42.8
降温后期	24.4～38.4	17.4～20.5	27.4

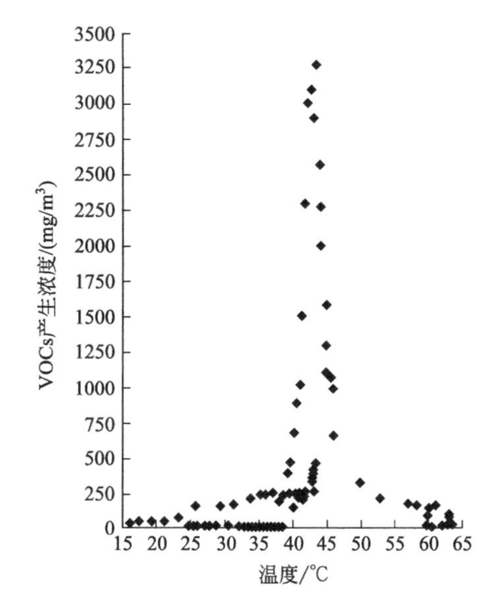

图 4.17 污泥堆肥过程中温度与 VOCs 产生的关系

4.5 污泥好氧堆肥过程中产生 NH_3 的产生和释放

4.5.1 污泥堆肥过程中 NH_3 产生的动态变化

以每 12h 为时间单元，取堆体内部和表面的 NH_3 最大瞬时浓度作图，结果如图 4.18 所示。

整个好氧发酵过程中堆体内部和表面的 NH_3 浓度变化呈现发酵前期最高，随后逐渐降低的趋势。堆体内部 NH_3 的浓度在升温期达到峰值，为 521mg/m³。高温中后期的浓度基本稳定在 100mg/m³ 以下。在好氧发酵的第 11 天、14 天和 16 天进行的翻抛促

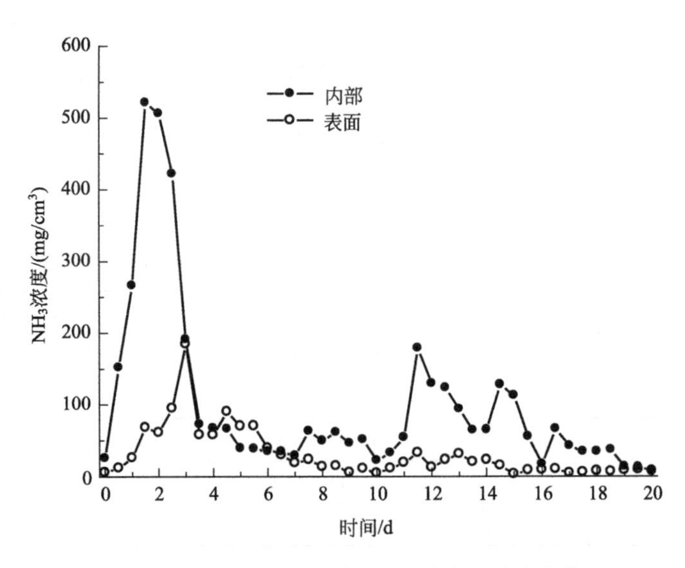

图 4.18　污泥堆肥过程中 NH_3 浓度的动态变化

进了 NH_3 的产生。其中，第一次翻抛后，堆体内 NH_3 的最大浓度为 178mg/m³。随后两次翻抛后，堆体内 NH_3 的最大浓度逐渐降低，甚至第三次翻抛对堆体内 NH_3 的浓度影响不明显。与堆体内 NH_3 的浓度不同的是，堆体表面 NH_3 的最大浓度显著低于内部，且相对于堆体内部发生“滞后”现象，最大浓度出现在高温前期，为 184mg/m³。且在高温中期表现为堆体表面排放的 NH_3 浓度高于内部，以上两种现象的出现均可归结于 NH_3 的摩尔质量低于鼓入空气，NH_3 易于向上运动，且该时期的堆体高温更能促进这种现象的发生。高温后期及之后的阶段里，堆体表面的 NH_3 浓度显著降低至较低水平，翻抛后堆体表面 NH_3 的释放增加也不明显，这和 NH_3 易被腐熟堆肥吸附有关，好氧发酵后期，物料腐熟度逐渐提高，增加了对 NH_3 的吸附能力，导致 NH_3 因为上行过程而释放的量大幅减少。综上所述，升温期和高温前期是 NH_3 产生和释放的主要时期。

4.5.2　污泥堆肥不同阶段堆体内部和表面 NH_3 的浓度特征

污泥堆肥不同阶段堆体内部和表面 NH_3 的浓度特征如图 4.19 示。

从整个发酵过程来看，堆体内部和表面的 NH_3 浓度变化规律与图 4.19 所述一致。从不同发酵阶段来看，升温期和高温前期的 NH_3 浓度变化规律类似，鼓风阶段由于堆体内部 NH_3 向外扩散的速率大于其产生速率，导致 NH_3 的瞬时浓度迅速下降；鼓风停止后，堆体内部 NH_3 处于净产生阶段，因此，图 4.19(a)、(b) 中所示的鼓风停止阶段 NH_3 浓度变化即可反应该阶段 NH_3 的产生情况。升温期和高温前期，堆体内部 NH_3 的最高瞬时浓度分别为 518mg/m³ 和 389mg/m³。与堆体内部的浓度变化规律不同，鼓风阶段，由于空气的吹脱作用，NH_3 在堆体表面释放，导致堆体表面的 NH_3 瞬时浓度呈现逐渐增加的趋势，停止鼓风后，堆体表面不再释放 NH_3（堆体的自然扩散远远小于通风作用，因此可以忽略自然扩散），但由于已存在 NH_3 的稀释，导致堆体表面 NH_3 的瞬时浓度逐渐降低。升温期和高温前期，堆体表面 NH_3 的最高瞬时浓度

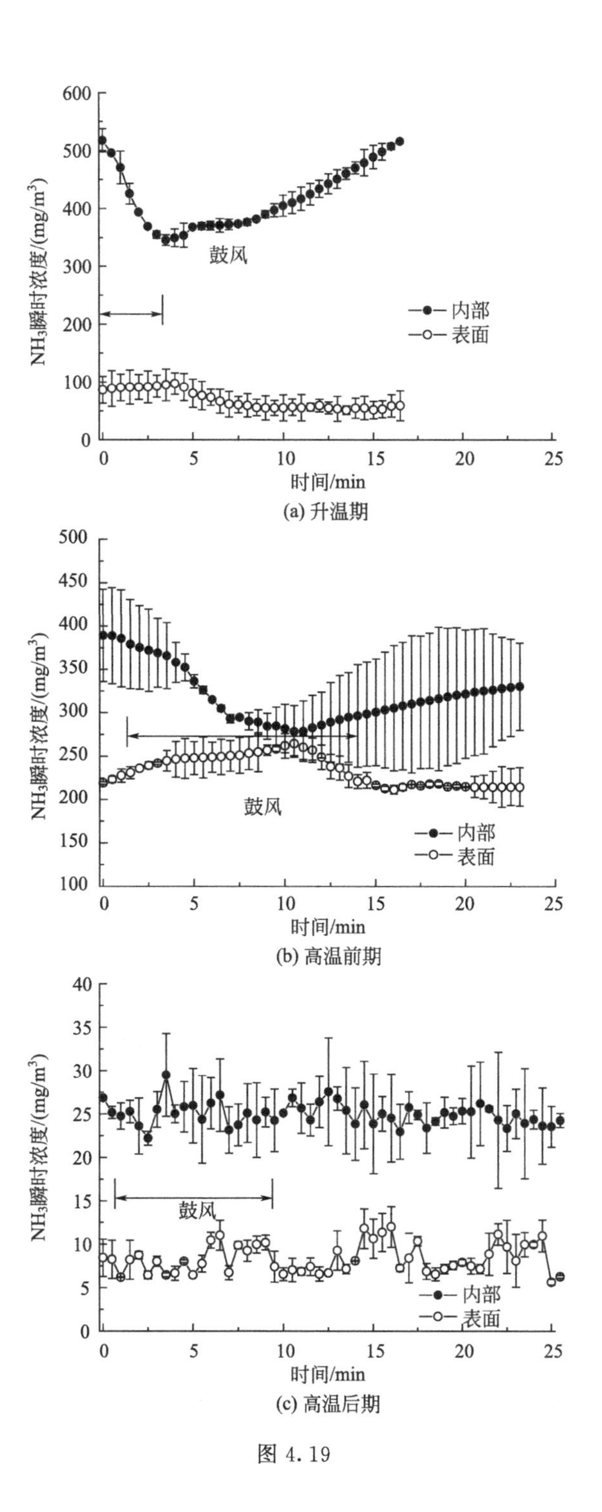

(a) 升温期

(b) 高温前期

(c) 高温后期

图 4.19

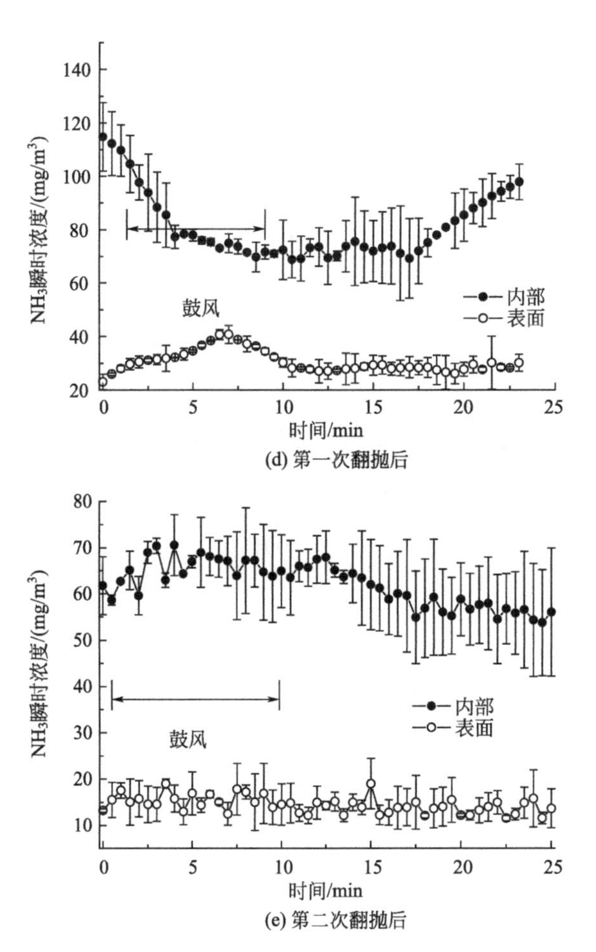

(d) 第一次翻抛后

(e) 第二次翻抛后

图 4.19　污泥堆肥不同阶段堆体内部和表面 NH_3 的浓度特征

分别为 97.3mg/m³和 264mg/m³。

第一次翻抛后［图 4.19(d)］，堆体内部 NH_3 的浓度变化特征与升温期和高温前期不同，呈现出先降低之后持续不变随后再上升的趋势，鼓风停止前后 NH_3 浓度平台期的出现说明此时堆体内部的扩散速率等同于产生速率，可见，翻抛后，由于较好地改善了物料的孔隙结构，加强了气体在堆体内的扩散，导致鼓风停止前后仍会出现气体扩散现象。第一次翻抛后，堆体内部和表面 NH_3 的最高瞬时浓度分别为 115mg/m³ 和 40.8mg/m³。

在好氧发酵进程的影响下，在高温后期以及降温期的第二次翻抛后［图 4.19(c)、(e)］，堆体内部和表面的 NH_3 浓度均呈现基本恒定不变的趋势，说明这两个阶段微生物活性显著降低，NH_3 基本不再产生，因此鼓风曝气对堆体内部和表面的 NH_3 浓度均无显著影响。高温后期和降温后期，堆体内部 NH_3 的瞬时浓度分别维持在 25mg/m³和 60mg/m³左右，堆体表面 NH_3 的瞬时浓度均低于 20mg/m³。

4.5.3　污泥堆肥不同阶段 NH_3 的释放速率特征

根据图 4.19，污泥堆肥的高温后期及降温后期基本没有 NH_3 的产生和释放，故只对升温期、高温前期和降温前期的 NH_3 产生和释放速率进行拟合并计算。不同阶段一个鼓风周期的 NH_3 产生速率与时间的拟合曲线如图4.20所示，它们的关系可用对数方程表达，一般方程式为：

$$f(t)=k\times\ln(t)+m \tag{4.18}$$

式中　k、m——常数。

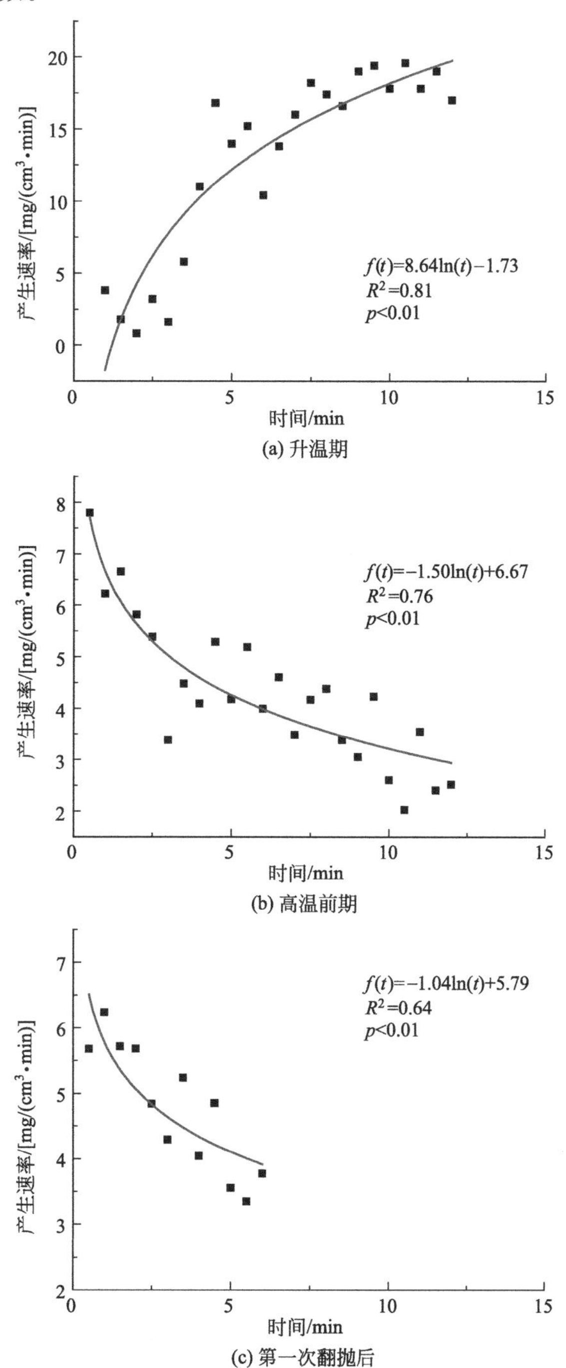

图4.20　污泥堆肥不同阶段 NH_3 产生速率与时间的关系

常数 k 可表征曲线斜率的大小，$k>0$ 时，NH_3 的产生速率随着时间的延长而增加；$k<0$ 时，NH_3 的产生速率随着时间的延长而降低。$|k|$ 越大，斜率变化越大，NH_3 的产生速率增加或降低越快。如图 4.21 所示，升温期 NH_3 的产生速率随着时间的延长而增加，且其产生速率增加较快，最高产生速率达 19.6mg/(m³·min)。高温前期和第一次翻抛后，NH_3 的产生速率随着时间的延长而降低。由 k 值可知，高温前期的 NH_3 产生速率降低较快，在 7.79～2.02mg/(m^3·min) 间变化；翻抛后，由于这个阶段微生物活性的降低，NH_3 产生速率降低较慢，在 6.24～3.35mg/(m^3·min) 之间变化。

好氧发酵过程中不同阶段的 NH_3 释放速率与时间的拟合曲线如图 4.20 所示，NH_3 释放速率与时间的关系可用一元二次方程拟合，一般方程式为：

$$g(t)=at^2+bt+c \tag{4.19}$$

式中　a、b 和 c——常数。

$R_e=c$ 为不同阶段一个鼓风周期的初始释放速率值。可以看出，NH_3 的初始释放速率以高温前期最高，达 10.3mg/(m^3·min)。常数 a 决定了拟合曲线的形状，$|a|$ 越大，拟合曲线开口越小，对应堆体表面 NH_3 的释放速率变化越大。图 4.20 显示，好氧发酵过程中，$|a|$ 呈现整体趋势降低，但高温前期最小的现象。这与高温前期 NH_3 的释放浓度整体较大导致释放速率变化不明显有关（图 4.19）。$-b/2a$ 决定了释放速率达到峰值的时间，$-b/2a$ 越大，释放速率达到峰值的时间越长。由图 4.20 可知，$-b/2a$ 的值呈现整体增加趋势，但高温期最高的现象。同样，这可能是因为高温前期 NH_3 的释放浓度较大导致释放速率变化不明显，因此达到峰值的时间较长。

4.5.4 污泥堆肥过程中 NH_3 的产生和释放量变化

将式(4.18) 和式(4.19) 分别代入式(4.10) 和式(4.15)，利用 Mapplesoft13.0 进行积分运算，获得不同好氧发酵阶段一个鼓风周期的 NH_3 产生和释放量，如图 4.22 所示。NH_3 的最大产生和释放量出现在高温前期，一个鼓风周期的产生量为 1.42mg/kg DM，释放量为 1.17mg/kg DM。第一次翻抛后的 NH_3 产生和释放量高于升温期，一个鼓风周期的产生量为 0.85mg/kg DM，释放量为 0.33mg/kg DM。由图 4.18 可知，好氧发酵高温后期基本不产生和释放 NH_3，因此，高温后期之后的第一次翻抛使得堆体表面一个鼓风周期单元内 NH_3 释放量增加了 0.33mg/kg DM，占好氧发酵过程中最高 NH_3 释放量的 28.7%。将不同阶段各个鼓风周期内的 NH_3 释放速率进行拟合，并积分运算后，计算所得翻抛导致堆体表面的 NH_3 释放量占整个好氧发酵过程 NH_3 释放总量的 18.4%。

整个好氧发酵过程 NH_3 的产生和释放总量如表 4.11 所列。NH_3 的产生总量是 0.82g N/kg DM，释放总量是 0.53g N/kg DM。

表 4.11　NH_3 的产生和释放总量表

项目	NH_3-N 总量/(g N/kg DM)	占 N 损失的百分比/%
产生量	0.82	49.7
释放量	0.53	32.3

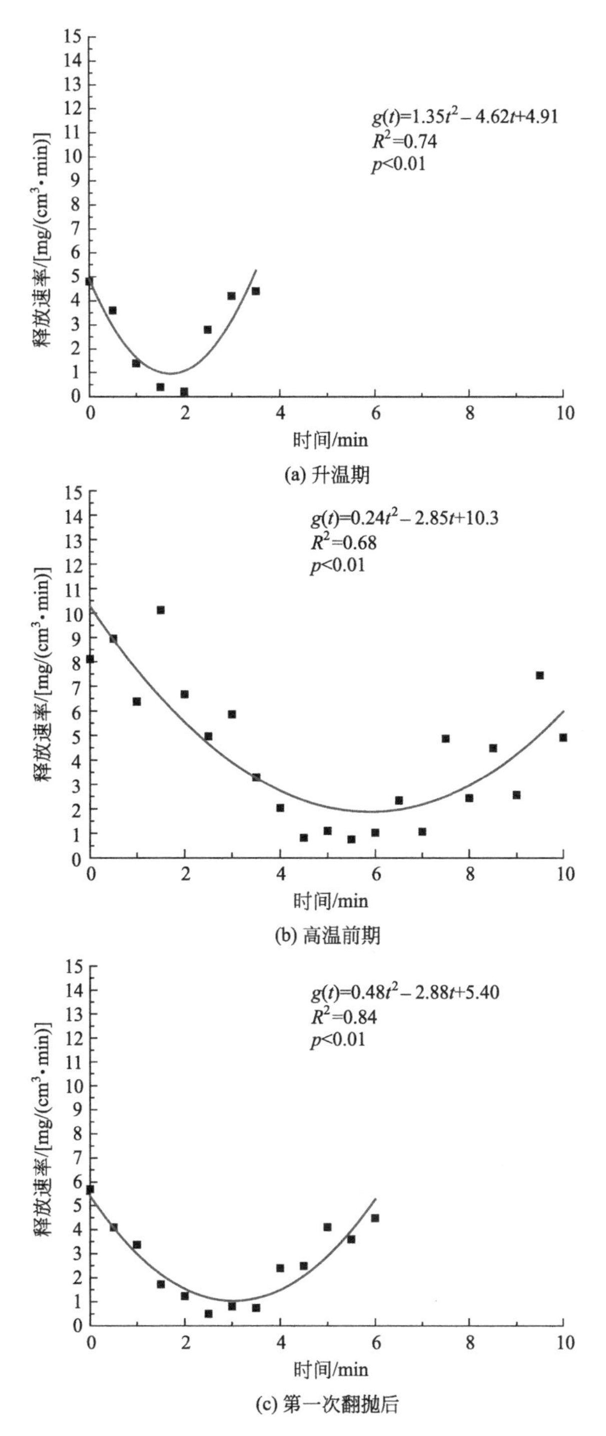

图 4.21　污泥堆肥不同阶段 NH_3 释放速率与时间的关系

通过在线监测方法获得了不同好氧发酵阶段的 NH_3 产生和释放速率模型，不同阶段一个鼓风周期的 NH_3 产生速率与时间的关系可用 $f(t)=k\times\ln(t)+m$ 表示，NH_3 释放速率与时间的关系可用 $g(t)=at^2+bt+c$ 表示。

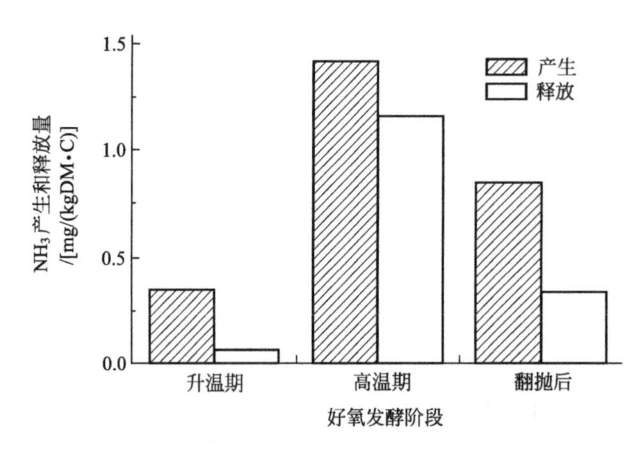

图 4.22　不同好氧发酵阶段一个鼓风周期内 NH_3 的产生和释放量

4.6 本章小结

污泥作为城市有机固体废物，在收集、运输和处理处置处理过程中不可避免地产生臭气，已成为限制处理处置设施选址、建设和运营的主要障碍之一。污泥处理处置设施产生的臭气成分种类多，其中含氮化合物、含硫化合物及短链脂肪酸的阈值较低，是污泥处理处置设施恶臭污染的主要贡献物质。

污泥在脱水、干化、厌氧消化、焚烧和堆肥过程中产生的臭气浓度和主要成分有较大差别，除了受污泥自身理化特性影响外，主要受污泥存储、处理过程等外部条件的影响。污泥好氧发酵过程中臭气的主要成分 NH_3、H_2S 和其他主要致臭物质（VOCs）都和堆肥过程中的氧气供应有很大关系，可以在堆肥的原料配比、通风供氧方式等方面进行改进，减少致臭物质的产生和释放。

参考文献

[1] 中华人民共和国住房与城乡建设部．住房城乡建设部关于全国城镇污水处理设施 2014 年第一季度建设和运行情况的通报 [R]. 北京：中华人民共和国住房和城乡建设部，2014.

[2] 环境保护部环境工程评估中心．建设项目环境监理 [M]. 北京：中国环境科学出版社，2012.

[3] 沈玉君．污泥好氧发酵过程臭气及挥发性有机物的产生与释放 [D]. 北京：中国科学院研究生院，2012.

[4] GB 18918—2002.

[5] 李明峰，马闯，赵继红，等．污泥堆肥臭气的产生特征及防控措施 [J]. 环境工程，2014，32 (01)：92-96.

[6] 常勤学．通风控制方式对动物粪便堆肥过程和氮磷转化的影响 [D]. 武汉：武汉理工大学，2006.

[7] 朱彦莉．污泥好氧发酵过程中臭气释放特征与影响因素 [D]. 北京：中国科学院研究生院，2016.

[8] 毕东苏．垃圾堆肥厂臭气的生物脱臭技术综述 [J]. 安徽农业科学．2007，35 (27)：8623-8625.

[9] 刘璐，陈同斌，郑国砥．污泥堆肥厂臭气的产生和处理技术研究进展 [J]. 中国给水排水，2010，26 (13)：120-124.

[10] 郭小品，羌宁，裴冰．城市-生活垃圾堆肥厂臭气的产生及防控技术进展 [J]. 环境科学与技术，2007，30 (6)：107-111.

[11] 郑国砥，高定，陈同斌．污泥堆肥过程中氮素损失和氨气释放的动态与调控 [J]. 中国给水排水，2009，25

(11)：121-124.

[12] Liang Y，Leonard J，Feddes J，et al. Influence of carbon and buffer amendment on ammonia volatilization in composting [J]. Bioresource Technology，2006，97 (5)：748-761.

[13] 李国学，张福锁．固体废物堆肥化与有机复混肥生产 [M]. 北京：化学工业出版社，2000.

[14] Kirchmann H，Writer E. Ammonia volatilization during aerobic and anaerobic manure decomposition [J]. Plant and Soil，1989，115 (1)：3541.

[15] Suffet M，Decottignies V，Senante E，et al. Sensory assessment and characterization of odor nuisance emissions during the composting of waste water biosolids [J]. Water Environment Research，2009，81 (7)：670-679.

[16] Rajamaeki T，Arnold M，Venelampi O，et al. An electronic nose and indicator volatiles for monitoring of the composting process [J]，Water，Air，& Soil Pollution，2005，162 (1)：71-87.

[17] Sanchez-monedero M，Roig A，Paredes C，et al. Nitrogen transformation during organic waste composting by the Rutgers system and its effects on pH，EC and maturity of the composting mixtures [J]. Bioresource Technology，2001，78 (3)：301-308.

[18] Liang Y，Leonard J，Feddes J，et al. As ammonia volatilization in composting [J]. Transactions of the ASAE，2004，47 (5)：1667-1680.

固体废物处置设施源恶臭物质迁移模拟软件系统

恶臭气体大气扩散模拟软件（ModOdor v1.0，2014）是在环境保护部环保公益性行业科研专项重点项目“固体废物处置设施环境安全评价技术研究”支持下由清华大学开发的“恶臭气体大气扩散模拟软件”，用于固体废物处置设施及其他污染源所产生的恶臭气体的大气扩散模拟和浓度预报。ModOdor 虽然是针对恶臭气体大气扩散所开发的，但也同样适用于对其他气态污染物在中小尺度上的大气扩散模拟。

ModOdor 主要由两部分解构成：第一部分是恶臭气体扩散解析解；第二部分是恶臭气体扩散数值模拟。

污染物大气扩散问题的解析解是在平流输运、湍流扩散、干湿沉降消减和化学反应消减等作用下，大气中污染浓度随空间位置和时间变化的解析表达式。污染物大气扩散解析解是分析污染物大气扩散现象的重要手段，能够准确地刻画污染物的扩散规律，揭示有关参数和条件的影响和作用；各种数值方法通常也要通过解析解验证和比较；利用解析解可进行简单问题的实际计算和预报，还可根据解的适用条件设计室内或野外试验等。

影响污染物大气扩散与消减的因素众多，每个因素的变化都会对解产生影响。由于实际问题的复杂性，描述污染物大气扩散规律的数学模型通常也比较复杂，只有在比较简单的条件下才能求得一些解析解。

ModOdor 实现了污染物多个大气扩散问题的解，包括一维、二维和三维扩散问题，稳定和非稳定扩散问题，点源、线源、面源和体源问题，给定源浓度和源通量问题，降水清除问题和化学生物反应问题等。所有的解析解均在均匀等速风场假设条件下获得。

为了便于用户使用本软件，ModOdor 采用了一致的窗口形式来构建解，如图 5.1 所示。解的用户界面由两个子窗口构成：上子窗口为条件窗口，主要用于参数录入、条件选择、运行操作等；下子窗口为计算结果窗口，由一个 RTF 格式的简单文本编辑器构成，主要用于显示计算结果。ModOdor 完成计算后，将把新的计算结果置于此窗口。ModOdor 提供了缺省数据支持系统、全程数据录入界面系统、录入错误自动识别系统、录入参数合法性检查系统、函数和公式录入系统、计算结果图示系统、帮助系统，用户可方便、简捷、迅速地录入参数、实施计算并绘制计算结果的绘图（图 5.1 和图 5.2）。

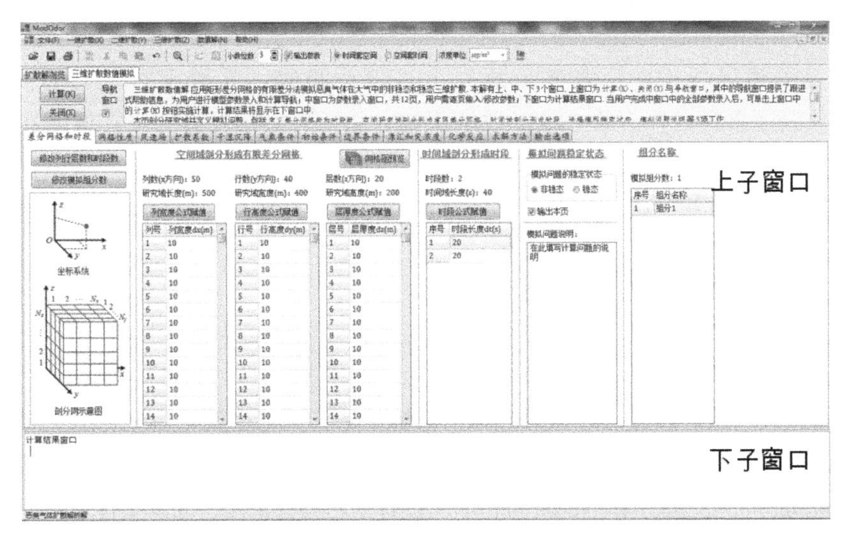

图 5.1　ModOdor 三维扩散数值解操作界面图

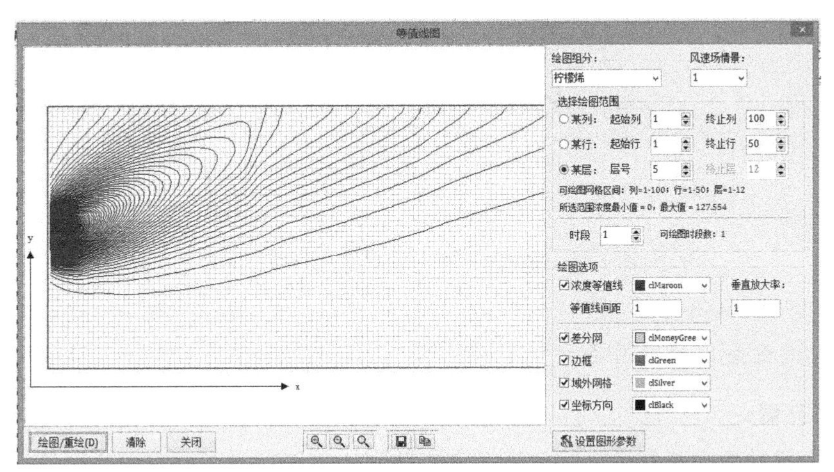

(a) 等值线图

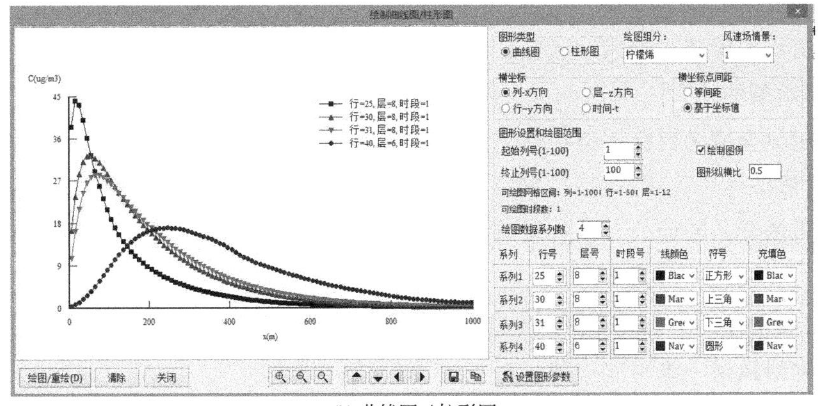

(b) 曲线图 / 柱形图

图 5.2　计算结果绘制界面图

5.1 污染物一维扩散解析解

在均匀等速风场中，若源在全断面上排放污染物，可形成沿风向的一维扩散。ModOdor 实现了多种条件下的一维扩散解析解，包括瞬时排放源一维扩散问题的解、源定浓度排放污染物一维扩散问题的解、给定平流和湍流扩散通量条件下的一维扩散问题的解、给定源强度下一维扩散问题的解等。这些解均要求风场是均匀等速的，风速为常数。

5.1.1 瞬时源排放一维扩散解

5.1.1.1 解的简述

瞬时源排放一维扩散解，简称瞬时源一维解，是源瞬时排放时污染物的一维大气扩散解，是污染物扩散解析解中最为简单的解。在一维等速风场作用下，长风道在某断面处瞬时排放污染物问题可用此解计算不同时间和不同位置的污染物浓度。求解条件见图 5.3。

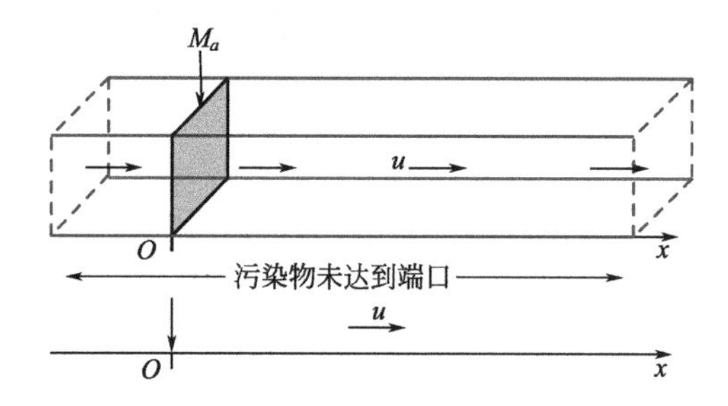

图 5.3 瞬时源排放一维扩散求解条件示意

5.1.1.2 假设条件（应用条件）

1）研究域

管壁光滑的无限长管道（污染物没有扩散到达端口）。

2）风场

沿风道均匀等速一维风，风速 u＝常数。

3）初始条件

初始时刻全域的目标污染物浓度为 C_i＝常数。

4）排放条件

在风道的某一断面处（垂直风速方向）瞬时排放污染物，单位断面排放污染物的质量为 M_a。

5）扩散条件

污染物沿风道一维平流扩散。

6）干湿沉降和化学反应

污染物在扩散过程中可发生湿沉降，也可发生化学生物反应，均符合一级动力学规律；忽略干沉降作用。

5.1.1.3 数学模型

在上述假设条件下，取坐标原点于排放断面处，得到问题的数学模型如下：

$$\frac{\partial C}{\partial t}=K_x\frac{\partial^2 C}{\partial x^2}-u\frac{\partial C}{\partial x}-kC+M_a\delta(x,t) \qquad (5.1a)$$

$$-\infty<x<+\infty,\quad t>0$$

$$C(x,t)\big|_{t=0}=C_i,\ C(x,t)\big|_{x\to\pm\infty}=C_i\exp(-kt) \qquad (5.1b)$$

式中 C——浓度，$\mu g/m^3$；

M_a——源在单位断面上瞬时排放的物质质量，mg/m^2；

C_i——初始浓度，$\mu g/m^3$；

K_x——纵向湍流扩散系数，m^2/s；

k——清除系数与一级反应速度常数之和，1/s；

$\delta(x,t)$——δ 函数，$1/(s\cdot m)$；

x——计算点的位置坐标，m；

t——计算时间，s。

5.1.1.4 瞬时源排放一维扩散解

瞬时源排放一维扩散解如下：

$$C(x,t)=\frac{M_a}{2\sqrt{\pi K_x t}}\exp\left[-kt-\frac{(x-ut)^2}{4K_x t}\right]+C_i\exp(-kt) \qquad (5.2)$$

式中 u——风速，m/s；

其余符号意义同前。

5.1.2 定浓度源排放一维扩散解

5.1.2.1 解的简述

定浓度源排放一维扩散解，简称定浓度源一维解，是定浓度源排放条件下的污染物一维大气扩散解，研究域半无限，源位于上风端口处。所考虑的情况包括：

① 研究域有均匀分布的源作用问题；

② 短时排放问题；

③ 排放浓度按 e 指数函数衰减问题；

④ 有均匀分布的源作用但无化学反应问题等。

求解条件见图 5.4。

5.1.2.2 假设条件（应用条件）

1）研究域

管壁光滑的半无限长管道，在左侧端口排放污染物，污染物没有到达管道的右

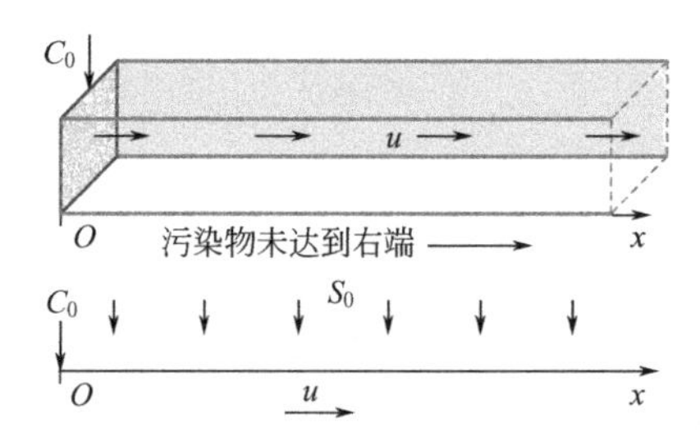

图 5.4　定浓度源排放一维扩散条件示意

端口。

2）风速场

沿管道均匀等速一维风速场，风速 u＝常数。

3）初始条件

初始时刻全域无目标污染物或污染物浓度为 C_i＝常数。

4）边界条件

在管道的左端排放污染物，污染物的浓度为 C_0（第一类边界条件）；污染物的排放方式可以是定浓度连续排放，或定浓度短时排放，或浓度按 e 指数规律衰减。

5）源汇条件

可有沿程均匀分布的源作用。

6）干湿沉降和化学反应

污染物在扩散过程中可发生湿沉降，也可发生化学生物反应，均符合一级动力学规律；忽略干沉降作用。

5.1.2.3　数学模型

在上述假设条件下，取坐标原点于左端，可得问题的数学模型如下：

$$\frac{\partial C}{\partial t}=K_x\frac{\partial^2 C}{\partial x^2}-u\frac{\partial C}{\partial x}-kC+S_0 \tag{5.3a}$$

$$x>0,\ t>0$$

$$C(x,t)\big|_{t=0}=C_i \tag{5.3b}$$

$$C(x,t)\big|_{x=0}=C_0 \tag{5.3c}$$

$$C(x,t)\big|_{x\to+\infty}=0 \tag{5.3d}$$

式中　S_0——沿程均匀分布的源强度（单位时间单位体积所释放的污染物质量），mg/(m^3·s)；

其余符号意义同前。

5.1.2.4　定浓度源排放一维扩散解

(1) 连续排放、含有化学反应问题的解

$$C(x,t)=\frac{1}{2}\left(C_0-\frac{S_0}{k}\right)\left\{\exp\left[\frac{(u-w)x}{2K_x}\right]\operatorname{erfc}\left[\frac{x-wt}{2\sqrt{K_xt}}\right]\right.$$

$$+\exp\left[\frac{(u+w)x}{2K_x}\right]\mathrm{erfc}\left[\frac{x+wt}{2\sqrt{K_x t}}\right]\Bigg\}+\left(C_i-\frac{S_0}{k}\right)\exp(-kt)$$
$$\times\left\{1-\frac{1}{2}\mathrm{erfc}\left[\frac{x-ut}{2\sqrt{K_x t}}\right]-\frac{1}{2}\exp\left(\frac{ux}{K_x}\right)\mathrm{erfc}\left[\frac{x+ut}{2\sqrt{K_x t}}\right]\right\}+\frac{S_0}{k} \tag{5.4a}$$

其中

$$w=\sqrt{u^2+4kK_x} \tag{5.4b}$$

(2) 短时排放、含有化学反应问题的解

$$C(x,t)=\begin{cases}\left(C_0-\dfrac{S_0}{k}\right)H(x,t)+M(x,t) & (0<t\leqslant t_0)\\ \left(C_0-\dfrac{S_0}{k}\right)H(x,t)+M(x,t)-C_0H(x,t-t_0) & (t>t_0)\end{cases} \tag{5.5a}$$

式中，

$$H(x,t)=\frac{1}{2}\exp\left[\frac{(u-w)x}{2K_x}\right]\mathrm{erfc}\left[\frac{x-wt}{2\sqrt{K_x t}}\right]+\frac{1}{2}\exp\left[\frac{(u+w)x}{2K_x}\right]\mathrm{erfc}\left[\frac{x+wt}{2\sqrt{K_x t}}\right] \tag{5.5b}$$

$$M(x,t)=\left(C_i-\frac{S_0}{k}\right)\exp(-kt)\left\{1-\frac{1}{2}\mathrm{erfc}\left[\frac{x-ut}{2\sqrt{K_x t}}\right]-\frac{1}{2}\exp\left(\frac{ux}{K_x}\right)\mathrm{erfc}\left[\frac{x+ut}{2\sqrt{K_x t}}\right]\right\}+\frac{S_0}{k} \tag{5.5c}$$

(3) 排放浓度按指数函数衰减、含有化学反应问题的解

$$C(x,t)=\begin{cases}C_0P(x,t)+M(x,t)-\dfrac{S_0}{k}H(x,t),\text{当 } 0<t\leqslant t_0 \text{ 时；}\\ C_0P(x,t)+M(x,t)-\dfrac{S_0}{k}H(x,t)-C_0P(x,t-t_0)\exp(-at_0),\text{当 } t>t_0 \text{ 时}\end{cases} \tag{5.6a}$$

式中，

$$P(x,t)=\exp(-at)\left\{\frac{1}{2}\exp\left[\frac{(u-w')x}{2K_x}\right]\mathrm{erfc}\left[\frac{x-w't}{2\sqrt{K_x t}}\right]\right.$$
$$\left.+\frac{1}{2}\exp\left[\frac{(u+w')x}{2K_x}\right]\mathrm{erfc}\left[\frac{x+w't}{2\sqrt{K_x t}}\right]\right\} \tag{5.6b}$$

其中，

$$w'=\sqrt{u^2+4K_x(k-a)} \tag{5.6c}$$

式中 a——排放浓度按 e 指数规律衰减时的衰减速度常数，1/s；

x——计算点的位置坐标，m；

t——计算时间，s；

其余符号意义同前。

(4) 无化学反应问题的解

$$C(x,t)=\begin{cases}C_i+(C_0-C_i)X(x,t)+Y(x,t) & (0<t\leqslant t_0)\\ C_i+(C_0-C_i)X(x,t)+Y(x,t)-C_0X(x,t-t_0) & (t>t_0)\end{cases} \tag{5.7a}$$

式中，

$$X(x,t)=\frac{1}{2}\mathrm{erfc}\left(\frac{x-ut}{2\sqrt{K_x t}}\right)+\frac{1}{2}\exp\left(\frac{ux}{K_x}\right)\mathrm{erfc}\left(\frac{x+ut}{2\sqrt{K_x t}}\right) \tag{5.7b}$$

$$Y(x,t)=I_0\left[t+\frac{x-ut}{2u}\mathrm{erfc}\left(\frac{x-ut}{2\sqrt{K_x t}}\right)-\frac{x+ut}{2u}\exp\left(\frac{ux}{K_x}\right)\mathrm{erfc}\left(\frac{x+ut}{2\sqrt{K_x t}}\right)\right] \tag{5.7c}$$

若排放浓度按指数函数衰减，则解为

$$C(x,t)=C_i-C_iX(x,t)+C_0Z(x,t)+Y(x,t) \tag{5.8a}$$

式中，

$$Z(x,t)=\exp(-at)\left\{\frac{1}{2}\exp\left[\frac{(u-w)x}{2K_x}\right]\mathrm{erfc}\left(\frac{x-wt}{2\sqrt{K_x t}}\right)\right.$$

$$\left.+\frac{1}{2}\exp\left[\frac{(u+w)x}{2K_x}\right]\mathrm{erfc}\left(\frac{x+wt}{2\sqrt{K_x t}}\right)\right\} \tag{5.8b}$$

其中，

$$w=\sqrt{u^2-4aK_x} \tag{5.8c}$$

式中 C_0——左端排放污染物的浓度，μg/m³；

u——风速，m/s；

K_x——纵向湍流扩散系数，m²/s；

t_0——源排放污染物的持续时间，s；

其余符号意义同前。

5.1.3 定通量源排放一维扩散解

5.1.3.1 解的简述

定通量源排放一维扩散解，简称定通量源一维解，是在定通量源排放条件下的污染物一维大气扩散解，研究域半无限，源位于上风端口处。可考虑的情况包括：

① 研究域有均匀分布的源作用问题；

② 短时排放问题；

③ 排放浓度按 e 指数函数衰减问题；

④ 有均匀分布的源作用但无化学反应问题等。

需要注意的是此解假设上风边界处的平流与湍流扩散通量之和等于平流代入的通量，湍流扩散通量被忽略，因此当风速较小时计算得到的浓度存在一定误差。求解条件见图 5.5。

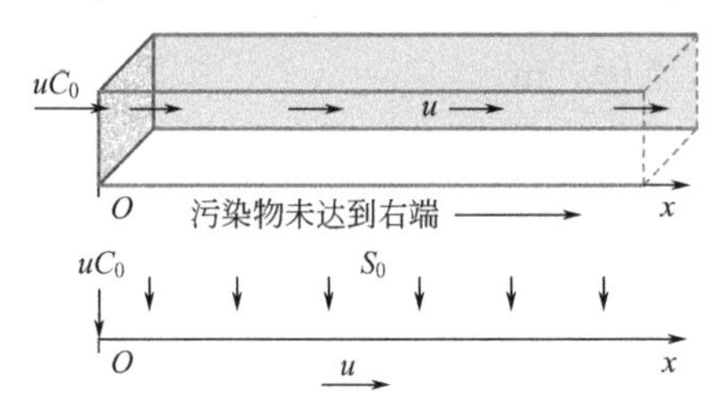

图 5.5 定通量源排放一维扩散条件示意

5.1.3.2　假设条件（应用条件）

1）研究域

管壁光滑的半无限长管道，在左侧排放污染物，污染物没有到达管道的右端口。

2）风速场

沿管道均匀等速一维风速场，风速 u＝常数。

3）初始条件

初始时刻全域无目标污染物或污染物浓度为 C_i＝常数。

4）边界条件

在管道的入流端排放污染物，排放通量 $F=uC_0(t)$，其中，C_0为源排放污染物的浓度。污染物的排放方式可以是定浓度连续排放，或定浓度短时排放，或浓度按 e 指数规律衰减。

5）源汇条件

可有沿程均匀分布的源作用。

6）干湿沉降和化学反应

污染物在扩散过程中可发生湿沉降，也可发生化学生物反应，均符合一级动力学规律；忽略干沉降作用。

5.1.3.3　数学模型

在上述假设条件下，取坐标原点于左端，可得问题的数学模型如下：

$$\frac{\partial C}{\partial t}=K_x\frac{\partial^2 C}{\partial x^2}-u\frac{\partial C}{\partial x}-kC+S_0 \tag{5.9a}$$

$$x>0,\quad t>0$$

$$C(x,t)\big|_{t=0}=C_i \tag{5.9b}$$

$$\left.\frac{\partial C}{\partial x}\right|_{x\to\infty}=0 \tag{5.9c}$$

$$\left.\left(-K_x\frac{\partial C}{\partial x}+uC\right)\right|_{x=0}=g \tag{5.9d}$$

或

$$\left.\left(-K_x\frac{\partial C}{\partial x}+uC\right)\right|_{x=0}=uC_0\exp(-at) \tag{5.9e}$$

式中　g——左边界通量（单位时间单位断面排放污染物的质量），$mg/(m^2\cdot s)$；

K_x——湍流扩散系数，m^2/s；

C_0——左边界浓度，$\mu g/m^3$（若给定，则边界通量 $g=C_0u$）；

其余符号意义同前。

5.1.3.4　定通量源排放一维扩散解

(1) 连续排放、含有化学反应问题的解

$$C(x,t)=\begin{cases}C_0\exp(-at)A_1(x,t)+B(x,t)-\dfrac{S_0}{k}A(x,t) & (a\neq k)\\ C_0\exp(-at)A_2(x,t)+B(x,t)-\dfrac{S_0}{k}A(x,t) & (a=k)\end{cases} \tag{5.10a}$$

式中，

$$A_1(x,t)=\frac{u}{u+w'}\exp\left[\frac{(u-w')x}{2K_x}\right]\mathrm{erfc}\left(\frac{x-w't}{2\sqrt{K_xt}}\right)$$
$$+\frac{u}{u-w'}\exp\left[\frac{(u+w')x}{2K_x}\right]\mathrm{erfc}\left(\frac{x+w't}{2\sqrt{K_xt}}\right)$$
$$+\frac{u^2}{2K_x(k-a)}\exp\left[\frac{ux}{K_x}+(a-k)t\right]\mathrm{erfc}\left(\frac{x+ut}{2\sqrt{K_xt}}\right) \tag{5.10b}$$

$$A_2(x,t)=\frac{1}{2}\mathrm{erfc}\left(\frac{x-ut}{2\sqrt{K_xt}}\right)+\sqrt{\frac{u^2t}{\pi K_x}}\exp\left[-\frac{(x-ut)^2}{4K_xt}\right]$$
$$-\frac{1}{2}\left[1+\frac{ux}{K_x}+\frac{u^2t}{K_x}\right]\exp\left(\frac{ux}{K_x}\right)\mathrm{erfc}\left(\frac{x+ut}{2\sqrt{K_xt}}\right) \tag{5.10c}$$

$$B(x,t)=\exp(-kt)[1-A_2(x,t)]\left(C_i-\frac{S_0}{k}\right)+\frac{S_0}{k} \tag{5.10d}$$

其中，

$w'=\sqrt{u^2+4K_x(k-a)}$；$A(x, t)$为函数$A_1(x, t)$在$a=0$时的值：

$$A(x,t)=\frac{u}{u+w}\exp\left[\frac{(u-w)x}{2K_x}\right]\mathrm{erfc}\left(\frac{x-wt}{2\sqrt{K_xt}}\right)$$
$$+\frac{u}{u-w}\exp\left[\frac{(u+w)x}{2K_x}\right]\mathrm{erfc}\left(\frac{x+wt}{2\sqrt{K_xt}}\right)$$
$$+\frac{u^2}{2kK_x}\exp\left[\frac{ux}{K_x}-kt\right]\mathrm{erfc}\left(\frac{x+ut}{2\sqrt{K_xt}}\right) \tag{5.10e}$$

其中，

$$w=\sqrt{u^2+4kK_x} \tag{5.10f}$$

（2）短时排放、含有化学反应问题的解

$$C(x,t)=\begin{cases}\left(C_0-\dfrac{S_0}{k}\right)A(x,t)+B(x,t) & (0<t\leqslant t_0)\\ \left(C_0-\dfrac{S_0}{k}\right)A(x,t)+B(x,t)-C_0A(x,t-t_0) & (t>t_0)\end{cases} \tag{5.11}$$

式中　t_0——源排放污染源的持续时间，s；

其余符号意义同前。

（3）连续排放或短时排放、无化学反应问题的解

$$C(x,t)=\begin{cases}C_i+(C_0-C_i)A_2(x,t)+V(x,t) & (0<t\leqslant t_0)\\ C_i+(C_0-C_i)A_2(x,t)+V(x,t)-C_0A_2(x,t-t_0) & (t>t_0)\end{cases} \tag{5.12a}$$

式中，

$$V(x,t)=S_0\left\{t-\left(\frac{t}{2}-\frac{x}{2u}-\frac{K_x}{2u^2}\right)\mathrm{erfc}\left[\frac{x-ut}{2\sqrt{K_xt}}\right]\right.$$

$$-\sqrt{\frac{t}{4\pi K_x}}\left(x+ut+\frac{2K_x}{u}\right)\exp\left[-\frac{(x-ut)^2}{4K_xt}\right]$$

$$+\left[\frac{t}{2}-\frac{K_x}{2u^2}+\frac{(x+ut)^2}{4K_x}\right]\exp\left(\frac{ux}{K_x}\right)\mathrm{erfc}\left[\frac{x+ut}{2\sqrt{K_xt}}\right]\Bigg\}\tag{5.12b}$$

(4) 排放通量按指数函数衰减、无化学反应问题的解

$$C(x,t)=C_i-C_iA_2(x,t)+C_0W(x,t)+V(x,t)\tag{5.13a}$$

式中，

$$W(x,t)=\exp(-at)\left\{\frac{u}{u+\xi}\exp\left[\frac{(u-\xi)x}{2K_x}\right]\mathrm{erfc}\left(\frac{x-\xi t}{2\sqrt{K_xt}}\right)\right.$$

$$\left.+\frac{u}{u-\xi}\exp\left[\frac{(u+\xi)x}{2K_x}\right]\mathrm{erfc}\left(\frac{x+\xi t}{2\sqrt{K_xt}}\right)\right\}$$

$$-\frac{u^2}{2aK_x}\exp\left(\frac{ux}{K_x}\right)\mathrm{erfc}\left(\frac{x+ut}{2\sqrt{K_xt}}\right)\tag{5.13b}$$

$$\xi=\sqrt{u^2-4aK_x}\tag{5.13c}$$

5.1.4 给定源强度一维扩散解

5.1.4.1 解的简述

给定源强度一维扩散解，简称定强度源一维解，是在给定源强度的域内源作用下的污染物一维大气扩散解。当源的厚度较大而不宜忽略时，可选择考虑源厚度解，否则选择忽略源厚度解。实际源都有一定厚度，只是当源的厚度较小时可以忽略而按无厚度源概化。

本解考虑了以下情况：

① 源连续排放问题；

② 源短时排放问题；

③ 源强度按 e 指数函数衰减问题；

④ 源瞬时排放问题等。

5.1.4.2 假设条件（应用条件）

1）研究域

管壁光滑的无限长管道，在管道的任意位置有污染物排放，污染物没有到达管道的端口，见图 5.6。

2）风速场

沿管道均匀等速一维风速场，风速 u＝常数。

3）初始条件

初始时刻全域无目标污染物或污染物浓度为 C_i＝常数。

4）源条件

依据是否考虑源厚度分两种情况：

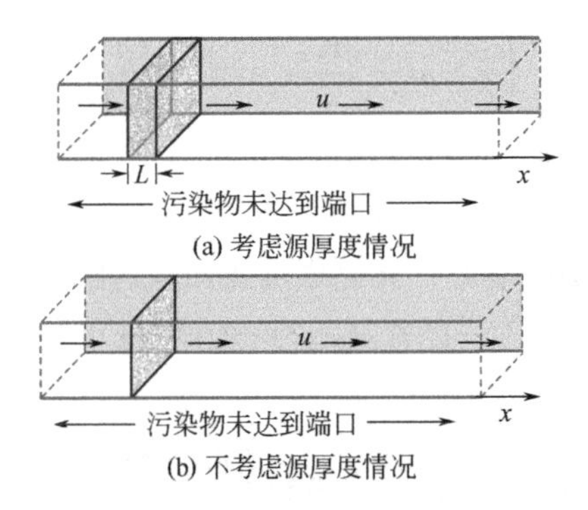

图 5.6　给定源强度一维扩散解

① 考虑源厚度，表示从管道的某一垂直风向断面开始分布有厚度为 L 的源；

② 不考虑源厚度，在管道的某一垂直风向断面处有源，但源的厚度很小，可以忽略。

源排放污染物的方式为下列情况之一：

① 定强度连续排放；

② 源强度随时间变化；

③ 源强度按 e 指数规律衰减；

④ 瞬时排放。

5）干湿沉降和化学反应

污染物在扩散过程中可发生湿沉降，也可发生化学生物反应，均符合一级动力学规律；忽略干沉降作用。

5.1.4.3　数学模型

在上述假设条件下，取坐标原点于源的左端起始位置，可得问题的数学模型如下：

$$\frac{\partial C}{\partial t}=K_x\frac{\partial^2 C}{\partial x^2}-u\frac{\partial C}{\partial x}-kC+S\delta \tag{5.14a}$$

$$-\infty<x<\infty,\quad t>0$$

$$C(x,t)\big|_{t=0}=0 \tag{5.14b}$$

$$C(x,t)\big|_{x\to\pm\infty}=0 \tag{5.14c}$$

其中，对于连续源：

$$\delta(x)=\begin{cases}1,\ x=[0,L]\\0,\ \text{其他}\end{cases} \tag{5.14d}$$

对于瞬时源：

$$\delta(x,t)=\begin{cases}1,\ x=[0,L],t=0,\text{且用 }M\text{ 取代 }S\\0,\ \text{其他}\end{cases} \tag{5.14e}$$

式中　L——源在风向方向的厚度，m；

S——源强度，考虑源厚度时，为单位时间单位源体积排放的污染物质量，mg/(m^3·s)，不考虑源厚度时为单位时间单位源面积排放的污染物质量，mg/(m^2·s)；

$\delta(x,t)$——一维 Dirac 函数。

其余符号意义同前。

5.1.4.4 给定源强度一维扩散解

考虑源厚度情况下，给定源强度一维扩散解如下。

源瞬时排放污染物解：

$$C=\frac{M}{2}f(x,t)+C_i\exp(-kt) \tag{5.15a}$$

其中，

$$f(x,t)=\exp(-kt)\left[\operatorname{erfc}\frac{x-ut-x_0-L}{2\sqrt{K_xt}}-\operatorname{erfc}\frac{x-ut-x_0}{2\sqrt{K_xt}}\right] \tag{5.15b}$$

源连续排放污染物解：

$$C(x,t)=\frac{S}{2}\int_0^t f(x,\tau)\mathrm{d}\tau+C_i\exp(-kt) \tag{5.16}$$

不考虑源厚度情况下，一维扩散解如下。

源瞬时排放污染物解：

$$C=\frac{M}{2\sqrt{\pi K_xt}}f(x,t)+C_i\exp(-kt) \tag{5.17a}$$

其中，

$$f(x,t)=\exp\left[-kt-\frac{(x-ut-x_0)^2}{4K_xt}\right] \tag{5.17b}$$

源连续排放污染物解：

$$C=\frac{S}{2\sqrt{\pi K_x}}\int_0^t f(x,\tau)\frac{\mathrm{d}\tau}{\sqrt{\tau}}+C_i\exp(-kt) \tag{5.18}$$

式中 x_0——源的起点坐标，m；

M——瞬时源强度，考虑源厚度时为单位源体积瞬时排放的污染物质量，mg/m^3；

τ——无量纲时间；

其余符号意义同前。

5.2 污染物二维扩散解析解

若污染物在整个研究域高度上均匀排放，且风速场是等速的，就会形成二维大气污染区。污染区在沿风流方向纵向扩散的同时，还在垂直风流方向上产生横向扩散。这样的污染物扩散问题就是二维扩散问题。

ModOdor 实现了多种条件下的污染物二维大气扩散解析解，包括点源、线源、面源、给定上风边界浓度和给定上风边界通量等问题的污染物扩散解；研究域可以为条形、半无限或无限；源的作用形式包括连续排放、排放强度/浓度随时间变化、瞬时排放等；可存在湿沉降和一级化学反应等污染物消减作用。

5.2.1 点源给定源强度二维扩散解

5.2.1.1 解的简述

点源给定源强度二维扩散解，简称点源二维解，是在平面点源（空间上为全高度线源）作用下的污染物平面二维大气扩散解。空间直立线源与任意水平面相交都是点源，且污染物在同一平面位置的不同高度上的浓度相等，因此称为平面点源，简称点源。

5.2.1.2 假设条件（应用条件）

1）研究域

研究域的高度 h＝常数；平面分布为下列三种情况之一：

① 条形，宽度为常数，两侧是反射边界；

② 半无限，一侧边界是反射边界，另一侧无限远；

③ 无限，两侧边界均无限远，见图 5.7。

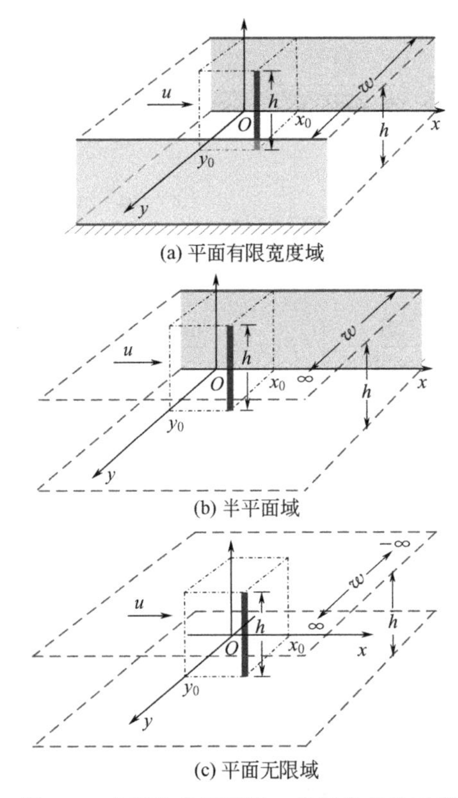

图 5.7 点源给定源强度二维扩散条件示意

2）风速场

均匀等速一维风场，风速 u＝常数。

3）初始条件

初始时刻全域无目标污染物或污染物浓度为 C_i＝常数。

4）源条件

平面点源（空间上为高度等于研究域高度的线源）。源排放污染物的方式为下列情况之一：

① 定强度连续排放；

② 源强度随时间变化；

③ 源强度按 e 指数规律衰减；

④ 瞬时排放。

5）湍流扩散条件

平面二维扩散。

6）干湿沉降和化学反应：污染物在扩散过程中可发生湿沉降，也可发生化学生物反应，均符合一级动力学规律；忽略干沉降作用。

5.2.1.3　数学模型

在上述假设条件下，取 x 轴方向与风速方向一致，y 轴水平且与 x 轴垂直，可得问题的数学模型如下：

$$\frac{\partial C}{\partial t}=K_x\frac{\partial^2 C}{\partial x^2}+K_y\frac{\partial^2 C}{\partial y^2}-u\frac{\partial C}{\partial x}-kC+S_p\delta \tag{5.19a}$$

$$-\infty<x,y<\infty,\ t>0$$

$$C(x,y,t)\big|_{t=0}=C_i \tag{5.19b}$$

$$C(x,y,t)\big|_{x\to\pm\infty}=C_i\exp(-kt) \tag{5.19c}$$

对于有限宽度域（$y=0-w$）

$$\left.\frac{\partial C}{\partial y}\right|_{y=0}=\left.\frac{\partial C}{\partial y}\right|_{y=w}=0 \tag{5.19d}$$

对于平面半无限域（$y=0-\infty$）

$$\left.\frac{\partial C}{\partial y}\right|_{y=0}=0,\ C(x,y,t)\big|_{y\to\infty}=C_i\exp(-kt) \tag{5.19e}$$

对于无限高度域（$-\infty<z<+\infty$）

$$C(x,y,t)\big|_{y\to\pm\infty}=C_i\exp(-kt) \tag{5.19f}$$

其中，对于连续源

$$\delta(x,y)=\begin{cases}1, & (x,y)\in 源\\ 0, & 其他\end{cases} \tag{5.19g}$$

其中，对于瞬时源

$$\delta(x,y,t)=\begin{cases}1, & (x,y)\in 源,\ t=0,\ 且用 M 取代 S_p\\ 0, & 其他\end{cases} \tag{5.19h}$$

式中　S_p——源在单位时间在整个研究域高度上排放的污染物质量，mg/s；

M——源瞬时排放的污染物质量，mg；

K_x、K_y——纵向和横向湍流扩散系数，m^2/s；

x，y，z——计算点的位置坐标，m；

其余符号意义同前。

5.2.1.4 点源给定源强度二维扩散解

(1) 平面有限宽度域解

源瞬时排放污染物问题解：

$$C(x,y,t)=\frac{M}{2hw\sqrt{\pi K_x t}}f(x,y,t)+C_i\exp(-kt) \tag{5.20a}$$

其中，

$$f(x,y,t)=\exp\left[-kt-\frac{(x-ut-x_0)^2}{4K_x t}\right]\left[1+2\sum_{m=1}^{\infty}\cos\left(\frac{m\pi y_0}{w}\right)\cos\left(\frac{m\pi y}{w}\right)\exp\left(-\frac{K_y m^2\pi^2}{w^2}t\right)\right] \tag{5.20b}$$

源连续排放污染物问题解：

$$C(x,y,t)=\frac{1}{2hw\sqrt{\pi K_x}}\int_0^t S(t-\tau)f(x,y,\tau)\frac{d\tau}{\sqrt{\tau}}+C_i\exp(-kt) \tag{5.21}$$

(2) 平面半无限域解

源瞬时排放污染物问题解：

$$C=\frac{M}{4\pi ht\sqrt{K_x K_y}}f(x,y,t)+C_i\exp(-kt) \tag{5.22a}$$

其中，

$$f(x,y,t)=\exp\left[-kt-\frac{(x-ut-x_0)^2}{4K_x t}\right]\left\{\exp\left[-\frac{(y-y_0)^2}{4K_y t}\right]+\exp\left[-\frac{(y+y_0)^2}{4K_y t}\right]\right\} \tag{5.22b}$$

源连续排放污染物问题解：

$$C(x,y,t)=\frac{1}{4\pi h\sqrt{K_x K_y}}\int_0^t S(t-\tau)f(x,y,\tau)\frac{d\tau}{\tau}+C_i\exp(-kt) \tag{5.23}$$

(3) 平面无限域解

源瞬时排放污染物解：

$$C(x,y,t)=\frac{M}{4\pi ht\sqrt{K_x K_y}}f(x,y,t)+C_i\exp(-kt) \tag{5.24a}$$

其中，

$$f(x,y,t)=\exp\left[-kt-\frac{(x-ut-x_0)^2}{4K_x t}-\frac{(y-y_0)^2}{4K_y t}\right] \tag{5.24b}$$

源连续排放污染物解：

$$C(x,y,t)=\frac{1}{4\pi h\sqrt{K_x K_y}}\int_0^t S(t-\tau)f(x,y,\tau)\frac{d\tau}{\tau}+C_i\exp(-kt) \tag{5.25}$$

式中 S——源强度（单位时间排放的污染物质量），mg/s；

h——研究域高度，m；

w——平面条形域的宽度，m；

x_0、y_0——点源的位置坐标，m；

其余符号意义同前。

5.2.2　线源给定源强度二维扩散解

5.2.2.1　解的简述

线源给定源强度二维扩散解，简称线源二维解，是在平面线源（在空间上为全高度面源）作用下的污染物平面二维大气扩散解。空间直立面源与任意水平面相交都得到线源，且污染物在同一平面位置的不同高度上的浓度相等，因此称为平面线源，简称线源。

5.2.2.2　假设条件（应用条件）

1）研究域

研究域的高度 h = 常数；平面分布为下列三种情况之一：

① 条形，宽度为常数，两侧是反射边界；

② 半无限，一侧是反射边界，另一侧无限远；

③ 无限，两侧边界均无限远，见图 5.8。

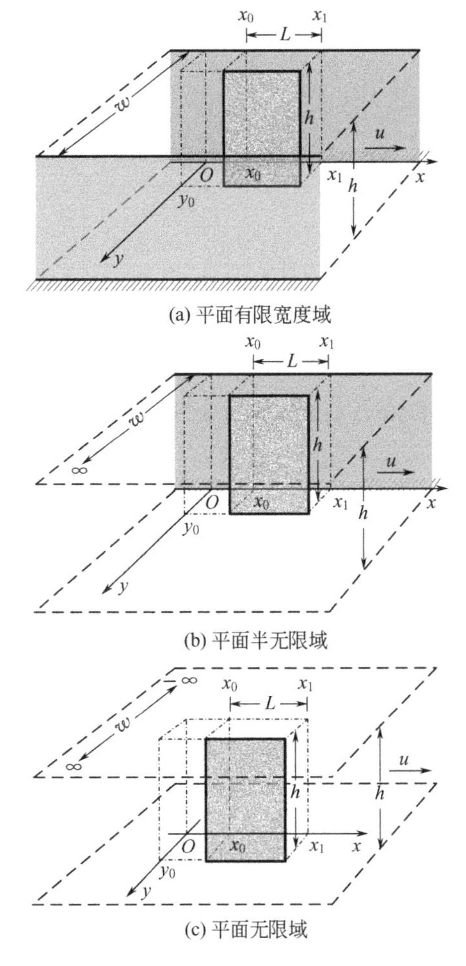

图 5.8　线源给定源强度二维扩散条件示意

2）风速场

均匀等速一维风场，风速 u=常数。

3）初始条件

初始时刻全域无目标污染物或污染物浓度为 C_i=常数。

4）源条件

平面线源（空间上高度等于研究域高度的面源）；源的展布方向可平行或垂直于风速方向；源排放污染物的方式为下列情况之一：

① 定强度连续排放；

② 源强度随时间变化；

③ 源强度按 e 指数规律衰减；

④ 瞬时排放。

5）扩散条件

平面二维湍流扩散。

6）干湿沉降和化学反应

污染物在扩散过程中可发生湿沉降，也可发生化学生物反应，均符合一级动力学规律；忽略干沉降作用。

5.2.2.3 数学模型

在上述假设条件下，取 x 轴方向与风速方向一致，y 轴水平与 x 轴垂直，可得问题的数学模型如下：

$$\frac{\partial C}{\partial t}=K_x\frac{\partial^2 C}{\partial x^2}+K_y\frac{\partial^2 C}{\partial y^2}-u\frac{\partial C}{\partial x}-kC+S_1\delta \tag{5.26a}$$

$$-\infty<x,y<\infty,t>0$$

$$C(x,y,t)\big|_{t=0}=C_i \tag{5.26b}$$

$$C(x,y,t)\big|_{x\to\pm\infty}=C_i\exp(-kt) \tag{5.26c}$$

对于有限宽度域（$y=0-w$）

$$\left.\frac{\partial C}{\partial y}\right|_{y=0}=\left.\frac{\partial C}{\partial y}\right|_{y=w}=0 \tag{5.26d}$$

对于平面半无限域（$y=0-\infty$）

$$\left.\frac{\partial C}{\partial y}\right|_{y=0}=0,\ C(x,y,t)\big|_{y\to\infty}=C_i\exp(-kt) \tag{5.26e}$$

对于无限高度域（$-\infty<z<+\infty$）

$$C(x,y,t)\big|_{y\to\pm\infty}=C_i\exp(-kt) \tag{5.26f}$$

其中，对于连续源，

$$\delta(x,y)=\begin{cases}1,\ (x,y)\in\text{源}\\0,\ \text{其他}\end{cases} \tag{5.26g}$$

对于瞬时源：

$$\delta(x,y,t)=\begin{cases}1,\ (x,y)\in\text{源},\ t=0,\ \text{且用}M\text{取代}S_1\\0,\ \text{其他}\end{cases} \tag{5.26h}$$

式中 S_1——源在单位时间研究域高度上排放的污染物质量，mg/(m·s)；

M——源瞬时排放的污染物质量，mg；

其余符号意义同前。

5.2.2.4 线源给定源强度二维扩散解

线源给定源强度下的二维扩散解如下［注：以下各解均针对 $C_i=0$ 条件。当 $C_i\neq0$ 时，只需在各解中加上 $C_i\exp(-kt)$ 即可］。

(1) x 方向线源——平面有限宽度域

源瞬时排放污染物问题的解：

$$C(x,y,t)=\frac{M}{2hwL}f(x,y,t) \tag{5.27a}$$

其中，

$$f(x,y,t)=\exp(-kt)\left[\operatorname{erfc}\frac{x-ut-x_0-L}{2\sqrt{K_xt}}-\operatorname{erfc}\frac{x-ut-x_0}{2\sqrt{K_xt}}\right]\times\left[1+2\sum_{m=1}^{\infty}\cos\left(\frac{m\pi y_0}{w}\right)\cos\left(\frac{m\pi y}{w}\right)\exp\left(-\frac{K_ym^2\pi^2}{w^2}t\right)\right] \tag{5.27b}$$

源连续排放污染物问题的解：

$$C(x,y,t)=\frac{1}{2hwL}\int_0^t S(t-\tau)f(x,y,\tau)\mathrm{d}\tau \tag{5.28}$$

(2) x 方向线源——平面半无限宽度域

源瞬时排放污染物问题的解：

$$C(x,y,t)=\frac{M}{4hL\sqrt{\pi K_yt}}f(x,y,t) \tag{5.29a}$$

其中，

$$f(x,y,t)=\exp(-kt)\left[\operatorname{erfc}\frac{x-ut-x_0-L}{2\sqrt{K_xt}}-\operatorname{erfc}\frac{x-ut-x_0}{2\sqrt{K_xt}}\right]\times\left\{\exp\left[-\frac{(y-y_0)^2}{4K_yt}\right]+\exp\left[-\frac{(y+y_0)^2}{4K_yt}\right]\right\} \tag{5.29b}$$

源连续排放污染物问题的解：

$$C(x,y,t)=\frac{1}{4hL\sqrt{\pi K_y}}\int_0^t S(t-\tau)f(x,y,\tau)\frac{\mathrm{d}\tau}{\sqrt{\tau}} \tag{5.30}$$

式中 S——源强度（单位时间排放的污染物质量），mg/s；

M——源瞬时排放的污染物质量，mg；

W——线源的长度，m；

h——研究域高度，m；

w——平面条形域的宽度，m；

其余符号意义同前。

(3) x 方向线源——平面无限宽度域

源瞬时排放污染物问题的解：

$$C(x,y,t)=\frac{M}{4hL\sqrt{\pi K_y t}}f(x,y,t) \tag{5.31a}$$

其中，

$$f(x,y,t)=\exp\left[-kt-\frac{(y-y_0)^2}{4K_y t}\right]\left[\operatorname{erfc}\frac{x-ut-x_0-L}{2\sqrt{K_x t}}-\operatorname{erfc}\frac{x-ut-x_0}{2\sqrt{K_x t}}\right] \tag{5.31b}$$

源连续排放污染物问题的解：

$$C(x,y,t)=\frac{1}{4hL\sqrt{\pi K_y}}\int_0^t S(t-\tau)f(x,y,\tau)\frac{d\tau}{\sqrt{\tau}} \tag{5.32}$$

(4) y 方向线源——平面有限宽度域

源瞬时排放污染物问题的解：

$$C(x,y,t)=\frac{M}{2hL\sqrt{\pi K_x t}}f(x,y,t) \tag{5.33a}$$

其中，

$$f(x,y,t)=\exp\left[-kt-\frac{(x-ut-x_0)^2}{4K_x t}\right] \times \frac{W}{w}+\frac{2}{\pi}\sum_{m=1}^{\infty}\frac{1}{m}\left[\sin\frac{m\pi(y_0+W)}{w}-\sin\frac{m\pi y_0}{w}\right] \cos\left(\frac{m\pi y}{w}\right)\exp\left(-\frac{K_y m^2\pi^2}{w^2}t\right) \tag{5.33b}$$

源连续排放污染物问题的解：

$$C(x,y,t)=\frac{1}{2hL\sqrt{\pi K_x}}\int_0^t S(t-\tau)f(x,y,\tau)\frac{d\tau}{\sqrt{\tau}} \tag{5.34}$$

(5) y 方向线源——平面半无限宽度域

源瞬时排放污染物问题的解：

$$C(x,y,t)=\frac{M}{4hL\sqrt{\pi K_x t}}f(x,y,t) \tag{5.35a}$$

其中，

$$f(x,y,t)=\exp\left[-kt-\frac{(x-ut-x_0)^2}{4K_x t}\right] \times\left(\operatorname{erfc}\frac{y-y_0-W}{2\sqrt{K_y t}}-\operatorname{erfc}\frac{y-y_0}{2\sqrt{K_y t}}+\operatorname{erfc}\frac{y+y_0}{2\sqrt{K_y t}}-\operatorname{erfc}\frac{y+y_0+W}{2\sqrt{K_y t}}\right) \tag{5.35b}$$

源连续排放污染物问题的解：

$$C(x,y,t)=\frac{1}{4hL\sqrt{\pi K_x}}\int_0^t S(t-\tau)f(x,y,\tau)\frac{d\tau}{\sqrt{\tau}} \tag{5.36}$$

(6) y 方向线源——平面无限宽度域 i

源瞬时排放污染物问题的解：

$$C(x,y,t)=\frac{M}{4hL\sqrt{\pi K_x t}}f(x,y,t) \tag{5.37a}$$

其中，

$$f(x,y,t)=\exp\left[-kt-\frac{(x-ut-x_0)^2}{4K_x t}\right]\left(\operatorname{erfc}\frac{y-y_0-W}{2\sqrt{K_y t}}-\operatorname{erfc}\frac{y-y_0}{2\sqrt{K_y t}}\right) \tag{5.37b}$$

源连续排放污染物问题的解：

$$C(x,y,t)=\frac{1}{4hL\sqrt{\pi K_x}}\int_0^t S(t-\tau)f(x,y,\tau)\frac{d\tau}{\sqrt{\tau}} \tag{5.38}$$

式中 符号意义同前。

5.2.3 面源给定源强度二维扩散解

5.2.3.1 解的简述

面源给定源强度二维扩散解，简称面源二维解，是在平面面源（在空间上为全高度体源）作用下的污染物平面二维大气扩散解。面源是常见的源形式，其展布方向可平行风向或垂直风向（直立或水平）。在面源的作用下，污染物的扩散通常是三维的。当直立面源的高度等于研究域的高度时，该问题等同于平面线源二维扩散问题。

5.2.3.2 假设条件（应用条件）

1）研究域

研究域的高度 h＝常数；平面分布为下列三种情况之一：

① 条形，宽度为常数，两侧是反射边界；

② 半无限，一侧是反射边界，另一侧无限远；

③ 无限，两侧边界均无限远，见图 5.9。

2）风速场

均匀等速一维风场，风速 u＝常数。

3）初始条件

初始时刻全域无目标污染物或污染物浓度为 C_i＝常数。

4）源条件

平面面源；源的展布方向可平行或垂直于风速方向；源排放污染物的方式为下列情况之一：

① 定强度连续排放；

② 源强度随时间变化；

③ 源强度按 e 指数规律衰减；

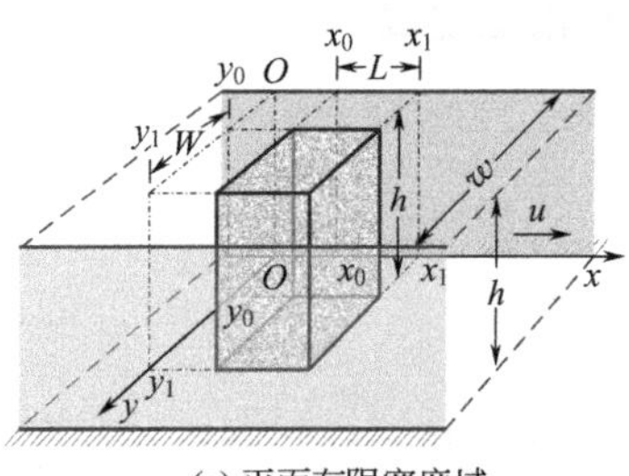

(a) 平面有限宽度域

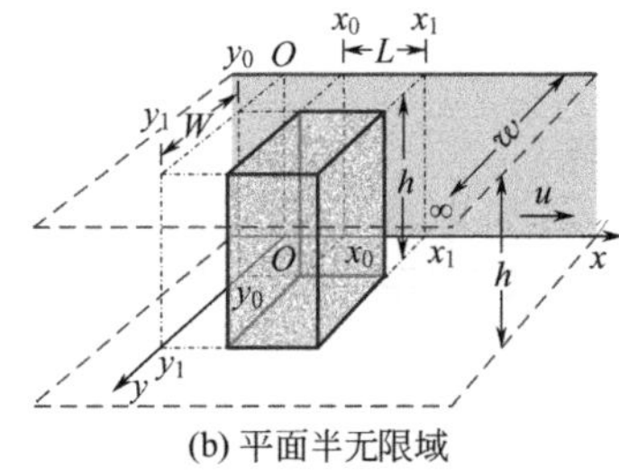

(b) 平面半无限域

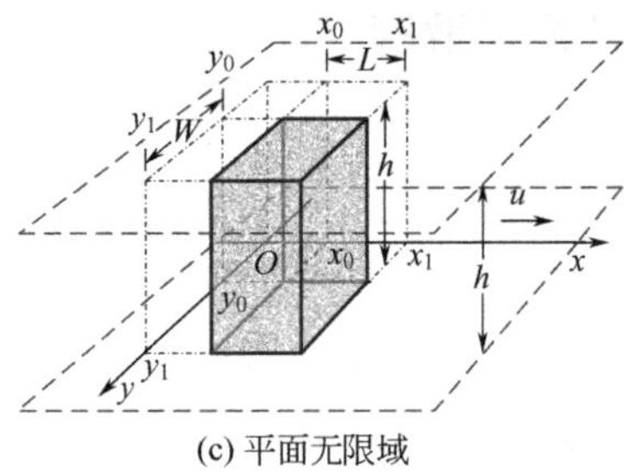

(c) 平面无限域

图 5.9 面源给定源强度二维扩散条件示意

④ 瞬时排放。

5）扩散条件

平面二维湍流扩散。

6）干湿沉降和化学反应

污染物在扩散过程中可发生湿沉降，也可发生化学生物反应，均符合一级动力学规律；忽略干沉降作用。

5.2.3.3 数学模型

在上述假设条件下，取 x 轴方向与风速方向一致，y 轴水平且与 x 轴垂直，可得问题的数学模型如下：

$$\frac{\partial C}{\partial t}=K_x\frac{\partial^2 C}{\partial x^2}+K_y\frac{\partial^2 C}{\partial y^2}-u\frac{\partial C}{\partial x}-kC+S_a\delta \tag{5.39a}$$

$$-\infty<x,y<\infty,t>0$$

$$C(x,y,t)\big|_{t=0}=C_i \tag{5.39b}$$

$$C(x,y,t)\big|_{x\to\pm\infty}=C_i\exp(-kt) \tag{5.39c}$$

对于有限宽度域（$y=0-w$）：

$$\left.\frac{\partial C}{\partial y}\right|_{y=0}=\left.\frac{\partial C}{\partial y}\right|_{y=w}=0 \tag{5.39d}$$

对于平面半无限域（$y=0-\infty$）：

$$\left.\frac{\partial C}{\partial y}\right|_{y=0}=0,\ C(x,y,t)|_{y\to\infty}=C_i\exp(-kt) \tag{5.39e}$$

对于无限高度域（$-\infty<z<+\infty$）：

$$C(x,y,t)|_{y\to\pm\infty}=C_i\exp(-kt) \tag{5.39f}$$

其中，对于连续源

$$\delta(x,y)=\begin{cases}1,\ (x,y)\in\text{源}\\0,\ \text{其他}\end{cases} \tag{5.39g}$$

对于瞬时源

$$\delta(x,y,t)=\begin{cases}1,\ (x,y)\in\text{源},\ t=0,\text{且用}M\text{代替}S_a\\0,\ \text{其他}\end{cases} \tag{5.39h}$$

式中　S_a——源在单位时间单位研究域高度上排放的污染物质量，mg/(m・s)；

k——清除系数与一级反应速度常数之和，1/s；

其余符号意义同前。

5.2.3.4　面源给定源强度二维扩散解

面源给定源强度二维扩散解如下［注：以下各解均针对 $C_i=0$ 条件；当 $C_i\neq0$ 时只需在各解中加上 $C_i\exp(-kt)$ 即可］。

（1）平面有限宽度域

源瞬时排放污染物问题的解：

$$C(x,y,z)=\frac{M}{2hLW}f(x,y,t) \tag{5.40a}$$

其中，

$$f(x,y,t)=\exp(-kt)\left(\operatorname{erfc}\frac{x-ut-x_0-L}{2\sqrt{K_xt}}-\operatorname{erfc}\frac{x-ut-x_0}{2\sqrt{K_xt}}\right)$$
$$\times\left\{\frac{W}{w}+\frac{2}{\pi}\sum_{m=1}^{\infty}\frac{1}{m}\left[\sin\frac{m\pi(y_0+W)}{w}-\sin\frac{m\pi y_0}{w}\right]\right.$$
$$\left.\cos\left(\frac{m\pi y}{w}\right)\exp\left(-\frac{K_ym^2\pi^2}{w^2}t\right)\right\} \tag{5.40b}$$

源连续排放污染物问题的解：

$$C(x,y,t)=\frac{1}{2hLW}\int_0^t S(t-\tau)f(x,y,\tau)\mathrm{d}\tau \tag{5.41}$$

（2）平面半无限域

源瞬时排放污染物问题的解：

$$C(x,y,t)=\frac{M}{4hLW}f(x,y,t) \tag{5.42a}$$

其中，

$$f(x,y,t)=\exp(-kt)\left(\operatorname{erfc}\frac{x-ut-x_0-L}{2\sqrt{K_xt}}-\operatorname{erfc}\frac{x-ut-x_0}{2\sqrt{K_xt}}\right)$$

$$\times\left(\operatorname{erfc}\frac{y-y_0-W}{2\sqrt{K_y t}}-\operatorname{erfc}\frac{y-y_0}{2\sqrt{K_y t}}+\operatorname{erfc}\frac{y+y_0}{2\sqrt{K_y t}}-\operatorname{erfc}\frac{y+y_0+W}{2\sqrt{K_y t}}\right) \tag{5.42b}$$

源连续排放污染物问题的解

$$C(x,y,t)=\frac{1}{4hWL}\int_0^t S(t-\tau)f(x,y,\tau)\mathrm{d}\tau \tag{5.43}$$

(3) 平面无限域

源瞬时排放污染物问题的解

$$C(x,y,t)=\frac{M}{4hLW}f(x,y,t) \tag{5.44a}$$

其中，

$$f(x,y,t)=\exp(-kt)\left(\operatorname{erfc}\frac{x-ut-x_0-L}{2\sqrt{K_x t}}-\operatorname{erfc}\frac{x-ut-x_0}{2\sqrt{K_x t}}\right)$$
$$\times\left(\operatorname{erfc}\frac{y-y_0-W}{2\sqrt{K_y t}}-\operatorname{erfc}\frac{y-y_0}{2\sqrt{K_y t}}\right) \tag{5.44b}$$

源连续排放污染物问题的解

$$C(x,y,t)=\frac{1}{4hLW}\int_0^t S(t-\tau)f(x,y,\tau)\mathrm{d}\tau \tag{5.45}$$

式中 S——源强度（单位时间排放的污染物质量），mg/s；
L——源在 x 方向上的长度，m；
W——源在 y 方向上的宽度，m；
其余符号意义同前。

5.2.4 给定上风边界源浓度二维扩散解

5.2.4.1 解的简述

给定上风边界源浓度二维扩散解，简称给定边界浓度二维解，是在给定上风边界源浓度条件下的污染物平面二维大气扩散解。在平面上，上风边界为垂直风速方向的直线，源位于边界上；在空间上，源位于上风边界处，源的高度等于研究域的高度（全高度边界面源）。需要注意的是，该解对上风边界（$x=0$）处的浓度条件进行了严格限制：在线源位置，污染物浓度等于源的浓度；在边界的其他位置，浓度等于初始浓度。这一假设忽略了污染物向上游的逆风扩散，因此当风速较小时在源附近存在计算误差。

5.2.4.2 假设条件（应用条件）

1）研究域

研究域的高度 $h=$常数；平面分布为下列三种情况之一：

① 条形，宽度为常数，两侧为反射边界；

② 半无限，一侧为反射边界，另一侧无限远；

③ 无限，两侧边界均无限远，见图 5.10。

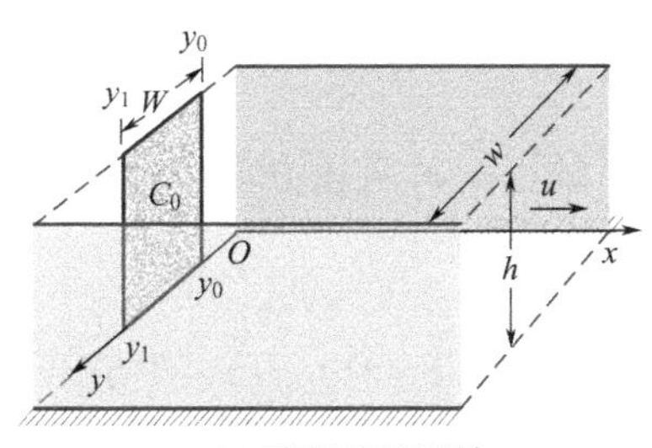

(a) 平面有限宽度域

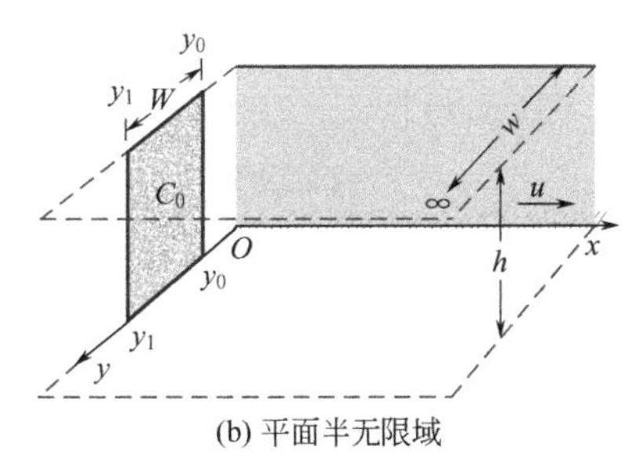

(b) 平面半无限域

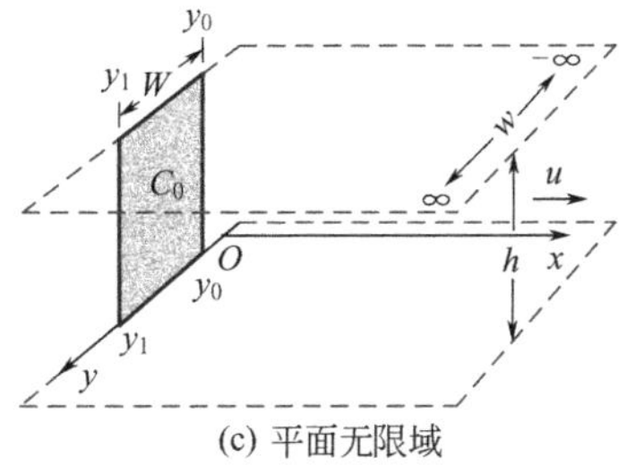

(c) 平面无限域

图 5.10　给定上风边界源浓度二维扩散条件示意

2）风速场

均匀等速一维风场，风速 u＝常数。

3）初始条件

初始时刻全域无目标污染物或污染物浓度为 C_i＝常数。

4）边界条件

源分布在 $x=0$ 平面（上风边界）上：当 $y\in$源时，$C=C_0(t)$，其中，C_0为源排放污染物的浓度；当 $y\notin$源时，$C=C_i$。

源排放污染物的方式为下列情况之一：

① 定浓度连续排放；

② 源浓度随时间变化；

③ 源浓度按 e 指数规律衰减；

④ 瞬时排放。

5）扩散条件

二维湍流扩散。

6）干湿沉降和化学反应

污染物在扩散过程中可发生湿沉降，也可发生化学生物反应，均符合一级动力学规律；忽略干沉降作用。

5.2.4.3 数学模型

在上述假设条件下，取 x 轴方向与风速方向一致，y 轴水平且与 x 轴垂直，可得问题的数学模型如下：

$$\frac{\partial C}{\partial t}=K_x\frac{\partial^2 C}{\partial x^2}+K_y\frac{\partial^2 C}{\partial y^2}-u\frac{\partial C}{\partial x}-kC$$

$$0<x<\infty,\ t>0 \tag{5.46a}$$

$$C(x,y,t)\big|_{t=0}=C_i \tag{5.46b}$$

$$C(x,y,t)\big|_{x\to\infty}=C_i\exp(-kt) \tag{5.46c}$$

$$C(x,y,t)\big|_{x=0}=\begin{cases}C_0(t),\ y\in\text{源}\\C_i\exp(-kt),\ y\notin\text{源}\end{cases} \tag{5.46d}$$

若源浓度 e 指数衰减，则有

$$C(x,y,t)\big|_{x=0}=\begin{cases}C_0\exp(-at),\ y\in\text{源}\\C_i\exp(-kt),\ y\notin\text{源}\end{cases} \tag{5.46e}$$

平面有限宽度域（$y=0-w$）

$$\frac{\partial C}{\partial y}\bigg|_{y=0}=\frac{\partial C}{\partial y}\bigg|_{y=w}=0 \tag{5.46f}$$

平面半无限域（$y=0-\infty$）

$$\frac{\partial C}{\partial y}\bigg|_{y=0}=0,\ C(x,y,t)\big|_{y\to\infty}=C_i\exp(-kt) \tag{5.46g}$$

平面无限域（$-\infty<y<+\infty$）

$$C(x,y,t)\big|_{y\to\pm\infty}=C_i\exp(-kt) \tag{5.46h}$$

5.2.4.4 给定上风边界源浓度二维扩散解

给定上风边界浓度下二维扩散解如下［注：以下各解均针对 $C_i=0$ 条件。当 $C_i\neq0$，且 $k=0$ 时，只需在各解中加上 $C_i\exp(-kt)$ 即可；当 $C_i\neq0$，且 $k\neq0$ 时，采用步进叠加法求解］。

(1) 平面有限宽度域 w

源瞬时排放污染物问题解：

$$C(x,y,t)=\frac{C_0x}{2\sqrt{\pi K_xt}}f(x,y,t) \tag{5.47a}$$

其中，

$$f(x,y,t)=\exp\left[-kt-\frac{(x-ut)^2}{4K_xt}\right]\times\left\{\frac{W}{w}+\frac{2}{\pi}\sum_{m=1}^{\infty}\frac{1}{m}\left[\sin\frac{m\pi(y_0+W)}{w}-\sin\frac{m\pi y_0}{w}\right]\cos\left(\frac{m\pi y}{w}\right)\exp\left(-\frac{K_ym^2\pi^2}{w^2}t\right)\right\} \tag{5.47b}$$

源连续排放污染物问题解：

$$C(x,y,t)=\frac{x}{2\sqrt{\pi K_x}}\int_0^t C_0(t-\tau)f(x,y,\tau)\frac{d\tau}{\tau^{3/2}} \tag{5.48}$$

(2) 平面半无限域 s

源瞬时排放污染物问题解：

$$C(x,y,t)=\frac{C_0 x}{4\sqrt{\pi K_x t}}f(x,y,t) \tag{5.49a}$$

其中，

$$f(x,y,t)=\exp\left[-kt-\frac{(x-ut)^2}{4K_x t}\right]\times\left(\text{erfc}\frac{y-y_0-W}{2\sqrt{K_y\tau}}-\text{erfc}\frac{y-y_0}{2\sqrt{K_y\tau}}+\text{erfc}\frac{y+y_0}{2\sqrt{K_y\tau}}-\text{erfc}\frac{y+y_0+W}{2\sqrt{K_y\tau}}\right) \tag{5.49b}$$

源连续排放污染物问题解：

$$C(x,y,t)=\frac{x}{4\sqrt{\pi K_x}}\int_0^t C_0(t-\tau)f(x,y,\tau)\frac{d\tau}{\tau^{3/2}} \tag{5.50}$$

(3) 平面无限域 i

源瞬时排放污染物问题解：

$$C(x,y,t)=\frac{C_0 x}{4\sqrt{\pi K_x t}}f(x,y,t) \tag{5.51a}$$

其中，

$$f(x,y,t)=\exp\left[-kt-\frac{(x-ut)^2}{4K_x t}\right]\left(\text{erfc}\frac{y-y_0-W}{2\sqrt{K_y t}}-\text{erfc}\frac{y-y_0}{2\sqrt{K_y t}}\right) \tag{5.51b}$$

源连续排放污染物问题解：

$$C=\frac{x}{4\sqrt{\pi K_x}}\int_0^t C_0(t-\tau)f(x,y,\tau)\frac{d\tau}{\tau^{3/2}} \tag{5.52}$$

式中 K_x、K_y——湍流扩散系数主值，m^2/s；

w——条形域宽度，m；

其余符号意义同前。

5.2.5 给定上风边界源通量二维扩散解

5.2.5.1 解的简述

给定上风边界源通量二维扩散解，简称给定边界通量二维解，是在给定上风边界源通量条件下的污染物平面二维大气扩散解。在平面上，上风边界为垂直风速方向的直线，源位于边界上；在空间上，上风边界为全高度平面，面源位于上风边界处，源的高度等于研究域的高度。需要注意的是，该解对上风边界（$x=0$）处的通量条件进行了严格的限制：在源位置，边界通量 $F=uC_0$；在其他位置，$F=uC_i$。这一条件表明，通过边界进入研究域的平流与湍流扩散通量之和等于平流通量，湍流扩散通量被忽略，因此当风速较小时计算得到的浓度存在一定误差。尽管如此，计算结果对实际浓度的拟合程度仍高于给定上风边界源浓度二维扩散解。求解条件见图 5.11。

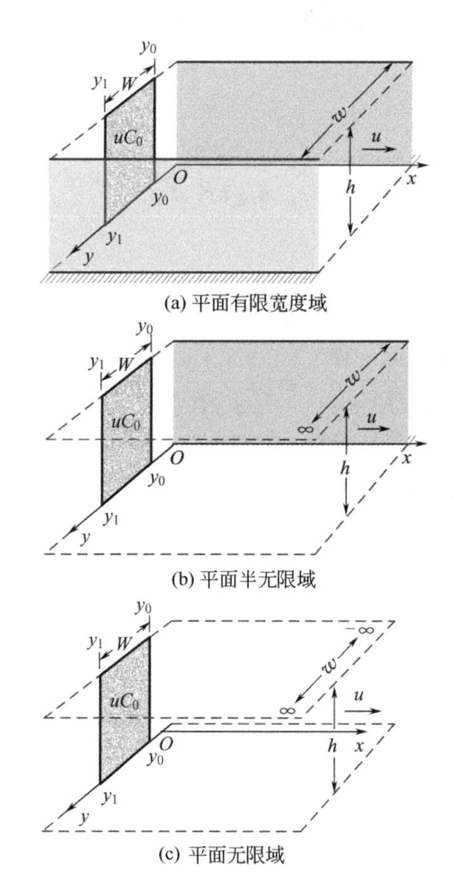

图 5.11 给定上风边界源通量二维扩散条件示意

5.2.5.2 假设条件（应用条件）

1）研究域

研究域的高度 h＝常数；平面分布为下列三种情况之一：

① 条形，宽度为常数，两侧为反射边界；

② 半无限，一侧为反射边界，另一侧无限远；

③ 无限，两侧边界均无限远。

2）风速场

均匀等速一维风场，风速 u＝常数。

3）初始条件

初始时刻全域无目标污染物或污染物浓度为 C_i＝常数。

4）边界条件

源分布在 $x=0$ 平面（上风边界）：当 $y\in$源时，平流＋湍流扩散通量 $F=uC_0(t)$，其中，C_0为源排放污染物的浓度；当 $y\notin$源时，$F=uC_i$。源排放污染物的方式为下列情况之一：

① 定浓度连续排放；

② 源浓度随时间变化；

③ 源浓度按 e 指数规律衰减。

5）扩散条件

二维湍流扩散。

6）干湿沉降和化学反应

污染物在扩散过程中可发生湿沉降，也可发生化学生物反应，均符合一级动力学规律；忽略干沉降作用。

5.2.5.3 数学模型

在上述假设条件下，取 x 轴方向与风速方向一致，y 轴水平且与 x 轴垂直，可得问题的数学模型如下：

$$\frac{\partial C}{\partial t}=K_x\frac{\partial^2 C}{\partial x^2}+K_y\frac{\partial^2 C}{\partial y^2}-u\frac{\partial C}{\partial x}-kC \tag{5.53a}$$

$$0<x<\infty,\ t>0$$

$$C(x,y,t)\big|_{t=0}=C_i \tag{5.53b}$$

$$C(x,y,t)\big|_{x\to\infty}=C_i\exp(-kt) \tag{5.53c}$$

$$F\big|_{x=0}=\left(-K_x\frac{\partial C}{\partial x}+uC\right)\Big|_{x=0}=\begin{cases}uC_0(t),\ y\in 源\\ uC_i\exp(-kt),y\notin 源\end{cases} \tag{5.53d}$$

平面有限宽度域（$y=0-w$）

$$\frac{\partial C}{\partial y}\Big|_{y=0}=\frac{\partial C}{\partial y}\Big|_{y=w}=0 \tag{5.53e}$$

平面半无限域（$y=0-\infty$）

$$\frac{\partial C}{\partial y}\Big|_{y=0}=0,\ C(x,y,t)\big|_{y\to\infty}=C_i\exp(-kt) \tag{5.53f}$$

平面无限域（$-\infty<y<+\infty$）

$$C(x,y,t)\big|_{y\to\pm\infty}=C_i\exp(-kt) \tag{5.53g}$$

式中 符号意义同前。

5.2.5.4 给定上风边界源通量二维扩散解

给定上风边界源通量下污染物二维扩散解可一般地表示为：

$$C(x,y,t)=\sum_{k=1}^{N_t}\left\{[C_x(x,t_k)-C_x(x,t_{k-1})]\sum_{i=1}^{N_G}w_iG_y(y,t_{ki})\right\}+C_n(x,t) \tag{5.54}$$

$$t_{ki}=[(t_k-t_{k-1})g_i+t_k+t_{k-1}]/2 \tag{5.55}$$

式中　N_t——时间步数；

k——时步计数，$k=1,2,\cdots,N_t$；

$G_y(y,t_{ki})$——y 方向的 Green 函数，代表污染物的横向扩散能力；

N_G——Green 数值积分点数；

i——Green 数值积分点计数，$i=1,2,\cdots,N_G$；

w_i——第 i 个 Green 点的权重；

t_{ki}——时间；

t_k、t_{k-1}——k 时步和 $k-1$ 时步所对应的时间；

g_i——第 i 个 Green 点的位置；

其余符号意义同前。

设上述数学模型对应的沿 x 方向的一维问题解为 $C(x,t)$，则有

$$C_n(x,t)=C(x,t)\big|_{C_0=0} \tag{5.56a}$$

$$C_x(x,t)=C(x,t)-C_n(x,t) \tag{5.56b}$$

下面针对具体情况讨论式(5.54) 中各函数的表示式。

(1) 函数 C_x 和 C_n 的表达式

1）连续排放、含有化学反应问题

$$C(x,t)=C_0A(x,t)+C_i\exp(-kt)[1-A_2(x,t)] \tag{5.57a}$$

$$C_x(x,t)=C_0A(x,t) \tag{5.57b}$$

$$C_n(x,t)=C_i\exp(-kt)[1-A_2(x,t)] \tag{5.57c}$$

式中，

$$\begin{aligned}A(x,t)=&\frac{u}{u+w}\exp\left[\frac{(u-w)x}{2K_x}\right]\operatorname{erfc}\left(\frac{x-wt}{2\sqrt{K_xt}}\right)\\&+\frac{u}{u-w}\exp\left[\frac{(u+w)x}{2K_x}\right]\operatorname{erfc}\left(\frac{x+wt}{2\sqrt{K_xt}}\right)\\&+\frac{u^2}{2kK_x}\exp\left[\frac{ux}{K_x}-kt\right]\operatorname{erfc}\left(\frac{x+ut}{2\sqrt{K_xt}}\right)\end{aligned} \tag{5.57d}$$

$$\begin{aligned}A_2(x,t)=&\frac{1}{2}\operatorname{erfc}\left(\frac{x-ut}{2\sqrt{K_xt}}\right)+\sqrt{\frac{u^2t}{\pi K_x}}\exp\left[-\frac{(x-ut)^2}{4K_xt}\right]\\&-\frac{1}{2}\left[1+\frac{ux}{K_x}+\frac{u^2t}{K_x}\right]\exp\left(\frac{ux}{K_x}\right)\operatorname{erfc}\left(\frac{x+ut}{2\sqrt{K_xt}}\right)\end{aligned} \tag{5.57e}$$

$$w=\sqrt{u^2+4kK_x} \tag{5.57f}$$

2）源按 e 指数衰减、含有化学反应问题

$$C(x,t)=\begin{cases}C_0\exp(-at)A_1(x,t)+C_i\exp(-kt)[1-A_2(x,t)],\ a\neq k;\\C_0\exp(-at)A_2(x,t)+C_i\exp(-kt)[1-A_2(x,t)],\ a=k\end{cases} \tag{5.58a}$$

$$C_x(x,t)=\begin{cases}C_0\exp(-at)A_1(x,t),\ a\neq k;\\C_0\exp(-at)A_2(x,t),\ a=k\end{cases} \tag{5.58b}$$

$$C_n(x,t)=C_i\exp(-kt)[1-A_2(x,t)] \tag{5.58c}$$

式中，

$$A_1(x,t)=\frac{u}{u+w'}\exp\left[\frac{(u-w')x}{2K_x}\right]\mathrm{erfc}\left(\frac{x-w't}{2\sqrt{K_xt}}\right)+\frac{u}{u-w'}\exp\left[\frac{(u+w')x}{2K_x}\right]\mathrm{erfc}\left(\frac{x+w't}{2\sqrt{K_xt}}\right)+\frac{u^2}{2K_x(k-a)}\exp\left[\frac{ux}{K_x}+(a-k)t\right]\mathrm{erfc}\left(\frac{x+ut}{2\sqrt{K_xt}}\right) \tag{5.58d}$$

$$w'=\sqrt{u^2+4K_x(k-a)} \tag{5.58e}$$

3）连续排放、无化学反应问题

$$C(x,t)=C_i+(C_0-C_i)A_2(x,t) \tag{5.59a}$$

$$C_x(x,t)=C_0A_2(x,t) \tag{5.59b}$$

$$C_n(x,t)=C(x,t)|_{C_0=0}=C_i[1-A_2(x,t)] \tag{5.59c}$$

4）排放通量按指数函数衰减、无化学反应问题的解

$$C(x,t)=C_i-C_iA_2(x,t)+C_0W(x,t) \tag{5.60a}$$

$$C_x(x,t)=C_0W(x,t) \tag{5.60b}$$

$$C_n(x,t)=C(x,t)|_{C_0=0}=C_i[1-A_2(x,t)] \tag{5.60c}$$

式中，

$$W(x,t)=\exp(-at)\left\{\frac{u}{u+\xi}\exp\left[\frac{(u-\xi)x}{2K_x}\right]\mathrm{erfc}\left(\frac{x-\xi t}{2\sqrt{K_xt}}\right)+\frac{u}{u-\xi}\exp\left[\frac{(u+\xi)x}{2K_x}\right]\mathrm{erfc}\left(\frac{x+\xi t}{2\sqrt{K_xt}}\right)\right\}-\frac{u^2}{2aK_x}\exp\left(\frac{ux}{K_x}\right)\mathrm{erfc}\left(\frac{x+ut}{2\sqrt{K_xt}}\right) \tag{5.60d}$$

$$\xi=\sqrt{u^2-4aK_x} \tag{5.60e}$$

(2) 函数 $G_y(y,t_{ki})$ 的表达式

1）平面有限宽度域 w

$$G_y(y,t_{ki})=\frac{W}{w}+\frac{2}{\pi}\sum_{m=1}^{\infty}\frac{1}{m}\left[\sin\left(\frac{m\pi y_1}{w}\right)-\sin\left(\frac{m\pi y_0}{w}\right)\right]\cos\left(\frac{m\pi y}{w}\right)\exp\left(-\frac{K_ym^2\pi^2t_{ki}}{w^2}\right) \tag{5.61a}$$

2）平面半无限域 s

$$G_y(y,t_{ki})=\frac{1}{2}\left[\mathrm{erfc}\frac{y-y_1}{2\sqrt{K_yt_{ki}}}-\mathrm{erfc}\frac{y-y_0}{2\sqrt{K_yt_{ki}}}+\mathrm{erfc}\frac{y+y_0}{2\sqrt{K_yt_{ki}}}-\mathrm{erfc}\frac{y+y_1}{2\sqrt{K_yt_{ki}}}\right] \tag{5.61b}$$

3）平面无限域 i

$$G_y(y,t_{ki})=\frac{1}{2}\left[\mathrm{erfc}\frac{y-y_1}{2\sqrt{K_yt_{ki}}}-\mathrm{erfc}\frac{y-y_0}{2\sqrt{K_yt_{ki}}}\right] \tag{5.61c}$$

上面各式中，C_x不含初始浓度C_i，且均与C_0成正比，可表示为：

$$C_x(x,t)=C_0F(x,t) \tag{5.61d}$$

C_n中必含C_i，且有$C_i=0$时，$C_n=0$。

式中 y_0、y_1——源起始和结束位置的y坐标，m；

其余符号意义同前。

5.3 污染物三维扩散解析解

ModOdor实现了恶臭气体三维扩散的多个解析解。解中，源的类型包括点源、线源、面源和体源；源可以是单个源或多个源，也可以是不同形态源的混合；源的作用方式可以是连续的、或瞬时的；源的强度/浓度可以为常数，也可随时间变化。污染物在扩散过程中可以发生一级化学和湿沉降作用；研究域的平面分布分条形、半无限和无限三种情况；研究域的垂向分布分为有限高度、半无限高度和无限高度三种情况。研究域在垂直风速方向上的分布对于给定上风边界处浓度或给定上风边界处通量浓度问题为半无限，其余情况为无限。

5.3.1 点源给定源强度三维扩散解

点源给定源强度三维扩散解，简称点源三维解，是点源在给定源强度条件下的污染物三维大气扩散解。当源的尺度很小且计算点距离源较远时，源可按点源概化。在点源的作用下，即使风速是一维的，污染物扩散也是三维的。

5.3.2 线源给定源强度三维扩散解

线源给定源强度三维扩散解，简称线源三维解，是线源在给定源强度条件下的污染物三维大气扩散解。当源的直径与其长度相比很小且计算点距离源较远时，源可按线源概化。线源的展布方向可平行风向或垂直风向（水平或直立）。在线源的作用下，污染物的扩散通常是三维的。当直立线源的高度等于研究域的高度时问题等同于平面点源二维扩散问题。

5.3.3 面源给定源强度三维扩散解

面源给定源强度三维扩散解，简称面源三维解，是面源在给定源强度条件下的污染物三维大气扩散解。面源是常见的源形式，其展布方向可平行风向或垂直风向（直立或水平）。在面源的作用下，污染物的扩散通常是三维的。当直立面源的高度等于研究域的高度时问题等同于平面线源二维扩散问题。

5.3.4 体源给定源强度三维扩散解

体源给定源强度三维扩散解，简称体源三维解，是体源在给定源强度条件下的污染物三维大气扩散解。体源的形状是平行六面体。在体源的作用下，污染物的扩散通常是三维的。当源的高度等于研究域的高度时问题等同于平面面源二维扩散问题。

5.3.5 混合源（点、线、面、体）给定源强度三维扩散解

混合源（点、线、面、体）给定源强度三维扩散解，简称混合源三维解，是多种类型源在给定源强度条件下的污染物三维大气扩散解。实现了点源、线源、面源和体源三维扩散问题的混合运算，当在研究域中存在两种或两种以上类型的源时可使用本解进行计算。

5.3.6 给定底边界或侧边界源浓度三维扩散解

给定底边界或侧边界源浓度三维扩散解，简称给定底/侧边浓度三维解，是给定底边界/侧边界源浓度条件下的污染物三维大气扩散解。源位于底边界或侧边界（与风向一致的边界）之上。该解对于给定浓度边界有严格限制：在源所占据的区域，污染物浓度等于源的浓度；在其他区域，浓度为零/等于初始浓度。需要注意的是，给定第一类边界条件问题在边界附近不能满足质量守恒条件，计算结果可能与实际情况存在误差，尤其在边界附近。

5.3.7 给定上风边界源浓度三维扩散解

给定上风边界源浓度三维扩散解，简称给定浓度三维解，是在给定上风边界源浓度条件下的污染物三维大气扩散解。该解对源所在平面（$x=0$）的浓度条件进行了严格限制：在源所占据的区域，污染物浓度等于源的浓度；在其他区域，浓度为零或等于初始浓度。需要注意的是，给定第一类边界条件问题在边界附近不能满足质量守恒条件，因此计算结果可能与实际情况存在误差，尤其在边界附近。

5.3.8 给定上风边界源通量三维扩散解

给定上风边界源通量三维扩散解，简称给定通量三维解，是在给定上风边界源通量条件下的污染物三维大气扩散解。该解对源所在平面（$x=0$，即研究域的上风边界）的通量条件进行了严格限制：在源所占据的区域，边界通量 $F=uC_0$；在其他位置，$F=uC_i$。这一条件表明，通过边界进入研究域的通量等于对流通量，扩散通量被忽略，因此当风速较小时计算得到的浓度存在一定误差。

5.3.9 给定底边界源通量下二维风场中三维扩散解

给定底边界源通量下二维风场中三维扩散解，简称二维风场三维解，是在给定底边界源通量条件下在剖面二维风场中的污染物三维大气扩散解。该解对底边界（$z=0$）处的平流＋湍流扩散通量条件进行了严格限制：在源所占据的区域，通过边界的通量 $F=u_zC_0$，在底边界的其他位置，$F=u_zC_i$。这一假设有其局限性，应用该解计算底边界附近的浓度时存在一定误差。

5.4 恶臭气体大气扩散数值模型概述

ModOdor恶臭气体大气扩散模拟软件包含了一维、二维、三维解析解和三维大气扩散有限差分法数值模拟等模拟计算方法。其中，三维大气扩散有限差分法数值模拟是最为重要的恶臭污染物三维大气扩散模拟计算模型。

三维大气扩散有限差分法数值模拟模型具有如下主要功能。

① 适用于中、小尺度研究域的恶臭气体大气扩散问题模拟，也可用于室内较大空间的空气污染模拟及治理效果预报。研究域内的大气是严格不可压缩的。

② 采用等大小或不等大小的立方体形差分网格，由用户定义水平网格数、垂向层数和网格大小。

③ 可模拟非稳态和稳态大气扩散问题。

④ 通过域内网格和域外网格设定，可较好地模拟地形和地表建筑的复杂变化；可根据地形参数形成与地形起伏趋于一致的差分网格系统。

⑤ 允许有4种形式的风场：a. 全研究域风速相同（风速为定常）；b. 按差分网格输入风速；c. 风速随时间变化，需要用户输入；d. 观测-诊断风场，风速场基本信息来自风速观测站点上的风速观测值，通过插值法确定风速在差分网格上的值，并应用气象信息、下垫面条件、风场诊断模式和拉格朗日乘数的有限差分法对风场进行诊断调整。这一方法体现了边界层理论所取得的最新进展。

⑥ 允许有5种形式的湍流扩散系数形式：a. 全域扩散系数相同（扩散系数为定常）；b. 按差分网格输入扩散系数；c. 扩散系数随时间变化，需要用户输入；d. 依据大气稳定度等级计算扩散系数（GB/T 13201—1991）；e. 湍流特征量法计算扩散系数，应用Monin-Obukhov相似理论计算垂向扩散系数 K_{zz}，应用湍流特征量计算水平扩散系数 K_{xx} 和 K_{yy}。

⑦ 可存在点、线、面、体状源汇及其任意组合；源汇的形式可以是给定浓度，也可是给定强度/气体流量。

⑧ 允许存在气体干沉降作用，干沉降速率等于空气动力阻尼、片流层阻尼和地表阻尼之和的倒数，干沉降以汇的形式从研究域下垫面离开研究域。

⑨ 允许存在降水湿沉降作用，清除系数不随空间位置变化，但可随时间变化。

⑩ 允许存在化学反应，反应速度常数不随空间位置变化，但可随时间变化。

5.5 求解恶臭气体三维大气扩散问题的有限差分法——非稳态问题

5.5.1 概述

大气扩散模式是评价污染物大气扩散迁移的通用方法。目前广为应用的大气扩散模型主要分为两类：一类是基于高斯扩散模式的稳态模型，如 ISC3、AERMOD、ADMS 等；另一类是非稳态模型，如 CALPUFF 等。

AERMOD 是 20 世纪 90 年代中后期由美国气象协会和美国国家环境保护局（AERMIC）联合开发的新一代法规性质的稳态大气扩散模式，并于 2000 年 4 月开始作为美国空气质量评价模型，用来替代之前的 ISC3 模型。AERMOD 是一个稳态烟羽模型，适用范围一般小于 50km。在稳定边界层（SBL）内，假设水平和垂直方向的污染物浓度满足高斯分布。在对流边界层（CBL）水平方向满足高斯分布，垂直方向满足双高斯概率密度分布函数。该模型可用于预测平均 1h 或以上时间的污染物浓度。AREMOD（A dispersion model for industrial source applications）主要是针对工业源设计的。工业源通常具有连续排放的特征，排放强度相对比较稳定，容易达到稳定状态。AERMOD 得到的是统计平均参数下的统计平均浓度，而不是某一位置下的瞬时浓度。AERMOD 不适合于风速较小的情况。

ADMS（Advanced Dispersion Modeling System）是英国剑桥环境研究中心开发的基于高斯烟羽模型的三维稳态大气扩散模型，可以用于模拟点源、面源、线源、体源所排放的污染物在短期或长期的浓度分布，计算范围通常小于 50km。与普通高斯模型的最大区别在于，该模型应用了边界层高度和 Monin-Obukhov 长度的边界层结构，并使用 Monin-Obukhov 长度与边界层高度的比值作为稳定度分类标准，而不是传统的 Pasquill-Turner 稳定度分类法。ADMS 考虑了污染物的去除过程，如重力沉降、干湿沉降和化学反应等。对于复杂地形问题，ADMS 首先利用该地形下的风场和湍流参数对平坦地形下的烟羽高度和烟羽扩散系数进行修正，然后采用平坦地形下的浓度计算公式计算浓度分布。

CALPUFF 是由加州西格玛研究公司开发的非定常三维拉格朗日烟团大气扩散模式，是我国环保部推荐使用的大气扩散模式之一。不同于 AERMOD 和 ADMS，CALPUFF 是非稳态模型，采用拉格朗日烟团输送模式，能更好地处理污染物长距离输送问题。CALPUFF 采用烟团函数分割方法，垂直坐标采用地形追随坐标，水平结构为等间距的网格，空间分辨率为一至几百公里，垂直不等距分为 30 多层。CALPUFF 的计算尺度较大（10～100km 量级），能够较好地模拟 50km 以上距离范围内的污染物传输。可针对平坦、粗糙或复杂地形情况计算平均时间为 1h～1 年的污染物浓度。CALPUFF 利用诊断风场算法对观测资料进行插值、调整、垂直速度计算等产生最终风场，并利用地表热通量、边界层高度、Monin-Obukhov 长度、摩擦风速等描述边界层结构，对气象场的计算更为客观、合理。需要指出的是，CALPUFF 不适合预测短期排放和短期产生的峰值浓度。其计算时间精度为 1h，对于以脉动为主要因素的扩散过程不适用。CALPUFF 模式本身较复杂，对数据要求高，需要至少包括每日逐时的地面气象数据和一天两次的探空数据，这些气象数据在我国有时并不容易获得。

1983 年我国首次颁布了法规性的大气扩散模型《制定地方大气污染物排放标准的技术原则和方法》（GB 3840—1983），在 1993 年颁布的《环境影响评价技术导则》（GB/T 22—1993）对大气环境评价又做了进一步的规定，并推荐用于大气环境评价的大气扩散模式，即 93 导则模型。93 导则模型属于第一代大气扩散模式，是根据统计理论建立起来的假设烟羽浓度为正态分布的高斯模型，采用 Pasquill-Tunrner 稳定度分类法及 Pasquill-Gifford 扩散系数体系，应用修正的 Holland 公式及 Briggs 公式计算烟气抬升高度，其计算精度受到限制。

目前可进行恶臭气体局地大气扩散的模型如 AERMOD 等都是稳态模型，而填埋场等固废处置设施恶臭气体产生源所释放的恶臭气体其强度具有很强的时变特征，不易达到稳定，而且这些模型通常不能模拟复杂的地形变化。CALPUFF 等虽采用非稳态模型，但它是大尺度（10～100km 数量级）长距离模拟软件，不适于模拟恶臭气体产生源附近（通常＜5km）的大气污染。此外，CALPUFF 对气象数据的要求较高，在多数情况下恶臭气体产生源区的气象观测数据不能满足计算要求。

求解恶臭气体大气扩散的数值方法主要有有限差分法（Finite Difference Method，FDM）和有限单元法（Finite Element Method，FEM）。数值方法将连续域上的求解问题转化为求解有限个离散点上的解的问题。与解析解相比，数值方法不仅可以细致刻画地形地貌的复杂变化，还可精确地模拟风速场和湍流扩散场的时空变化以及污染物在迁移过程中发生的物理化学变化（如化学反应、干湿沉降等），得到精度较高的计算结果。

数值方法在求解扩散作用为主的污染物大气迁移模型方面功能强大，可以得到令人满意的计算结果。然而当其应用到求解平流作用为主的污染物迁移问题时，其存在不同程度的解的振动。降低数值误差的根本方法是缩小网格的空间步长和时间步长，但受模型容量和计算时间的制约，空间步长和时间步长均不能无限制地缩小下去。而一种能够控制解的振动的数值系统（如上游加权法）通常又会导致更大的数值弥散；反之，一个数值系统能使数值弥散较少时通常又都会造成解的振动。这是数值方法存在的问题。

5.5.2 假设条件和数学模型

5.5.2.1 假设条件

（1）三维大气扩散有限差分法数值模拟

模型重点模拟中、小尺度研究域的恶臭气体大气扩散问题，采用上游加权有限差分数值法求解。

模型的假设条件如下：

① 研究域内的大气是严格的不可压缩流体，且充满整个研究域，在任意时刻进入和流入研究域的气体体积均相等；气体的压力是大气压。

② 排放源所产生的是气态大气污染物，污染物进入大气后，与空气形成理想混合，共同输运扩散。忽略污染物与空气因密度差而形成的分离，如重力上升或下降等。

③ 在同一时刻，研究域中各点的温度是相同的，但不同时刻的温度可以不同；污染物与大气处于相同的温度场中，忽略因温度差而造成的污染物抬升作用。

④ 污染物在大气中的主要迁移动力是平均风速引起的平流作用和大气湍流引起的湍流扩散作用。

⑤ 研究域的边界条件可以是给定污染物浓度的第一类边界条件（Dirichlet 条件）、给定湍流扩散通量的第二类边界条件（Neumann 条件）或给定平流和湍流扩散通量的

第三类边界条件（Cauchy 条件），或三者的组合。

⑥ 污染物的主要去除作用是化学反应、干沉降和湿沉降；其中，化学反应满足一级动力学方程；干沉降按沉降速率度量，以汇的形式从下垫面离开研究域；降水湿沉降对污染物的清除作用亦满足一级动力学方程。

(2) 补充和强调说明

需要特别强调和说明以下两点。

一是上述假设条件①是保证所建数学模型成立和模拟结果正确的前提条件。ModOdor允许用户直接输入研究域上的风速数据（见 5.4 部分模型功能⑤中的 a. ～c. 情况），此时，要由用户来保证在任意时刻进入和流出研究域的气体量相等。如果进入研究域的气体量大于流出量，则研究域内的大气将被压缩，压力大于大气压；反之，如果进入研究域的气体量小于流出量，则研究域内的大气就会膨胀，压力小于大气压。这两种情况都不符合不可压缩流体的假设（也不符合室外大气环境的实际情况），因此将产生计算误差甚至得到错误的计算结果。对于观测-诊断风场情况（见 5.4 部分模型功能⑤中的 d. 情况），ModOdor 会应用变分法对基于观测值插值得到的风场进行调整，以满足其对质量守恒的要求。因此，观测-诊断风场情况不存在上述问题（见 5.7 部分相关内容）。用户在进行实际计算时，建议使用观测-诊断风场。

二是上述假设条件⑤是关于研究域边界条件的假设。对于用户直接输入研究域风速的情况（见 5.4 部分模型功能⑤中的 a. ～c. 情况），因为风速已经给定，因此，上述边界条件无法对风速在边界上的值进行约束。这就要求用户在输入风场数据时，在边界上要满足相应的边界条件。例如，对于关闭边界，垂直于边界方向的风速分量在接近边界时，必须逐渐趋于零，以保证关闭边界对于风速场也是关闭的。如果垂直风速分量在关闭边界附近不等于零，则必有气体从关闭边界流出，而污染物被关闭边界阻隔于域内，形成积累，这是不正确的。对于观测-诊断风场情况（见 5.4 部分模型功能⑤中的情况 d.），由于其经过了风场诊断和调整过程，因此开放和关闭边界条件能够自动得到满足。

5.5.2.2　数学模型

在上述假设条件下，取坐标原点位于研究域的左下角，x 轴指向右，y 轴指向前，z 轴指向上，可建立恶臭气体三维非稳态平流扩散问题的数学模型如下。

微分方程：

$$\frac{\partial C}{\partial t}=L_K(C)+L_U(C)-(W+k+k_w)C+S \tag{5.62a}$$

$$(x,y,z)\in G,\ t>0$$

$$L_K(C)=\frac{\partial}{\partial x}\left(K_x\frac{\partial C}{\partial x}\right)+\frac{\partial}{\partial y}\left(K_y\frac{\partial C}{\partial y}\right)+\frac{\partial}{\partial z}\left(K_z\frac{\partial C}{\partial z}\right) \tag{5.62b}$$

$$L_U(C)=\frac{\partial u_xC}{\partial x}-\frac{\partial u_yC}{\partial y}-\frac{\partial u_zC}{\partial z} \tag{5.62c}$$

$$\begin{aligned}L_{KU}(C)&=L_K(C)+L_U(C)\\&=\frac{\partial}{\partial x}\left(K_x\frac{\partial C}{\partial x}-u_xC\right)+\frac{\partial}{\partial y}\left(K_y\frac{\partial C}{\partial y}-u_yC\right)+\frac{\partial}{\partial z}\left(K_z\frac{\partial C}{\partial z}-u_zC\right)\end{aligned} \tag{5.62d}$$

初始条件：

$$C(x,y,z,t)|_{t=0}=C_0(x,y,z),\ (x,y,z)\in G \tag{5.63a}$$

第一类边界条件：

$$C(x,y,z,t)|_{\Gamma_1}=C_1(x,y,z,t),\ (x,y,z)\in\Gamma_1,\ t>0 \tag{5.63b}$$

第二类边界条件：

$$\left[K_x\frac{\partial C}{\partial x}\cos(n,x)+K_y\frac{\partial C}{\partial y}\cos(n,y)+K_z\frac{\partial C}{\partial z}\cos(n,z)\right]\Bigg|_{\Gamma_2}=f(x,y,z,t)$$

$$(x,y,z)\in\Gamma_2,\ t>0 \tag{5.63c}$$

第三类边界条件：

$$\left[\left(K_x\frac{\partial C}{\partial x}-u_xC\right)\cos(n,x)+\left(K_y\frac{\partial C}{\partial y}-u_yC\right)\cos(n,y)\right.$$

$$\left.+\left(K_z\frac{\partial C}{\partial z}-u_zC\right)\cos(n,z)\right]\Bigg|_{\Gamma_3}=g(x,y,z,t) \tag{5.63d}$$

$$(x,y,z)\in\Gamma_3,\ t>0$$

式中 $C(x,y,z,t)$——恶臭气体的浓度，μg/m³；

K_x、K_y、K_z——湍流扩散系数张量的主值，m²/s；

W——气体汇强度，为单位时间单位汇体积带走的气体体积（输入正值），m³/(m³·s)，其浓度等于 $C(x,y,z,t)$；

S——源汇项，μg/(m³·s)，为单位时间单位源体积排放的恶臭气体质量；

k——一级化学反应常数，s^{-1}；

k_w——湿沉降中的清除系数，s^{-1}；

u_x、u_y、u_z——风速的坐标分量，m/s；

$C_0(x,y,z)$——给定研究域上的初始浓度，μg/m³；

$C_1(x,y,z,t)$——第一类边界 Γ_1 上给定的浓度，μg/m³；

$f(x,y,z,t)$——在第二类边界 Γ_2 上给定的湍流扩散通量，μg/(m²·s)，为由于湍流扩散作用在单位时间垂直通过单位边界面积进入研究域的恶臭气体质量；

$g(x,y,z,t)$——在第三类边界 Γ_3 上给定的平流和湍流扩散通量之和，μg/(m²·s)，为风速和湍流扩散共同作用下单位时间垂直通过单位边界面积进入研究域的恶臭气体质量；

$\cos(n,x)$、$\cos(n,y)$、$\cos(n,z)$——x，y，z 方向余弦；

G——空间研究域；

Γ——研究域的边界，$\Gamma_1+\Gamma_2+\Gamma_3=\Gamma$；

x、y、z——计算点的位置，m；

t——计算时间，s。

ModOrdor 中使用的度量单位如下：

① 浓度：微克每立方米，$\mu g/m^3$。

② 长度：米，m。

③ 质量：微克，μg。

④ 体积：立方米，m^3。

⑤ 时间：秒，s。

5.6 求解恶臭气体三维大气扩散问题的有限差分法——稳态问题

恶臭气体三维稳态大气扩散问题的微分方程为

$$L_K(C)+L_U(C)-(W+k+k_w)C+S=0$$
$$(x,y,z)\in G \tag{5.64}$$

式中，L_K和L_U见式(5.62b) 和式(5.62c)。这一微分方程的边界条件与非稳态情况相同，见式(5.62)～式(5.63)，但没有初始条件。

对微分方程式(5.64) 差分，并将平流项和湍流扩散项的差分代入，得到：

$$L_K(C_{i,j,l})+L_U(C_{i,j,l})-(W_{i,j,l}+k_{i,j,l}+k_{wi,j,l})C_{i,j,l}+S_{i,j,l}=0 \tag{5.65}$$

这就是稳态差分方程。

假设 C 是问题的解，若 $C+a$ 也是问题的解，其中 a 是任意常数，则问题有无数个解，即原问题的解不是唯一的。对于非稳态问题，因有初始条件是必须的，所以没有这一问题。对于稳态问题，这种情况就可能存在，情况需要在 ModOdor 中加以识别，并避免。将 $C+a$ 代入稳态微分方程和边界条件中得

$$L_K(C)+L_U(C)-(k+k_w)(C+a)+S=0 \tag{5.66a}$$

$$(C+a)|_{\Gamma_1}=C_1(x,y,z,t) \tag{5.66b}$$

$$\left[K_x\frac{\partial C}{\partial x}\cos(n,x)+K_y\frac{\partial C}{\partial y}\cos(n,y)+K_z\frac{\partial C}{\partial z}\cos(n,z)\right]\bigg|_{\Gamma_2}=f \tag{5.66c}$$

$$\left[\left(K_x\frac{\partial C}{\partial x}-u_x(C+a)\right)\cos(n,x)+\left(K_y\frac{\partial C}{\partial y}-u_y(C+a)\right)\cos(n,y)\right.$$
$$\left.+\left(K_z\frac{\partial C}{\partial z}-u_z(C+a)\right)\cos(n,z)\right]\bigg|_{\Gamma_3}=g \tag{5.66d}$$

由上述各式可知，必须同时满足下列各条件解才是不唯一的：

① 化学反应常数和清除系数之和等于零，即 $k+k_w=0$；

② 研究域上没有给定浓度边界条件，也没有给定浓度网格；

③ 研究域上没有第三类边界条件，即没有给定平流+扩散边界条件。

5.7 诊断风场模式及其有限差分法

观测-诊断风场是 ModOdor 确定实际风速场的最主要方法，在进行实际问题模拟时

用户都需要应用这种方法。观测-诊断风场方法中，风速场的基本信息来自风速观测站点上的风速观测值。以观测值为基础，通过插值法确定风速在观测层差分网格上的值，然后应用气象信息、下垫面条件、莫宁-奥布霍夫长度（Monin-Obukhov 长度，简称莫奥长度）进行垂直方向上的风场诊断，确定垂直方向上的风速分布。最后应用拉格朗日乘数的有限差分法对风场进行诊断调整。这一方法体现了边界层理论所取得的最新进展。

5.7.1 诊断风场模式的计算顺序与所需资料

(1) 计算顺序

诊断风场计算顺序如下：

① 输入风速的实测资料

② 定义研究域的空间剖分网格

③ 内插值法计算地表处水平风场

④ 计算垂直风场分布，获得全研究的原始插值风速场

⑤ 求解调整风场的 λ 场

⑥ 求解调整后的各剖分网格上的风速分布

(2) 剖分网格和观测资料

风速场诊断的研究域，空间网格剖分与气体扩散模拟的空间网格剖分情况一致，沿 x 方向剖分为 N_x 列（$i=1,2,\cdots,N_x$），每列的长度为 dx；沿 y 方向剖分为 N_y 行（$j=1,2,\cdots,N_y$），每行的宽度为 dy；沿 z 方向剖分为 N_z 层（$l=1,2,\cdots,N_z$），每层的高度为 dz。

需要输入的参数如下：

① 风速观测点的位置（x,y,z）（水平坐标和高度）；

② 观测的风速 u、风速的方位角 α 和仰角 β；

③ 计算坐标系的 x 轴正向的方位角 ψ；

④ 气温 T；

⑤ 云量比 n（为云量遮蔽天空的比例，$n=0\sim1$；将天空分为 10 份，$n=$云量/10）；

⑥ 地表粗糙长度 z_0；

⑦ 当地的经度 η 和纬度 ϕ；

⑧ 计算日（月、日）和计算的北京时间；

⑨ 波文比 B_0。

5.7.2 原始风场的插值法计算

5.7.2.1 风速的坐标变换

实际观测到的风速通常用矢量表示，包括风速的绝对值、风向的方位角和风向的仰角。计算中需要将它们转换到计算域的坐标系统中。已知风速矢量（u,α,β），求风速的坐标分量（u_x,u_y,u_z）的公式如下：

$$\theta=\frac{\pi}{2}\beta \tag{5.67}$$

$$\varphi=\begin{cases}\alpha-\psi,\ \alpha\geqslant\psi\\ 2\pi+(\alpha-\psi),\ \alpha<\psi\end{cases} \tag{5.68}$$

$$u_x=u\sin\theta\cos\varphi \tag{5.69a}$$

$$u_y=u\sin\theta\sin\varphi \tag{5.69b}$$

$$u_z=u\cos\theta \tag{5.69c}$$

式中 u——风速的绝对值，m/s；

α——风速的方位角（0～2π）；

β——风速的仰角（0～±π/2）；

ψ——x 轴正向的方位角（0～2π）；

u_x、u_y、u_z——风速的坐标分量，m/s。

已知风速的坐标分量（u_x, u_y, u_z），可以应用下面公式计算风速矢量（u, α, β）：

$$u=\sqrt{u_x^2+u_y^2+u_z^2} \tag{5.70}$$

$$\beta=\frac{\pi}{2}-\arccos\left(\frac{u_z}{u}\right) \tag{5.71}$$

$$\theta=\arccos\left(\frac{u_x}{\sqrt{u_x^2+u_y^2}}\right) \tag{5.72}$$

$$\varphi=\begin{cases}\theta,\ u_y\geqslant0\\ 2\pi-\theta,\ u_y<0\end{cases} \tag{5.73}$$

$$\alpha=\begin{cases}\psi+\varphi,\ \psi+\varphi\leqslant2\pi\\ \psi+\varphi-2\pi,\ \psi+\varphi>2\pi\end{cases} \tag{5.74}$$

5.7.2.2 插值法计算初始地面风场

根据观测资料，使用权重内插值法计算有限差分网格中落地层网格点上的风场。假设有 N 个风速观测站点，第 n 个观测点在第 k 时段内的平均风速分量为（u_{xn}, u_{yn}, u_{zn}），$n=1,2,\cdots,N$。

Montero 以计算点到观测点距离平方的倒数为权重进行内差值，可得到观测站高度层（通常 10m）网格点上的风速值，公式如下：

$$u_{x0i,j}=(1-w_{i,j})\frac{\sum_{n=1}^{N}\frac{u_{xn}}{r_{n,i,j}^2}}{\sum_{n=1}^{N}\frac{1}{r_{n,i,j}^2}}+w_{i,j}\frac{\sum_{n=1}^{N}\frac{u_{xn}}{|\Delta h_{n,i,j}|}}{\sum_{n=1}^{N}\frac{1}{|\Delta h_{n,i,j}|}} \tag{5.75a}$$

$$u_{y0i,j}=(1-w_{i,j})\frac{\sum_{n=1}^{N}\frac{u_{yn}}{r_{n,i,j}^2}}{\sum_{n=1}^{N}\frac{1}{r_{n,i,j}^2}}+w_{i,j}\frac{\sum_{n=1}^{N}\frac{u_{yn}}{|\Delta h_{n,i,j}|}}{\sum_{n=1}^{N}\frac{1}{|\Delta h_{n,i,j}|}} \tag{5.75b}$$

$$u_{z0i,j}=(1-w_{i,j})\frac{\sum_{n=1}^{N}\frac{u_{zn}}{r_{n,i,j}^2}}{\sum_{n=1}^{N}\frac{1}{r_{n,i,j}^2}}+w_{i,j}\frac{\sum_{n=1}^{N}\frac{u_{zn}}{|\Delta h_{n,i,j}|}}{\sum_{n=1}^{N}\frac{1}{|\Delta h_{n,i,j}|}} \tag{5.75c}$$

$$u_{0i,j}=\sqrt{u_{x0i,j}^2+u_{y0i,j}^2+u_{z0i,j}^2}$$
$$i=1,2,\cdots N_x;\ j=1,2,\cdots N_y \tag{5.75d}$$

其中，

$$r_{n,i,j}=\sqrt{(x_{i,j}-x_n)^2+(y_{i,j}-y_n)^2} \tag{5.76a}$$

$$w_{i,j}=\frac{2}{\pi N}\sum_{n=1}^{N}\arctan\left(\frac{|\Delta h_{n,i,j}|}{r_{n,i,j}}\right) \tag{5.76b}$$

式中 $u_{0i,j}$、$u_{x0i,j}$、$u_{y0i,j}$、$u_{z0i,j}$——插值得到的观测站高度层风速绝对值和风速坐标分量，m/s，因之后我们还要据此进行风速场调整，所以称其为初始风速，用下标 0 表示；下标 i、j 为差分网格的列、行计数；

$r_{n,i,j}$——计算网格点（$x_{i,j}$，$y_{i,j}$）到第 n 个观测点（x_n，y_n）的水平距离，m；

$|\Delta h_{n,i,j}|$——计算点与观测点高度差的绝对值，m；

$w_{i,j}$——权重。

注意，在地形有起伏的情况下，我们在差分网格中使用域外网格来模拟地形的变化。此时，观测站高度层是指距离地面为观测站高度、与地形起伏变化一致的一层，它不是差分网格的第 1 层，其层号随位置而变化。

CHINO 给出另一种将地形起伏考虑在内的权重插值法。插值函数不仅包括水平距离的影响，还将地形高度及计算网格点与观测点之间障碍物高度的影响考虑在内。具体算法如下：

$$u_{x0i,j}=\frac{\sum_{n=1}^{N}u_{xn}W_n}{\sum_{n=1}^{N}W_n} \tag{5.77a}$$

$$u_{y0i,j}=\frac{\sum_{n=1}^{N}u_{yn}W_n}{\sum_{n=1}^{N}W_n} \tag{5.77b}$$

$$u_{z0i,j}=\frac{\sum_{n=1}^{N}u_{zn}W_n}{\sum_{n=1}^{N}W_n} \tag{5.77c}$$

其中，$i=1,2,\cdots,N_x$；$j=1,2,\cdots,N_y$；$r_{n,i,j}$ 与 $u_{0i,j}$ 算法同式(5.76a)、式(5.75d)，权重函数的算法如下：

$$W_n = W(r_{n,i,j})W(h_{n,i,j})W(h_{bn,i,j}) \tag{5.78a}$$

$$W(r_{n,i,j}) = \exp(-\alpha r_{n,i,j}^2) \tag{5.78b}$$

$$W(h_{bn,i,j}) = \exp(-\gamma h_{bn,i,j}^2) \tag{5.78c}$$

当观测点高于计算网格点时：

$$W(h_{n,i,j}) = \exp\left[-\beta\left(\frac{h_{n,i,j}}{h_{s,n} - h_{g,i,j}}\right)^4\right] \tag{5.78d}$$

当观测点低于计算网格点时：

$$W(h_{n,i,j}) = \exp(-r_{n,i,j} h_{n,i,j}^2) \tag{5.78e}$$

式中　$W(r_{n,i,j})$——计算网格点（$x_{i,j}$，$y_{i,j}$）到第 n 个观测点（x_n，y_n）之间水平距离 $r_{n,i,j}$ 的权重函数；

$W(h_{n,i,j})$——计算网格点（$x_{i,j}$，$y_{i,j}$）到第 n 个观测点（x_n，y_n）之间垂直距离 $h_{n,i,j}$ 的权重函数；

$W(h_{bn,i,j})$——计算网格点（$x_{i,j}$，$y_{i,j}$）到第 n 个观测点（x_n，y_n）之间障碍物高度 $h_{bn,i,j}$ 的权重函数；

$r_{n,i,j}$——计算网格点（$x_{i,j}$，$y_{i,j}$）到第 n 个观测点（x_n，y_n）的水平距离，m；

$h_{n,i,j}$——计算网格点（$x_{i,j}$，$y_{i,j}$）到第 n 个观测点（x_n，y_n）之间的垂直距离，m；

$h_{bn,i,j}$——计算网格点（$x_{i,j}$，$y_{i,j}$）到第 n 个观测点（x_n，y_n）之间最高障碍物的高度，m；

$h_{s,n}$——第 n 个观测点（x_n，y_n）的绝对高度，m；

$h_{g,i,j}$——计算网格点（$x_{i,j}$，$y_{i,j}$）所在位置的地形高度，m；

α、β、γ——计算参数，其中 α 推荐取0.1。

5.7.2.3　垂直方向初始风场的计算

通过插值法得到地面层的风场后，可以进一步求得各计算点在垂直方向不同高度上的风速和风向。

首先根据研究域的地理位置和模拟时间计算太阳净辐射量 R_n 和地面热通量 H；然后利用迭代法计算摩擦风速 u_* 和代表大气稳定度的莫奥长度 L；然后根据摩擦风速和莫奥长度求解各计算点的大气边界层高度 z_{pbl} 和地面层高度 z_{sl}；最后根据计算点所处的大气层位置计算出不同垂直高度上的风速。

计算法步骤如下4步。

(1) 计算净辐射量 R_n 和地面热通量 H

1）太阳高度角 ϕ 的计算

太阳高度角 ϕ 的计算公式为

$$\varphi = \arcsin\left[\sin\left(\pi\frac{\phi}{180}\right)\sin\delta + \cos\left(\pi\frac{\phi}{180}\right)\cos\delta\cos\left(\pi\frac{15t+\eta-300}{180}\right)\right]\frac{180}{\pi} \tag{5.79a}$$

其中，δ 为太阳倾角：

$$\delta=0.006918-0.39912\cos\theta_0+0.070257\sin\theta_0-0.006758\cos2\theta_0 +0.000907\sin2\theta_0-0.002697\cos3\theta_0+0.001480\sin3\theta_0 \tag{5.79b}$$

$$\theta_0=\frac{360d_n}{365}\times\frac{\pi}{180}=\frac{2\pi d_n}{365} \tag{5.79c}$$

式中 φ——太阳高度角，(°)；

δ——太阳倾角，rad；

d_n——计算日在一年中的日期序数（1,2,…,365）；

ϕ——当地的纬度，(°)；

η——当地的经度，(°)；

t——北京时间，h。

如果太阳高度角 $\varphi\geqslant0$ 进行净辐射量 R_n，地面热通量 H，对流边界层中摩擦风速 u_* 和莫奥长度 L 计算；如果太阳高度角 $\varphi\leqslant0$，直接进行步骤（2）中稳定边界层中摩擦风速 u_* 和莫奥长度 L 计算。之后的步骤（3）与步骤（4）算法一样。

2）净辐射量 R_n 的计算

在比云量为 n 的情况下，净辐射量 R_n 为

$$R_n=\frac{[1-r(\varphi)]R+c_1T^6-\sigma_{SB}T^4+c_2n}{1.12} \tag{5.80a}$$

其中，

$$R=R_0(1-0.75n^{3.4}) \tag{5.80b}$$

$$R_0=990(\sin\varphi)-30 \tag{5.80c}$$

$$r(\varphi)=a+(1-a)\exp(-0.1\varphi+b) \tag{5.80d}$$

$$b=-0.5(1-a)^2 \tag{5.80e}$$

式中 R_n——比云量为 n 时的净辐射量，W/m^2；

n——比云量，$n=0\sim1$；

R——比云量为 n 时的太阳辐射量，W/m^2；

R_0——晴空下的太阳辐射量，W/m^2；

c_1、c_2——常数，$c_1=5.31\times10^{-13}W/(m^2\cdot K^6)$，$c_2=60W/(m^2\cdot K^6)$；

σ_{SB}——Stefin Boltzman 常数，$W/(m^2\cdot K^4)$，$\sigma_{SB}=5.67\times10^{-8}W/(m^2\cdot K^4)$；

T——在监测站点高度上测得的环境温度，K；

φ——太阳高度角，(°)；

$r(\varphi)$——太阳高度角为 φ 时的地表反照率，$r(\varphi)=0\sim1$；

a——地表反照率典型值，$a=0\sim1$。

3）地面热通量 H 的计算

根据净辐射量 R_n 和波文比 B_0 求地面热通量 H：

$$H=\frac{0.9R_n}{1+1/B_0} \tag{5.81}$$

式中 B_0——波文比，是显热通量（又称感热通量）与潜热通量的比率，其取值见第 5.7.5.2 部分相关内容。

(2) 摩擦风速 $\boldsymbol{u}_*$ 和莫宁奥布霍夫长度 L 的计算

1) 在对流边界层（白天情况）使用迭代法求解摩擦风速 $\boldsymbol{u}_*(u_{x*},u_{y*},u_{z*})$ 和莫奥长度 L，公式如下：

$$u_*=\frac{ku_0(z_1)}{\ln\left(\dfrac{z_1}{z_0}\right)-\psi_m\left(\dfrac{z_1}{L}\right)+\psi_m\left(\dfrac{z_0}{L}\right)} \tag{5.82}$$

$$u_{i*}=\frac{u_{i0}(z_1)}{u_0(z_1)}u_* \tag{5.83}$$

$$L=-\frac{\rho c_p T u_*^3}{\kappa g H} \tag{5.84}$$

其中，

$$\psi_m\left(\frac{z_1}{L}\right)=2\ln\left(\frac{1+x_1}{2}\right)+\ln\left(\frac{1+x_1^2}{2}\right)-2\arctan(x_1)+\frac{\pi}{2} \tag{5.85a}$$

$$\psi_m\left(\frac{z_0}{L}\right)=2\ln\left(\frac{1+x_0}{2}\right)+\ln\left(\frac{1+x_0^2}{2}\right)-2\arctan(x_0)+\frac{\pi}{2} \tag{5.85b}$$

$$x_1=\left(1-\frac{16z_1}{L}\right)^{1/4} \tag{5.86a}$$

$$x_0=\left(1-\frac{16z_0}{L}\right)^{1/4} \tag{5.86b}$$

式中 u_*、u_{i*}——计算点的摩擦风速绝对值和摩擦风速分量，m/s，$i=x$，y，z；

$u_0(z_1)$、$u_{i0}(z_1)$——初始风场的风速绝对值和风速坐标分量，m/s，$i=x$，y，z；

L——莫奥长度，m；

c_p——定压比热容，J/(g·K)，$c_p=1004$J/(g·K)；

z_1——观测站高度，m；

κ——卡曼常数，常用0.4；

z_0——地表粗糙长度，m；

ρ——空气密度，kg/m^3，取1.20kg/m^3；

T——观测站点温度，K；

g——重力加速度，9.8m/s^2；

H——地表潜热通量，kW/m^2；

ψ_m——稳定度函数。

2) 稳定边界层（太阳高度角 $\varphi\leqslant 0$，如夜间存在逆温，大气边界层处于逆温条件下）引入温度尺度参数 θ_* 计算摩擦风速 $\boldsymbol{u}_*(u_{x*},u_{y*},u_{z*})$ 和莫奥长度 L，公式如下：

$$\theta_*=0.09(1-0.5n^2) \tag{5.87}$$

令 $\theta_*=-H/\rho c_p u_*$

$$L=-\frac{\rho c_p T u_*^3}{\kappa g H}=\frac{T u_*^2}{\kappa g \theta_*} \tag{5.88}$$

令

$$C_D=\frac{\kappa}{\ln(z_1/z_0)} \tag{5.89a}$$

$$w=\frac{5z_1 g\theta_*}{T} \tag{5.89b}$$

可得

$$u_*=\frac{C_D u_0(z_1)}{2}\left[-1+\sqrt{1+\frac{4w}{C_D u_0^2(z_1)}}\right] \tag{5.90}$$

$$u_{i*}=\frac{u_{i0}(z_1)}{u_0(z_1)}u_* \tag{5.91}$$

式中 θ_*——温度尺度参数；

n——比云量；

u_*、u_{i*}——计算点的摩擦风速绝对值和摩擦风速分量，m/s，$i=x$，y，z；

z——计算点的高度，m；

$u_0(z_1)$、$u_{i0}(z_1)$——初始风场的风速绝对值和风速坐标分量，m/s，$i=x$，y，z；

L——莫奥长度，m；

c_p——定压比热容，J/(g·K)，$c_p=1004$J/(g·K)；

z_1——观测站高度，m；

κ——卡曼常数，常用0.4；

z_0——地表粗糙长度，m；

ρ——空气密度，kg/m^3，取1.20kg/m^3；

T——观测站点温度，K；

g——重力加速度，9.8m/s^2；

H——地表潜热通量，kW/m^2。

(3) 计算大气边界层高度 z_{pbl} 和地面层高度 z_{sl}

大气边界层高度 z_{pbl} 与大气稳定条件（用莫奥长度 L 度量）有关。

在稳定条件下（$L>0$）

$$z_{pbl}=0.4\sqrt{\frac{u_*}{f}L},\quad L>0 \tag{5.92a}$$

在非稳定条件下（$L<0$）

$$z_{pbl}=0.3\frac{u_*}{f},\quad L<0 \tag{5.92b}$$

式中 u_*——摩擦风速绝对值，m/s；

f——科里奥利频率，$f=2\Omega\sin\left(\frac{\phi\pi}{180}\right)$；

ϕ——当地的纬度，(°)；

Ω——地转速度，rad/s，$\Omega=7.2921\times10^{-5}$rad/s。

(4) 计算不同高度的风速

风速在不同高度上的变化从地表向上分为三个带：第一带从地表到等于粗糙长度的高度带（$z<7z_0$）；第二带从第一带上边界起到大气边界层（$7z_0\leqslant z\leqslant z_{pbl}$）；第三带为大气边界层高度带以上。

当 $z<7z_0$时：

$$u_i(z)=u_i(7z_0)\left(\frac{z}{7z_0}\right) \tag{5.93a}$$

当 $7z_0\leqslant z\leqslant z_{pbl}$时：

$$u_i(z)=\frac{u_{i*}}{\kappa}\left[\ln\left(\frac{z}{z_0}\right)-\psi_m\left(\frac{z}{L}\right)+\psi_m\left(\frac{z_0}{L}\right)\right] \tag{5.93b}$$

当 $z_{pbl}<z$ 时：

$$u_i(z)=u_i(z_{pbl}) \tag{5.93c}$$

其中，稳定度函数 ψ_m 的表达式当 $z/L<0$ 时见式(5.85)，当 $z/L>0$ 时为：

$$\psi_m\left(\frac{z}{L}\right)=-17\left[1-\exp\left(-0.29\frac{z}{L}\right)\right] \tag{5.94a}$$

$$\psi_m\left(\frac{z_0}{L}\right)=-17\left[1-\exp\left(-0.29\frac{z_0}{L}\right)\right] \tag{5.94b}$$

式中　$u_i(z)$——计算点的风速分量，m/s，$i=x，y，z$；

u_*——计算点的摩擦风速绝对值，m/s；

u_{i*}——计算点的摩擦风速分量，m/s，$i=x，y，z$；

z——计算点的高度，m；

z_0——地表粗糙长度，m；

κ——卡曼常数，常用 0.4；

L——莫奥长度，m。

5.7.3　变分法风场调整的控制方程

变分方法的原理是使调整后的风场和初始（观测内插）风场之差最小，同时还满足流场质量守恒的约束。假设风流是不可压缩的，则风速应满足如下的连续性方程：

$$\frac{\partial u_x}{\partial x}+\frac{\partial u_y}{\partial y}+\frac{\partial u_z}{\partial z}=0 \tag{5.95}$$

调整后的风速与初始风速的平方差在研究域上的积分可表示为：

$$I(u_x,u_y,u)=\int_G[\alpha_1^2(u_x-u_{x_0})^2+\alpha_1^2(u_y-u_{y_0})^2+\alpha_2^2(u_z-u_{z_0})^2]\mathrm{d}x\,\mathrm{d}y\,\mathrm{d}z \tag{5.96}$$

为使三维风场的调整量最小，必须使函数 I 取得最小值。

式中　(u_x,u_y,u_z)——调整后的风速分量；

$(u_{x_0},u_{y_0},u_{z_0})$——插值法得到的原始风速分量；

α_i——高斯精度模数，$\alpha_i=1/2\sigma_i{}^2$（σ_i为水平和垂直风场观测误差的

方差)，σ_i 与风场的稳定度有关，在很多文献中都取常数，$\alpha_1=0.25$，$\alpha_2=1-2\alpha_1=0.5$。

求函数 I 取得最小值的速度场 u（u_x，u_y，u_z）等价于求下面拉格朗日方程的最小值点：

$$E(u_x,u_y,u_z,\lambda)=\min I(u_x,u_y,u_z)+\int_G\left[\lambda\left(\frac{\partial u_x}{\partial x}+\frac{\partial u_y}{\partial y}+\frac{\partial u_z}{\partial z}\right)\right]\mathrm{d}x\,\mathrm{d}y\,\mathrm{d}z \tag{5.97}$$

式中 λ——拉格朗日乘数，m^2/s。

这里引入拉格朗日乘数法来求方程式(5.97) 的最小值。要使方程取得最小值，必须满足如下的欧拉-拉格朗日方程

$$u_x=u_{x_0}+T_h\frac{\partial\lambda}{\partial x} \tag{5.98a}$$

$$u_y=u_{y_0}+T_h\frac{\partial\lambda}{\partial y} \tag{5.98b}$$

$$u_z=u_{z_0}+T_v\frac{\partial\lambda}{\partial z} \tag{5.98c}$$

式中，

$$T_h=\frac{1}{2\alpha_1^2} \tag{5.99a}$$

$$T_v=\frac{1}{2\alpha_2^2} \tag{5.99b}$$

将方程式(5.98) 代入连续性方程式(5.95) 中得到问题的微分方程为：

$$\frac{\partial^2\lambda}{\partial x^2}+\frac{\partial^2\lambda}{\partial y^2}+\frac{T_v}{T_h}\frac{\partial^2\lambda}{\partial z^2}=-\frac{1}{T_h}\left(\frac{\partial u_{x_0}}{\partial x}+\frac{\partial u_{y_0}}{\partial y}+\frac{\partial u_{z_0}}{\partial z}\right)\quad (x,y,z)\in G \tag{5.100}$$

这一方程的求解需要边界条件。边界条件有两类：一类是第一类（Dirichlet）边界条件，即给定 λ 边界条件，对应于开放边界（风可流入流出研究域，如四周边界）；另一类是第二类（Neumann）边界条件，即流量边界，对于关闭边界（没有风流通过边界流入流出，如地面边界），流量为零。边界条件表示如下。

对于开放边界：

$$\lambda(x,y,z)|_{\Gamma_1}=0,\quad (x,y,z)\in\Gamma_1 \tag{5.101a}$$

对于关闭边界：

$$\left[\left(T_h\frac{\partial\lambda}{\partial x}+u_{x_0}\right)\cos(n,x)+\left(T_h\frac{\partial\lambda}{\partial y}+u_{y_0}\right)\cos(n,y)+\left(T_v\frac{\partial\lambda}{\partial z}+u_{z_0}\right)\cos(n,z)\right]\Bigg|_{\Gamma_2}=0,\quad (x,y,z)\in\Gamma_2 \tag{5.101b}$$

式中 Γ_1、Γ_2——第一类、第二类边界。

应用数值方法求解方程式(5.100) 和式(5.101) 可得到 $\lambda(x,y,z)$，代入方程式(5.98) 即可得到调整后的风场（u_x,u_y,u_z）。

为了书写方便，将方程（5.101a）改写为：

$$\frac{\partial^2\lambda}{\partial x^2}+\frac{\partial^2\lambda}{\partial y^2}+a\ \frac{\partial^2\lambda}{\partial z^2}=F \tag{5.102a}$$

其中，

$$a=T_{\mathrm{v}}/T_{\mathrm{h}} \tag{5.102b}$$

$$F=-\frac{1}{T_{\mathrm{h}}}\left(\frac{\partial u_{x_0}}{\partial x}+\frac{\partial u_{y_0}}{\partial y}+\frac{\partial u_{z_0}}{\partial z}\right) \tag{5.102c}$$

式(5.101b) 变为：

$$\left[\left(\frac{\partial\lambda}{\partial x}+\frac{u_{x_0}}{T_{\mathrm{h}}}\right)\cos(n,x)+\left(\frac{\partial\lambda}{\partial y}+\frac{u_{y_0}}{T_{\mathrm{h}}}\right)\cos(n,y)\right.$$
$$\left.+\left(a\ \frac{\partial\lambda}{\partial z}+\frac{u_{z_0}}{T_{\mathrm{h}}}\right)\cos(n,z)\right]\Bigg|_{\Gamma_2}=0 \tag{5.103}$$

5.7.4　风速场的调整结果

求解有限差分方程式(5.97) 可得到研究域各网格上的 λ 值。应用式(5.98) 可得到调整后各网格上的风速。

5.7.4.1　u_x 的计算

式(5.98a) 的差分可表示为

$$u_{x_{i,j,l}}=u_{x_{0i,j,l}}+\frac{T_{\mathrm{h}}}{\Delta x_i}(\lambda_{i+\frac{1}{2},j,l}-\lambda_{i-\frac{1}{2},j,l}) \tag{5.104}$$

若 $i+1$ 网格为计算网格，则有

$$\lambda_{i+\frac{1}{2},j,l}=\frac{\lambda_{i,j,l}\Delta x_{i+1}+\lambda_{i+1,j,l}\Delta x_i}{\Delta x_{i+1}+\Delta x_i} \tag{5.105a}$$

若 $i+\frac{1}{2}$ 边是第一类边界边，则有

$$\lambda_{i+\frac{1}{2},j,l}=0 \tag{5.105b}$$

若 $i+\frac{1}{2}$ 边是第二类边界边，由式(5.102a) 可知

$$\left(T_{\mathrm{h}}\frac{\partial\lambda}{\partial x}+u_{x_0}\right)_{i+\frac{1}{2},j,l}=0 \tag{5.105c}$$

即

$$\frac{\partial\lambda}{\partial x}\bigg|_{i+\frac{1}{2},j,l}=2\,\frac{\lambda_{i+\frac{1}{2},j,l}-\lambda_{i,j,l}}{\Delta x_i}=-\frac{u_{x_{0i+\frac{1}{2},j,l}}}{T_{\mathrm{h}}} \tag{5.106}$$

可知

$$\lambda_{i+\frac{1}{2},j,l}=\lambda_{i,j,l}-\frac{u_{x_{0i+\frac{1}{2},j,l}}\Delta x_i}{2T_{\mathrm{h}}} \tag{5.107}$$

若 $i-1$ 网格为计算网格，则有

$$\lambda_{i-\frac{1}{2},j,l}=\frac{\lambda_{i,j,l}\Delta x_{i-1}+\lambda_{i-1,j,l}\Delta x_i}{\Delta x_{i-1}+\Delta x_i} \tag{5.108a}$$

若 $i-\frac{1}{2}$ 边是第一类边界边，则有

$$\lambda_{i-\frac{1}{2},j,l}=0 \tag{5.108b}$$

若 $i-\frac{1}{2}$ 边是第二类边界边，由式(5.101b) 可知

$$\left(T_{\mathrm{h}}\frac{\partial\lambda}{\partial x}+u_{x_0}\right)_{i-\frac{1}{2},j,l}=0 \tag{5.108c}$$

即

$$\left.\frac{\partial\lambda}{\partial x}\right|_{i-\frac{1}{2},j,l}=-\frac{u_{x_{0i-\frac{1}{2},j,l}}}{T_{\mathrm{h}}} \tag{5.109}$$

可知

$$\lambda_{i-\frac{1}{2},j,l}=\lambda_{i,j,l}+\frac{u_{x_{0i-\frac{1}{2},j,l}}\Delta x_i}{2T_{\mathrm{h}}} \tag{5.110}$$

5.7.4.2 u_y的计算

式(5.98b) 的差分可表示为：

$$u_{y_{i,j,l}}=u_{y_{0i,j,l}}+\frac{T_{\mathrm{h}}}{\Delta y_j}(\lambda_{i,j+\frac{1}{2},l}-\lambda_{i,j-\frac{1}{2},l}) \tag{5.111}$$

若 $j+1$ 网格为计算网格，则有

$$\lambda_{i,j+\frac{1}{2},l}=\frac{\lambda_{i,j,l}\Delta y_{j+1}+\lambda_{i,j+1,l}\Delta y_j}{\Delta y_{j+1}+\Delta y_j} \tag{5.112a}$$

若 $j+\frac{1}{2}$ 边是第一类边界边，则有

$$\lambda_{i,j+\frac{1}{2},l}=0 \tag{5.112b}$$

若 $j+\frac{1}{2}$ 边是第二类边界边，由式(5.101b) 可知

$$\left(T_{\mathrm{h}}\frac{\partial\lambda}{\partial y}+u_{y_0}\right)_{i,j+\frac{1}{2},l}=0 \tag{5.112c}$$

即

$$\left.\frac{\partial\lambda}{\partial y}\right|_{i,j+\frac{1}{2},l}=2\,\frac{\lambda_{i,j+\frac{1}{2},l}-\lambda_{i,j,l}}{\Delta y_j}=-\frac{u_{y_{0i,j+\frac{1}{2},l}}}{T_{\mathrm{h}}} \tag{5.113}$$

可知

$$\lambda_{i,j+\frac{1}{2},l}=\lambda_{i,j,l}-\frac{u_{y_{0i,j+\frac{1}{2},l}}\Delta y_j}{2T_{\mathrm{h}}} \tag{5.114}$$

若 $j-1$ 网格为计算网格，则有

$$\lambda_{i,j-\frac{1}{2},l}=\frac{\lambda_{i,j,l}\Delta y_{j-1}+\lambda_{i,j-1,l}\Delta y_j}{\Delta y_{j-1}+\Delta y_j} \tag{5.115a}$$

若 $j-\frac{1}{2}$ 边是第一类边界边，则有

$$\lambda_{i,j-\frac{1}{2},l}=0 \tag{5.115b}$$

若 $j-\dfrac{1}{2}$ 边是第二类边界边，由式(5.101b) 可知

$$\left(T_{\mathrm{h}}\frac{\partial\lambda}{\partial y}+u_{y_0}\right)_{i,j-\frac{1}{2},l}=0 \tag{5.115c}$$

即

$$\left.\frac{\partial\lambda}{\partial y}\right|_{i,j-\frac{1}{2},l}=-\frac{u_{y_{0i,j-\frac{1}{2},l}}}{T_{\mathrm{h}}} \tag{5.116}$$

可知

$$\lambda_{i,j-\frac{1}{2},l}=\lambda_{i,j,l}+\frac{u_{y_{0i,j-\frac{1}{2},l}}\Delta y_j}{2T_{\mathrm{h}}} \tag{5.117}$$

5.7.4.3　u_z 的计算

式(5.98c) 的差分为：

$$u_{z_{i,j,l}}=u_{z_{0i,j,l}}+\frac{T_{\mathrm{v}}}{\Delta z_l}(\lambda_{i,j,l+\frac{1}{2}}-\lambda_{i,j,l-\frac{1}{2}}) \tag{5.118}$$

若 $l+1$ 网格为计算网格，则有

$$\lambda_{i,j,l+\frac{1}{2}}=\frac{\lambda_{i,j,l}\Delta z_{l+1}+\lambda_{i,j,l+1}\Delta z_l}{\Delta z_{l+1}+\Delta z_l} \tag{5.119a}$$

若 $l+\dfrac{1}{2}$ 边是第一类边界边，则有

$$\lambda_{i,j,l+\frac{1}{2}}=0 \tag{5.119b}$$

若 $l+\dfrac{1}{2}$ 边是第二类边界边，由式(5.101b) 可知

$$\left(T_{\mathrm{v}}\frac{\partial\lambda}{\partial z}+u_{z_0}\right)_{i,j,l+\frac{1}{2}}=0 \tag{5.119c}$$

即

$$\left.\frac{\partial\lambda}{\partial z}\right|_{i,j,l+\frac{1}{2}}=2\frac{\lambda_{i,j,l+\frac{1}{2}}-\lambda_{i,j,l}}{\Delta z_l}=-\frac{u_{z_{0i,j,l+\frac{1}{2}}}}{T_{\mathrm{v}}} \tag{5.120}$$

可知

$$\lambda_{i,j,l+\frac{1}{2}}=\lambda_{i,j,l}-\frac{u_{z_{0i,j,l+\frac{1}{2}}}\Delta z_l}{2T_{\mathrm{v}}} \tag{5.121}$$

若 $l-1$ 网格为计算网格，则有

$$\lambda_{i,j,l-\frac{1}{2}}=\frac{\lambda_{i,j,l}\Delta z_{l-1}+\lambda_{i,j,l-1}\Delta z_l}{\Delta z_{l-1}+\Delta z_l} \tag{5.122a}$$

若 $l-\dfrac{1}{2}$ 边是第一类边界边，则有

$$\lambda_{i,j,l-\frac{1}{2}}=0 \tag{5.122b}$$

若 $l-\dfrac{1}{2}$ 边是第二类边界边，由式(5.101b) 可知

$$\left(T_{\mathrm{v}}\frac{\partial\lambda}{\partial z}+u_{z_0}\right)_{i,j,l-\frac{1}{2}}=0 \tag{5.122c}$$

即

$$\left.\frac{\partial \lambda}{\partial z}\right|_{i,j,l-\frac{1}{2}}=-\frac{u_{z_{0i,j,l-\frac{1}{2}}}}{T_{\mathrm{v}}} \tag{5.123}$$

可知

$$\lambda_{i,j,l-\frac{1}{2}}=\lambda_{i,j,l}+\frac{u_{z_{0i,j,l-\frac{1}{2}}}\Delta z_{l}}{2T_{\mathrm{v}}} \tag{5.124}$$

5.7.5 地表特征参数参考值

美国 EPA 设计了 AERSURFACE（EPA，2008）工具作为 AERMET 的输入值，旨在帮助用户获得符合实际情况的地表特征值参数，地表特征值包括地表粗糙长度 z_0、波文比 B_0和地表反照率 a。AERSURFACE 根据已有的土地覆盖数据，提供了不同土地覆盖类型和季节分类的地表特征参数表。ModOdor 采用 AERSURFACE 中使用的地表粗糙长度 z_0、波文比 B_0和地表反照率 a 参数表作为缺省参数参考值供用户使用。

5.7.5.1 地表粗糙长度 z_0参考值

粗糙长度是指在边界层大气中，近地层风速向下递减到零时的高度。在大气边界层中，粗糙长度通常约为植被覆盖高度的 1/8～1/7，或约等于地表粗糙元真实高度的 1/10。粗糙长度包括地形粗糙长度（Topographic roughness length）和地表粗糙长度（Surface roughness length）两种，风场计算中用到的是地表粗糙长度。地表粗糙长度是由地表植被、水体、建筑等不同下垫面的粗糙度差异所形成的。

国标《建筑结构荷载规范》(GB 50009—2012）中将地表粗糙度分为 A、B、C、D 四类：A 类指近海地面、海岛、海岸、大湖湖岸及沙漠地区；B 类指田野、乡村、丛林、丘陵以及房屋比较稀疏的乡镇和城市郊区；C 类指有密集建筑群的城市市区；D 类指有密集建筑群且房屋较高的城市市区。由于此规范没有给出粗糙度的具体数值，不便使用。

粗糙长度的估算方法包括拟合风速垂直变化的对数廓线法和土地类型划分法等。土地类型划分法因直观简便而得到较多的应用。土地类型划分法从 1953 年开始用于土地粗糙度的评价。

表 5.1 给出了地形特征分类与地表粗糙长度 z_0参考值表。

表 5.1 地形特征分类与地表粗糙长度 z_0参考值表（US EPA，2008）

序号	类别	不同季节[①]地表粗糙长度/m					参考文献
		1	2	3	4	5	
1	水面	0.001	0.001	0.001	0.001	0.001	Stull[②]
2	常年积雪	0.002	0.002	0.002	0.002	0.002	Stull[②]
3	低密度住宅区	0.40	0.40	0.30	0.30	0.40	50%4+25%13+25%22[③]
4	高密度住宅区	1	1	1	1	1	AERMET[④]
5	商业/工业/交通区(机场区域)	0.07	0.07	0.07	0.07	0.07	10%4+90%7[⑤]

续表

序号	类别	不同季节[①]地表粗糙长度/m					参考文献
		1	2	3	4	5	
6	商业/工业/交通区(非机场)	0.7	0.7	0.7	0.7	0.7	90%4+10%7[⑤]
7	岩石/砂/黏土(干旱地区)	0.05	0.05	0.05	NA	0.05	Slade[⑥]
8	岩石/砂/黏土(非干旱地区)	0.05	0.05	0.05	0.05	0.05	Slade[⑥]
9	采石场/条矿山/砾石	0.3	0.3	0.3	0.3	0.3	Estimate[⑦]
10	过渡[⑤]	0.2	0.2	0.2	0.2	0.2	Estimate[⑧]
11	落叶林	1.3	1.3	0.6	0.5	1	AERMET[④]
12	针叶林	1.3	1.3	1.3	1.3	1.3	AERMET[④]
13	混合森林[⑥]	1.3	1.3	0.9	0.8	1.1	50%11+50%12[⑨]
14	灌木丛(干旱地区)	0.15	0.15	0.15	NA	0.15	50%15[⑩]
15	灌木丛(非干旱地区)	0.3	0.3	0.3	0.15	0.3	AERMET[④]
16	果园/葡萄园	0.3	0.3	0.1	0.05	0.2	Gattatt[⑪]
17	草地/草本植物	0.1	0.1	0.014	0.005	0.05	AERMET[④]
18	牧场/干草	0.15	0.15	0.02	0.01	0.03	Gattatt[⑪] &Slade[⑫]
19	行栽作物	0.2	0.2	0.02	0.01	0.03	Gattatt[⑪] &Slade[⑫]
20	小粒谷类作物	0.15	0.15	0.02	0.01	0.03	Gattatt[⑪] &Slade[⑫]
21	休耕地	0.05	0.05	0.02	0.01	0.02	7,8,18,19,20[⑬]
22	城市/娱乐草坪	0.02	0.015	0.01	0.005	0.015	Randerson[⑭]
23	木本湿地	0.5	0.5	0.4	0.3	0.5	50%13+50%24[⑮]
24	草本湿地	0.2	0.2	0.2	0.1	0.2	AERMET[④]

① 季节分类：1—夏季，6～8月；2—秋季，9～11月；3—无雪冬季，12月、翌年1～2月；4—冬季，有连续冰雪覆盖，12月、翌年1～2月；5—初春，3～5月。

② 根据 Stull（Stull，1988）图9.6，此处所用的地表粗糙长度值大于一般“平静海面”的地表粗糙长度。考虑到波浪及海岸等造成地表粗糙长度增加的因素，假设计算中的大部分水体与陆地接壤，因此采用较大值。

③ 假设“低密度住宅区”是由50%的“低密度住宅区”、25%“混合森林”和25%“城市/娱乐草坪”组成。

④ 根据 AERMET User's Guide（EPA，2004）表4-3估算。

⑤ 假设机场区域由90%“过渡”和10%“商业/工业”类型覆盖。非机场区域由10%“过渡”和90%“商业/工业”类型覆盖。“过渡”类型的粗糙长度近似于“岩石/砂/黏土”类型，“商业/工业”类型的粗糙长度近似于“高密度住宅区”类型。

⑥ 根据 Slade（Slade，1968）表3-1估算。

⑦ 根据地面主要覆盖物的表面性质估算。

⑧ 反映地面混合覆盖情况的类型估算。

⑨ 假设“混合森林”中“针叶林”和“落叶林”各占1/2。

⑩ 假设干旱地区灌木丛的植物量按非干旱地区的50%计。

⑪ 根据 Garratt（Garratt，1992）表A6确定。

⑫ 根据 Slade（Slade，1968）表3-1确定。

⑬ 季节1、2根据“岩石/砂/黏土”类型确定，季节3、4、5根据“牧场/干草”“行栽作物”和“小粒谷类作物”类型确定。季节5和季节3的植被数量相当，地表粗糙长度相同。

⑭ 根据 Randerson（Randerson，1984）中表5.4确定。

⑮ 假设“木本湿地”由50%“混合森林”和50%“草本湿地”组成。

注：1. NA表示不适用。

2. 参考文献一列中，%右边数字为类别序号。

表 5.2 地形特征分类与不同季节波文比参考值表（US EPA，2008）

序号	类别	不同季节①波文比（平均）					不同季节①波文比（湿润条件）					不同季节①波文比（干燥条件）					参考文献
		1	2	3	4②	5	1	2	3	4②	5	1	2	3	4②	5	
1	水面	0.1	0.1	0.1	0.1	0.1	0.1	0.1	0.1	0.1	0.1	0.1	0.1	0.1	0.1	0.1	AERMET&Oke③
2	常年积雪	0.5	0.5	0.5	0.5	0.5	0.5	0.5	0.5	0.5	0.5	0.5	0.5	0.5	0.5	0.5	Estimate④
3	低密度住宅区	0.8	1	1	0.5	0.8	0.6	0.6	0.6	0.5	0.6	2	2.5	2.5	0.5	2	AERMET&Oke③
4	高密度住宅区	1.5	1.5	1.5	0.5	1.5	1	1	1	0.5	1	3	3	3	0.5	3	AERMET&Oke③
5	商业/工业/交通区(机场区域)	1.5	1.5	1.5	0.5	1.5	1	1	1	0.5	1	3	3	3	0.5	3	AERMET&Oke③
6	商业/工业/交通区(非机场)	1.5	1.5	1.5	0.5	1.5	1	1	1	0.5	1	3	3	3	0.5	3	AERMET&Oke③
7	岩石/砂/黏土(干旱地区)	4	6	6	NA	3	1.5	2	2	NA	1	6	10	10	NA	5	AERMET&Oke③
8	岩石/砂/黏土(非干旱地区)	1.5	1.5	1.5	0.5	1.5	1	1	1	0.5	1	3	3	3	0.5	3	AERMET&Oke③
9	采石场/条矿山/砾石	1.5	1.5	1.5	0.5	1.5	1	1	1	0.5	1	3	3	3	0.5	3	AERMET&Oke③
10	过渡⑤	1	1	1	0.5	1	0.7	0.7	0.7	0.5	0.7	2	2	2	0.5	2	Estimate⑤
11	落叶林	0.3	1	1	0.5	0.7	0.2	0.4	0.4	0.5	0.3	0.6	2	2	0.5	1.5	AERMET&Oke③
12	针叶林	0.3	0.8	0.8	0.5	0.7	0.2	0.3	0.3	0.5	0.3	0.6	1.5	1.5	0.5	1.5	AERMET&Oke③
13	混合森林⑥	0.3	0.9	0.9	0.5	0.7	0.2	0.35	0.35	0.5	0.3	0.6	1.75	1.75	0.5	1.5	(11+12)/2⑥
14	灌木丛(干旱地区)	4	6	6	NA	3	1.5	2	2	NA	1	6	10	10	NA	5	AERMET&Oke③

续表

序号	类别	不同季节①波文比（平均）					不同季节①波文比（湿润条件）					不同季节①波文比（干燥条件）					参考文献
		1	2	3	4②	5	1	2	3	4②	5	1	2	3	4②	5	
15	灌木丛(非干旱地区)	1	1.5	1.5	0.5	1	0.8	1	1	0.5	0.8	2.5	3	3	0.5	2.5	Estimate⑦
16	果园/葡萄园	0.5	0.7	0.7	0.5	0.3	0.3	0.4	0.4	0.5	0.2	1.5	2	2	0.5	1	AERMET&Oke③
17	草地/草本植物	0.8	1	1	0.5	0.4	0.4	0.5	0.5	0.5	0.3	2	2	2	0.5	1	AERMET&Oke③
18	牧场/干草	0.5	0.7	0.7	0.5	0.3	0.3	0.4	0.4	0.5	0.2	1.5	2	2	0.5	1	AERMET&Oke③
19	行栽作物	0.5	0.7	0.7	0.5	0.3	0.3	0.4	0.4	0.5	0.2	1.5	2	2	0.5	1	AERMET&Oke③
20	小粒谷类作物	0.5	0.7	0.7	0.5	0.3	0.3	0.4	0.4	0.5	0.2	1.5	2	2	0.5	1	AERMET&Oke③
21	休耕地	0.5	0.7	0.7	0.5	0.3	0.3	0.4	0.4	0.5	0.2	1.5	2	2	0.5	1	AERMET&Oke③
22	城市/娱乐草坪	0.5	0.7	0.7	0.5	0.3	0.3	0.4	0.4	0.5	0.2	1.5	2	2	0.5	1	AERMET&Oke③
23	木本湿地	0.2	0.2	0.3	0.5	0.2	0.1	0.1	0.1	0.5	0.1	0.2	0.2	0.2	0.5	0.2	Estimate⑦
24	草本湿地	0.1	0.1	0.1	0.5	0.1	0.1	0.1	0.1	0.5	0.1	0.2	0.2	0.2	0.5	0.2	AERMET&Oke③

① 季节分类：1—夏季，6～8 月；2—秋季，9～11 月；3—无雪冬季，12 月、翌年 1～2 月；4—冬季，有连续冰雪覆盖，12 月、翌年 1～2 月；5—初春，3～5 月。

② 季节 4 中的波文比参考 AERMET User's Guide（EPA，2004）和 Oke（Oke，1978）表 4-2a～c 确定。季节 4，有连续冰雪覆盖的冬季时，假设“水面”未结冰。

③ 季节 1、2、3 和 5 中的波文比参考 AERMET User's Guide（EPA，2004a）和 Oke（Oke，1978）表 4-2a～c。

④“高密度居民区”“混合森林”和“城市/娱乐草坪”三种分类是根据其基本组成计算的等价结果。

⑤“过渡”区的波文比在“岩石/砂/黏土”和“草地/草本植物”之间。

⑥ 假设“混合森林”中“针叶林”和“落叶林”各占 1/2。

⑦ 与其他类别的波文比比较的估算值。

注：NA 表示不适用。

5.7.5.2 波文比 B_0参考值

波文比（Bowen ratio），是显热通量（又称感热通量）与潜热通量的比率，即水面与空气间的湍流交换热量与自由水面向空气中蒸发水汽的耗热量之比。波文比通常是随时间和各地天气及下垫面的情况变化，潮湿地面的大部分能量用于蒸发，B_0较小；干燥地面的大部分能量以显热通量的方式进入大气，B_0较大。Roland 认为（Roland B S.，1988）：$B_0>5$ 为干旱地区；$0.4 \leqslant B_0 \leqslant 5$ 为半湿润半干旱地区；$B_0<0.4$ 为湿润地区。Stull（Stull R B，赵长新 . 1991）给出波文比的典型量值，半干旱区域 5，草原和森林 0.5，水浇果园或草地 0.2，海面 0.1，绿洲可能为负值。崔耀平等（崔耀平等，2012）根据北京市实测数据得到 4 种下垫面波文比的年均值，分别为：林地 0.23，草地 0.33，房屋 4.44，道路 4.75。

表 5.2 给出了地形特征分类与 B_0参考值表。

5.7.5.3 地表反照率典型值 a 参考值

地表反射率（surface albedo）是指地表物体向各个方向上反射的太阳总辐射通量与到达该物体表面上的总辐射通量之比，是反映地表对太阳短波辐射反射特性的物理参量。

表 5.3 给出了不同地形特征分类与季节地表反照率参考值。

表 5.3 地形特征分类与不同季节地表反照率典型值考值表（US EPA，2008）

序号	类别	不同季节[①]地表反照率典型值					参考文献
		1	2	3	4	5	
1	水面	0.1	0.1	0.1	0.1	0.1	AERMET[②,③]
2	常年积雪	0.6	0.6	0.7	0.7	0.6	Stull[②]&Garratt[④]
3	低密度住宅区	0.16	0.16	0.18	0.45	0.16	(4+13+22)/3[⑤]
4	高密度住宅区	0.18	0.18	0.18	0.35	0.18	Stull[⑥]&AERMET[⑦]
5	商业/工业/交通区(机场区域)	0.18	0.18	0.18	0.35	0.18	Stull[⑥]&AERMET[⑦]
6	商业/工业/交通区(非机场)	0.18	0.18	0.18	0.35	0.18	Stull[⑥]&AERMET[⑦]
7	岩石/砂/黏土(干旱地区)	0.2	0.2	0.2	NA	0.2	Garratt[⑧]
8	岩石/砂/黏土(非干旱地区)	0.2	0.2	0.2	0.6	0.2	Garratt[⑧]&AERMET[⑦]
9	采石场/条矿山/砾石	0.2	0.2	0.2	0.6	0.2	Garratt[⑧]&AERMET[⑦]
10	过渡[⑤]	0.18	0.18	0.18	0.45	0.18	Estimate[⑨]
11	落叶林	0.16	0.16	0.17	0.5	0.16	Stull[⑥]&AERMET[⑦]
12	针叶林	0.12	0.12	0.12	0.35	0.12	Stull[⑥]&AERMET[⑦]
13	混合森林[⑥]	0.14	0.14	0.14	0.42	0.14	50%11+50%12[⑩]
14	灌木丛(干旱地区)	0.25	0.25	0.25	NA	0.25	Stull[⑥]

续表

序号	类别	不同季节①地表反照率典型值					参考文献
		1	2	3	4	5	
15	灌木丛(非干旱地区)	0.18	0.18	0.18	0.5	0.18	Estimate⑪ & ERMET⑦
16	果园/葡萄园	0.18	0.18	0.18	0.5	0.14	Estimate⑫
17	草地/草本植物	0.18	0.18	0.2	0.6	0.18	AERMET②
18	牧场/干草	0.2	0.2	0.18	0.6	0.14	AERMET②,⑬
19	行栽作物	0.2	0.2	0.18	0.6	0.14	AERMET②,⑬
20	小粒谷类作物	0.2	0.2	0.18	0.6	0.14	AERMET②,⑬
21	休耕地	0.18	0.18	0.18	0.6	0.18	Garratt⑨
22	城市/娱乐草坪	0.15	0.15	0.18	0.6	0.15	Estimate⑭
23	木本湿地	0.14	0.14	0.14	0.3	0.14	Stull⑥ &AERMET⑦
24	草本湿地	0.14	0.14	0.14	0.3	0.14	Stull⑥ &AERMET⑦

① 季节分类：1—夏季，6～8月；2—秋季，9～11月；3—无雪冬季，12月、翌年1～2月；4—冬季，有连续冰雪覆盖，12月、翌年1～2月；5—初春，3～5月。

② 根据 AERMET User's Guide (EPA，2004a) 表4-1估算。

③ 假设水面未结冰，且反照率不随季节变化。

④ 根据 Stull (Stull，1988) 表C-6和 Garratt (Garratt，1992) 表A8确定。假设季节3、4的冰雪较多且积雪较新，季节1，2，5为陈积雪。

⑤ 假设“高密度住宅区”“混合森林”和“城市/娱乐草坪”各占1/3。

⑥ 根据 Stull (Stull，1988) 表C-7估算。

⑦ 根据 AERMET User's Guide (EPA，2004a) 表4-1中冬季有连续冰雪覆盖的反照率值确定。

⑧ 根据 Garratt (Garratt，1992) 表A8估算。

⑨ 假设“过渡”近似于“休耕地”类型。

⑩ 假设“混合森林”中“针叶林”和“落叶林”各占1/2。

⑪ 假设干旱地区灌木丛的植物量按非干旱地区的50%计。

⑫ 根据“灌木丛（干旱地区）”季节1，2，4和 AERMET 中“耕地”类型的季节3和5估算。

⑬ 根据 AERMET User's Guide (EPA，2004a)，假设夏季比秋季植被更多，春季比秋季土壤更潮湿。

⑭ 根据 AERMET User's Guide (EPA，2004a) 中“耕地”类型的季节3和4，以及 Garratt (Garratt，1992) 表A8季节1，2，5估算。

注：NA表示不适用。

表5.4 干湿平均条件下不同季节波文比 B_0 参考值表 (US EPA，2008)

类别	不同季节①波文比(干湿平均)					注释
	1	2	3	4②	5	
水面	0.1	0.1	0.1	0.1	0.1	③
常年积雪	0.5	0.5	0.5	0.5	0.5	④
低密度住宅区	0.8	1	1	0.5	0.8	③

续表

类别	不同季节①波文比(干湿平均)					注释
	1	2	3	4②	5	
高密度住宅区	1.5	1.5	1.5	0.5	1.5	③
工商业/交通区(机场区)	1.5	1.5	1.5	0.5	1.5	③
工商业/交通区(非机场)	1.5	1.5	1.5	0.5	1.5	③
岩石/砂/黏土(干旱区)	4	6	6	NA	3	③
岩石/砂/黏土(非干旱区)	1.5	1.5	1.5	0.5	1.5	③
采石场/矿山/砾石	1.5	1.5	1.5	0.5	1.5	③
过渡⑤	1	1	1	0.5	1	③
落叶林	0.3	1	1	0.5	0.7	③
针叶林	0.3	0.8	0.8	0.5	0.7	③
混合森林⑥	0.3	0.9	0.9	0.5	0.7	⑥
灌木丛(干旱区)	4	6	6	NA	3	③
灌木丛(非干旱区)	1	1.5	1.5	0.5	1	⑦
果园/葡萄园	0.5	0.7	0.7	0.5	0.3	③
草地/草本植物	0.8	1	1	0.5	0.4	③
牧场/干草	0.5	0.7	0.7	0.5	0.3	③
行栽作物	0.5	0.7	0.7	0.5	0.3	③
小粒谷类作物	0.5	0.7	0.7	0.5	0.3	③
休耕地	0.5	0.7	0.7	0.5	0.3	③
城市/娱乐草坪	0.5	0.7	0.7	0.5	0.3	③
木本湿地	0.2	0.2	0.3	0.5	0.2	⑦
草本湿地	0.1	0.1	0.1	0.5	0.1	③

① 季节分类：1—夏季，6～8月；2—秋季，9～11月；3—无雪冬季，12月、翌年1～2月；4—冬季，有连续冰雪覆盖，12月、翌年1～2月；5—初春，3～5月。

② 季节4中的波文比参考AERMET User's Guide（EPA，2004）和Oke（Oke，1978）表4-2a～c确定。季节4，有连续冰雪覆盖的冬季时，假设“水面”未结冰。

③ 季节1、2、3和5中的波文比参考AERMET User's Guide（EPA，2004a）和Oke（Oke，1978）表4-2a～c。

④“高密度居民区”“混合森林”和“城市/娱乐草坪”三种分类是根据其基本组成计算的等价结果。

⑤“过渡”区波文比在“岩石/砂/黏土”和“草地/草本植物”之间。

⑥ 假设“混合森林”中“针叶林”和“落叶林”各占1/2。

⑦ 与其他类别的波文比比较的估算值。

注：NA表示不适用。

表 5.5　湿润条件下不同季节波文比 B_0 参考值表（US EPA，2008）

类别	不同季节①波文比(湿润条件)					注释
	1	2	3	4②	5	
水面	0.1	0.1	0.1	0.1	0.1	③
常年积雪	0.5	0.5	0.5	0.5	0.5	④
低密度住宅区	0.6	0.6	0.6	0.5	0.6	③
高密度住宅区	1	1	1	0.5	1	③
工商业/交通区(机场区)	1	1	1	0.5	1	③
工商业/交通区(非机场)	1	1	1	0.5	1	③
岩石/砂/黏土(干旱区)	1.5	2	2	NA	1	③
岩石/砂/黏土(非干旱区)	1	1	1	0.5	1	③
采石场/矿山/砾石	1	1	1	0.5	1	③
过渡⑤	0.7	0.7	0.7	0.5	0.7	③
落叶林	0.2	0.4	0.4	0.5	0.3	③
针叶林	0.2	0.3	0.3	0.5	0.3	③
混合森林⑥	0.2	0.35	0.35	0.5	0.3	⑥
灌木丛(干旱区)	1.5	2	2	NA	1	③
灌木丛(非干旱区)	0.8	1	1	0.5	0.8	⑦
果园/葡萄园	0.3	0.4	0.4	0.5	0.2	③
草地/草本植物	0.4	0.5	0.5	0.5	0.3	③
牧场/干草	0.3	0.4	0.4	0.5	0.2	③
行栽作物	0.3	0.4	0.4	0.5	0.2	③
小粒谷类作物	0.3	0.4	0.4	0.5	0.2	③
休耕地	0.3	0.4	0.4	0.5	0.2	③
城市/娱乐草坪	0.3	0.4	0.4	0.5	0.2	③
木本湿地	0.1	0.1	0.1	0.5	0.1	⑦
草本湿地	0.1	0.1	0.1	0.5	0.1	③

① 季节分类：1—夏季，6～8 月；2—秋季，9～11 月；3—无雪冬季，12 月、翌年 1～2 月；4—冬季，有连续冰雪覆盖，12 月、翌年 1～2 月；5—初春，3～5 月。

② 季节 4 中的波文比参考 AERMET User's Guide（EPA，2004）和 Oke（Oke，1978）表 4-2a～c 确定。季节 4，有连续冰雪覆盖的冬季时，假设“水面”未结冰。

③ 季节 1、2、3 和 5 中的波文比参考 AERMET User's Guide（EPA，2004a）和 Oke（Oke，1978）表 4-2a～c。

④“高密度居民区”、“混合森林”和“城市/娱乐草坪”三种分类是根据其基本组成计算的等价结果。

⑤“过渡”区波文比在“岩石/砂/黏土”和“草地/草本植物”之间。

⑥ 假设“混合森林”中“针叶林”和“落叶林”各占 1/2。

⑦ 与其他类别的波文比比较的估算值。

注：NA 表示不适用。

表 5.6　干燥条件下不同季节波文比 B_0 参考值表（US EPA，2008）

类别	不同季节[①]波文比(干燥条件)					注释
	1	2	3	4[②]	5	
水面	0.1	0.1	0.1	0.1	0.1	③
常年积雪	0.5	0.5	0.5	0.5	0.5	④
低密度住宅区	2	2.5	2.5	0.5	2	③
高密度住宅区	3	3	3	0.5	3	③
工商业/交通区(机场区)	3	3	3	0.5	3	③
工商业/交通区(非机场)	3	3	3	0.5	3	③
岩石/砂/黏土(干旱区)	6	10	10	NA	5	③
岩石/砂/黏土(非干旱区)	3	3	3	0.5	3	③
采石场/矿山/砾石	3	3	3	0.5	3	③
过渡[⑤]	2	2	2	0.5	2	③
落叶林	0.6	2	2	0.5	1.5	③
针叶林	0.6	1.5	1.5	0.5	1.5	③
混合森林[⑥]	0.6	1.75	1.75	0.5	1.5	⑥
灌木丛(干旱区)	6	10	10	NA	5	③
灌木丛(非干旱区)	2.5	3	3	0.5	2.5	⑦
果园/葡萄园	1.5	2	2	0.5	1	③
草地/草本植物	2	2	2	0.5	1	③
牧场/干草	1.5	2	2	0.5	1	③
行栽作物	1.5	2	2	0.5	1	③
小粒谷类作物	1.5	2	2	0.5	1	③
休耕地	1.5	2	2	0.5	1	③
城市/娱乐草坪	1.5	2	2	0.5	1	③
木本湿地	0.2	0.2	0.2	0.5	0.2	⑦
草本湿地	0.2	0.2	0.2	0.5	0.2	③

① 季节分类：1—夏季，6～8月；2—秋季，9～11月；3—无雪冬季，12月、翌年1～2月；4—冬季，有连续冰雪覆盖，12月、翌年1～2月；5—初春，3～5月。

② 季节4中的波文比参考 AERMET User's Guide（EPA，2004）和 Oke（Oke，1978）表 4-2a～c 确定。季节4，有连续冰雪覆盖的冬季时，假设“水面”未结冰。

③ 季节1、2、3和5中的波文比参考 AERMET User's Guide（EPA，2004a）和 Oke（Oke，1978）表 4-2a～c。

④“高密度居民区”“混合森林”和“城市/娱乐草坪”三种分类是根据其基本组成计算的等价结果。

⑤“过渡”区波文比在“岩石/砂/黏土”和“草地/草本植物”之间。

⑥ 假设“混合森林”中“针叶林”和“落叶林”各占1/2。

⑦ 与其他类别的波文比比较的估算值。

注：NA 表示不适用。

表 5.7 不同地形特征分类与季节地表反照率典型值考值表（US EPA，2008）

类别	不同季节①地表反照率典型值					注释
	1	2	3	4	5	
水面	0.1	0.1	0.1	0.1	0.1	②,③
常年积雪	0.6	0.6	0.7	0.7	0.6	②,④
低密度住宅区	0.16	0.16	0.18	0.45	0.16	⑤
高密度住宅区	0.18	0.18	0.18	0.35	0.18	⑥,⑦
工商业/交通区(机场区)	0.18	0.18	0.18	0.35	0.18	⑥,⑦
工商业/交通区(非机场)	0.18	0.18	0.18	0.35	0.18	⑥,⑦
岩石/砂/黏土(干旱区)	0.2	0.2	0.2	NA	0.2	⑧
岩石/砂/黏土(非干旱区)	0.2	0.2	0.2	0.6	0.2	⑦,⑧
采石场/条矿山/砾石	0.2	0.2	0.2	0.6	0.2	⑦,⑧
过渡⑤	0.18	0.18	0.18	0.45	0.18	⑨
落叶林	0.16	0.16	0.17	0.5	0.16	⑥,⑦
针叶林	0.12	0.12	0.12	0.35	0.12	⑥,⑦
混合森林⑥	0.14	0.14	0.14	0.42	0.14	⑩
灌木丛(干旱区)	0.25	0.25	0.25	NA	0.25	⑥
灌木丛(非干旱区)	0.18	0.18	0.18	0.5	0.18	⑦,⑪
果园/葡萄园	0.18	0.18	0.18	0.5	0.14	⑫
草地/草本植物	0.18	0.18	0.2	0.6	0.18	②
牧场/干草	0.2	0.2	0.18	0.6	0.14	②,⑬
行栽作物	0.2	0.2	0.18	0.6	0.14	②,⑬
小粒谷类作物	0.2	0.2	0.18	0.6	0.14	②,⑬
休耕地	0.18	0.18	0.18	0.6	0.18	⑨
城市/娱乐草坪	0.15	0.15	0.18	0.6	0.15	⑭
木本湿地	0.14	0.14	0.14	0.3	0.14	⑥,⑦
草本湿地	0.14	0.14	0.14	0.3	0.14	⑥,⑦

① 季节分类：1—夏季，6～8 月；2—秋季，9～11 月；3—无雪冬季，12 月、翌年 1～2 月；4—冬季，有连续冰雪覆盖，12 月、翌年 1～2 月；5—初春，3～5 月。

② 根据 AERMET User's Guide（EPA，2004）表 4-1 估算。

③ 假设水面未结冰，且反照率不随季节变化。

④ 根据 Stull（Stull，1988）表 C-6 和 Garratt（Garratt，1992）表 A8 确定。假设季节 3、4 的冰雪较多且积雪较新，季节 1，2，5 为陈积雪。

⑤ 假设“高密度住宅区”“混合森林”和“城市/娱乐草坪”各占 1/3。

⑥ 根据 Stull（Stull，1988）表 C-7 估算。

⑦ 根据 AERMET User's Guide（EPA，2004）表 4-1 中冬季有连续冰雪覆盖的反照率值确定。

⑧ 根据 Garratt（Garratt，1992）表 A8 估算。

⑨ 假设“过渡”近似于“休耕地”类型。

⑩ 假设“混合森林”中“针叶林”和“落叶林”各占 1/2。

⑪ 假设干旱地区灌木丛的植物量按非干旱地区的 50%计。

⑫ 根据“灌木丛（干旱地区）”季节 1、2、4 和 AERMET 中“耕地”类型的季节 3 和 5 估算。

⑬ 根据 AERMET User's Guide（EPA，2004），假设夏季比秋季植被更多，春季比秋季土壤更潮湿。

⑭ 根据 AERMET User's Guide（EPA，2004）中“耕地”类型的季节 3 和 4，以及 Garratt（Garratt，1992）表 A8 季节 1、2、5 估算。

注：NA 表示不适用。

5.8 湍流扩散系数的计算

湍流扩散系数 K 是大气污染物扩散输运的重要参数。ModOdor 采用两种方法计算湍流扩散系数。

第一种是“大气稳定度法”：首先依据气象信息进行大气稳定度计算；然后根据国标（GB/T 13201—1991）的规定确定大气稳定度等级，并查表确定扩散系数。

第二种是“湍流特征量法”：依据气象信息，应用 Monin-Obukhov 相似理论计算垂向扩散系数 K_z，应用湍流特征量（湍流尺度 λ_m 和速度脉动量的标准差 σ_n）计算水平扩散系数 K_x 和 K_y。

5.9 大气中污染物的清除作用

污染物在进入大气之后，除了发生平流和扩散作用之外，还会发生物质的转化，从而影响研究域内污染物的质量平衡，并不断改变污染物浓度分布。大气中污染物的主要清除作用包括干沉降、湿沉降和化学反应，下面分别讨论它们的表示形式和在 ModOdor 中的实现方法。

5.9.1 干沉降

干沉降是由下垫面（地面）物质如土壤、水面、雪面、植物、建筑物等通过污染物质的重力沉降、碰撞与捕获、吸收与吸附等化学、物理、生物过程而产生的对污染物的去除作用（蒋维楣，2003）。

污染物从低层大气到下垫面的迁移，主要经历了 3 种过程：

① 通过湍流扩散作用，将污染物向贴地层输送。

② 污染物通过紧贴地面的片流层向地表扩散，这一过程也称地面输送过程。片流层也称粗糙度层，它是由于地表粗糙度而形成的对污染物沉降阻力层。污染物在这层中的扩散是影响其沉降能力因素之一。

③ 最终污染物在吸收、碰撞、光合作用和其他生物学、化学和物理学等作用下沉积到地表（植被、土壤、水面和雪面等）。

这里使用干沉降速率来度量干沉降过程。

假设干沉降所造成的污染物浓度随时间的改变与污染物浓度成正比，即有

$$\frac{\partial C}{\partial t}=-u_{\text{dep}}\frac{C}{z} \tag{5.125}$$

式中 C——浓度，$\mu g/m^3$；

u_{dep}——污染物的沉降速率，m/s，它随污染物的种类、表面性质和大气稳定度而变化。

干沉降是在下垫面的位置将污染物去除的，所以在模型计算中将其概化为水平面

汇，从差分网格的地面层离开研究域，不再返回。干尘降对浓度的影响表示为

$$\left.\frac{\partial C}{\partial t}\right|_{dep}=-\frac{u_{dep}}{\Delta z_{dep}}C\bigg|_{dep} \tag{5.126}$$

式中　Δz_{dep}——模型地面层计算网格的高度，m。

干沉降计算需要输入的参数包括摩擦风速（由气象参数和观测风速计算得到）、地表粗糙长度、运动黏滞系数和地表阻尼；其中，前 3 个参数在“风速场”和“气象条件”输入，为前提参数；在此需要输入的参数仅为地表阻尼。

5.9.2　湿沉降——降水清除作用

大气中雨、雪等降水形式和其他水汽凝结物，如云、雾、霜等对空气污染物清除的过程称为湿沉降或降水清除（蒋维楣，2003）。根据湿沉降发生的位置可以将其分为云下清洗和云中清洗。这两种过程实际差别不大，在模拟计算中可合并考虑。模拟湿沉降过程对空气中污染物扩散影响的计算方法主要有两种：一种是定义降水清除系数 k_w（单位：s^{-1}），假定单位时间、单位体积空气中被清除的污染物质量与其浓度成正比，其比例系数即为清除系数；另一种是定义清洗比 W_r，即单位体积降水（如雨滴）与空气中的污染物浓度之比。

ModOdor 借鉴 ADMS（2004）软件的处理方法，使用清除系数模拟湿沉降。假设：

① 所有污染物分布在雨云内或雨云下方，且不区分云下清洗和云中清洗过程；

② 污染物被雨滴吸附吸收的过程是不可逆的，即污染物被雨滴吸附吸收后不会再返回气体中，且吸附吸收率与浓度成正比；

③ 降水不会导致污染物分布形态的变化；

④ 污染物在雨滴中不会达到溶解饱和状态；

⑤ 在研究域内的降水是均匀的，但可随时间变化。

在上述假设条件下，湿沉降导致的污染物浓度随时间的变化可表示为

$$\frac{\partial C}{\partial t}=-k_w C \tag{5.127}$$

式中　k_w——清除系数，1/s，与降水量、雨滴大小、污染物的可溶性等因素有关。

式(5.127) 表明，受降水的清除作用，污染物的浓度呈指数衰减

$$C(t)=C_0\exp(-k_w t) \tag{5.128}$$

式中　$C(t)$——t 时刻污染物浓度，$\mu g/m^3$；

C_0——湿沉降开始时刻的污染物浓度，$\mu g/m^3$；

t——污染物在湿沉降过程中的历时，s；

k_w——清除系数，1/s，它是用户需要直接给定的参数。

可以根据污染物类型或降水率估算清除系数。使用降水率进行清除系数估算时，雨滴尺度假定为固定值，而且不同类型的降水对其没有影响。计算公式为：

$$k_w=aJ^b \tag{5.129}$$

式中　J——降水强度，mm/h；

a、b——与污染物类型有关的参数。

ADMS（2004）给出的默认值为 $a=1.0\times10^{-4}$，$b=0.64$。野外试验结果表明，清除系数 k_w 的取值范围一般为 $0.4\times10^{-5}\sim3.0\times10^{-3}\mathrm{s}^{-1}$，中值为 $k_w=1.5\times10^{-4}\mathrm{s}^{-1}$，且发现当降雨特征改变时，测量结果没有系统差异。

5.9.3 化学反应

污染物进入大气之后，各种化学物质和大气组分混合，共同扩散迁移。在适当的气象条件下，如太阳辐射、温度、湿度、降水等，污染物将发生复杂的化学反应，其涉及大气化学、降水化学以及地球和生物化学等众多领域。不过，对于 ModOdor 所重点考虑的较小尺度的输运问题，可以采用较为简单的处理方法，只有在较大尺度、区域尺度乃至全球尺度上才有必要做深入细致的模拟处理。

ModOdor 假设污染物在大气中的化学反应满足一级化学反应动力学方程，也即反应速率与污染物的浓度成正比，表示为：

$$\frac{\partial C}{\partial t}=-kC \tag{5.130}$$

式中 k——一级化学反应速率常数，1/s，它是用户需要给定的参数。

可以根据污染物在大气条件下的半衰期来计算反应常数如下：

$$k=\frac{\ln 2}{t_{1/2}} \tag{5.131}$$

式中 $t_{1/2}$——污染物的半衰期，s。

式(5.127) 的解为

$$C(t)=C_0\exp(-kt) \tag{5.132}$$

此式表明，在一级化学反应作用下，污染物的浓度按指数函数衰减。

5.10 ModOdor 实测计算案例

5.10.1 某大型固废分选转运站恶臭污染的 ModOdor 模拟计算

5.10.1.1 背景信息介绍

选取我国北方某大型固废分选转运站进行 ModOdor 模拟计算。该转运站年清运垃圾 27 万吨，处理生活垃圾 64.5 万吨，清运粪便 13 万吨，处理粪便近 30 万吨。

该转运站地理位置及周边情况如图 5.12 所示。

5.10.1.2 全局采样布点

转运站卸料平台及分选压缩车间均采用密闭操作，其中分选压缩车间顶部设有约 20 组排风口，分别利用排风扇将车间内空气排出。

图 5.12　转运站地理位置及周边情况

5.10.1.3　监测采样方案

每个设有排风扇的排风口，均由宽 52cm、高 54cm 的铁皮将排风扇上下左右四面覆盖，围成风道，并在出风前端设有约 45°导流挡板和打开的盖板，如图 5.13 所示。此外，在风道顶部有除臭剂释放口，向排风口释放液态除臭剂。

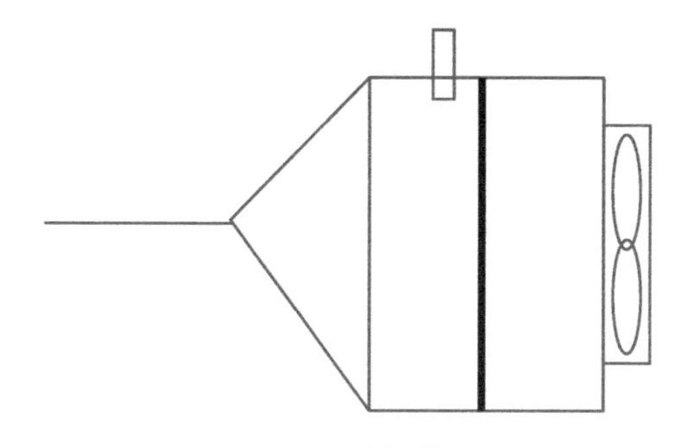

图 5.13　采样位置

为了准确测定排风口空气通量，在测定时将盖板打开，在风道内距离排风扇约 20cm 处断面中心监测风速，以连续记录 1min 的平均风速作为该排风扇风道的风速，根据断面面积计算空气通量。

在选定的排风扇处，在 1h 内进行 3 轮监测与采样，间隔 20min。其中，每次监测排风扇 1min 平均风速，具体方法为采样三杯风速仪置于排风扇前 20cm 处正中，风速仪可自动记录 1min 内平均风速。

使用肺法采样器采集气体样品，并在样品采集后的 24h 内进行分析检测。采集的气体样品共 14 个，交由天津环科院恶臭国家重点实验室进行 GC-MS 分析，测定气体样品中典型污染物的种类和浓度。

5.10.1.4　监测数据记录

监测采样时间：2014 年 6 月 24 日上午 9:30～12:00，监测过程的平均温度 31.0℃，湿度 51%，背景风速 2.1m/s。

在断面中心放置风速仪的位置，每轮采集气体样品 300mL，共依次进行 3 轮采集。

5.10.1.5 筛选恶臭指标物质

污染物浓度及所得阈稀释倍数如表 5.8 所列。根据测量结果，阈稀释倍数 $D_i>1$ 的污染物包括硫化氢、甲硫醇、甲硫醚、二甲二硫醚、乙醇。

表 5.8 典型恶臭物质信息表

物质名称	分子量	释放速率/(mg/s)	浓度平均值/10^{-6}	嗅阈值/10^{-6}	阈稀释倍数
硫化氢	34	0.352	0.010	0.00041	23.574
甲硫醇	48	0.930	0.017	0.00007	240.389
甲硫醚	62	0.774	0.011	0.003	3.611
二甲二硫醚	94	2.478	0.023	0.0022	10.431
乙醇	46	341.780	6.608	0.52	12.708

5.10.1.6 ModOdor 恶臭气体迁移扩散模拟计算

使用 ModOdor 中三维点源解析解模拟计算转运站分选压缩车间排放的恶臭气体迁移扩散情况。

(1) 污染物三维大气扩散有限差分法数值模拟计算输入条件

------第 1 页：差分网格和时段------

空间域剖分形成有限差分网格情况

列数（x 方向）：100，研究域长度(m)：1000，列宽度 dx=5m

行数（y 方向）：20，研究域宽度(m)：500，行高度 dy=5m

层数（z 方向）：8，研究域高度(m)：68，层厚度 dz=3m（第 1 层），dz=5m（第 2 层）dz=10m（3～8 层）

模拟问题的稳定状态：

时间域剖分形成时段情况

时段数：1

时间域长度（s）：600

序号　时段长度 dt(s)

1　600

------第 2 页：网格性质------

全域为计算网格

------第 3 页：风速场（u_x,u_y,u_z）------

风速场选择：全域风速相同

风速 x 坐标分量 u_x(m/s)：2.1

风速 y 坐标分量 u_y(m/s)：0

风速 z 坐标分量 u_z(m/s)：0

------第 4 页：湍流扩散系数（K_x,K_y,K_z）------

扩散系数选择：大气稳定度法计算（计算参数见“气象条件”页）

------第 5 页：干湿沉降参数------

干沉降选项：忽略干沉降；湿沉降选项：忽略湿沉降

------第 6 页：气象条件------

时间、地点、云量和气温

计算的起始时间（北京时间）：2014 年 6 月 24 日 10 时

当地经度（°）：116.46；当地纬度（°）：39.92

时段长度 dt、总云量、低云量和气温数据表

总云量（0～10）6，低云量（0～10）3，气温（℃）31.0

------第 7 页：初始条件------

初始浓度选择：初始浓度为零

------第 8 页：边界条件------

第一类边界条件，无；第二类边界条件，无；第三类边界条件，无

研究域边界的缺省设定如下：

前边界：开放；后边界：开放；左边界：开放；右边界：开放；上边界：开放；下边界：关闭

------第 9 页：源和定浓度条件------

将构筑物所在位置设定在计算网格左侧中央[所在行、列、层数（10，3，3）]，将 x 方向定义为正南方，与主导风向一致。

具体的源浓度信息如表 5.9 所列。

表 5.9　典型恶臭物质的释放速率及光化学反应常数表

物质名称	释放速率/(mg/s)	化学反应速率/(1/s)
硫化氢	0.352	1.01×10^{-5}
甲硫醇	0.930	9.60×10^{-6}
甲硫醚	0.774	6.60×10^{-5}
二甲二硫醚	2.478	4.60×10^{-4}
乙醇	341.780	1.32×10^{-6}

------第 10 页：化学反应参数------

化学反应选项：均匀一级化学反应

------第 11 页：迭代求解参数------

最大迭代次数：100000

收敛绝对误差：1.0×10^{-6}

松弛因子：1.2

时间步长缩小因子：0.05

（2）计算结果

将下风向地面（1.5m 高）位置处典型恶臭物质扩散达到稳定状态时，物质浓度衰减到嗅阈值浓度以下的位置作为卫生安全防护距离。通过模型计算发现不同恶臭物质的卫生安全防护距离如表 5.10 所列。

表 5.10 不同恶臭物质的卫生安全防护距离表

物质名称	防护距离/m
硫化氢	2325
甲硫醇	2625
甲硫醚	2225
二甲二硫醚	2325
乙醇	2325

根据计算结果可知，在下风向 2.65km 以外，落地层高度空气中典型恶臭污染物的浓度均降低到嗅阈值标准以下。

5.10.2 污泥处理厂恶臭污染的 ModOdor 模拟计算

5.10.2.1 污泥处理厂基本信息

选取北方某污泥处理厂进行恶臭污染的 ModOdor 模拟研究，污泥处理厂周边地理情况如图 5.14 示。

图 5.14 污泥处理厂周边地理情况

设施构筑物情况如下所述。

① 发酵车间：发酵仓 20 个，钢混结构，发酵仓规格为 33m×5m×2.2m，设计堆体最大高度 2.0m，三个发酵仓共用 1 台鼓风机，鼓风量 $140m^3/min$，鼓风机由变频器调节。发酵车间总面积 $5500m^2$，厂房高度 7m，其中发酵仓体物料所占空间 $6600m^3$，厂房净容积 $32000m^3$。

② 除臭系统：生物滤池除臭工艺，占地面积 $1000m^2$。

③ 厂区总占面积 $3.33hm^2$，主厂房面积 $8900m^2$，附属车间面积 $380m^2$，办公楼面积 $1000m^2$，高温好氧发酵技术，处理量 200t/d（含水率为 80%）。

5.10.2.2 气象信息

污泥处理厂所在地区 1991～2012 年均风速、风向、气温、湿度、总云量、低云量、日照情况等信息如表 5.11 所列。

表 5.11 污泥处理厂所在地区近 1991～2012 年平均气象信息表

年份	平均风速/(m/s)	平均温度/℃	相对湿度/%	日照时数/h	风向
1991	2.1	12.5	57	2535.6	—
1992	2.2	12.8	54	2712.5	1
1993	2.6	13.0	53	2669.8	12
1994	2.5	13.7	53	2470.5	10
1995	2.6	13.3	51	2519.1	15
1996	2.6	12.7	51	2418.7	—
1997	2.5	13.1	57	2596.5	15
1998	2.3	13.1	62	2420.7	11
1999	2.4	13.1	57	2594	13
2000	2.5	12.8	54	2667.2	15
2001	2.4	12.9	56	2611.7	15
2002	2.3	13.2	55	2588.4	14
2003	2.5	12.9	59	2260.2	15
2004	2.4	13.5	49	2515.4	16
2005	2.4	13.2	49	2576.1	9
2006	2.2	13.4	53	2192.7	16
2007	2.2	14.0	54	2351.1	16
2008	2.2	13.4	52	2391.4	15
2009	2.2	13.3	51	2511.8	15
2010	2.3	12.6	51	2382.9	13
2011	2.2	13.4	49	2485.7	15
2012	2.2	12.9	51	2450.2	14

5.10.2.3 采样信息

(1) 采样方案

每次在选定的有代表性的采样位置连续采样 3 个工作日（雨天除外），每个工作日内早上 9 点开始采样，至采样结束。3 个工作日的天气状况相似。采样时记录天气状况、温度、湿度、风向风速和采样点位置等信息。

(2) 采样高度

根据采样仪器规定，在空旷没有遮蔽物和排放源（树木、建筑和道路等）的地方进行采样，采样高度设置为高于地面 1.2m。

下风向不同距离采样位置信息如图 5.15 所示，主导风向为北风，在下风向、下风向偏西和下风向偏东 3 条线设置采样点 23 个，其中，由于地形坎坷或者周围存在遮蔽物等原因在保证采样位置科学性的基础上对某些采样位置进行略微偏移。

采样时的气象信息如表 5.12 所列。

表 5.12 采样详细气象信息表

日期	风速/(m/s)	风向	气温/℃	湿度/%	日照情况
07.23	<1.9	偏北风	36.3	58.3	阴
04.24	<1.9	偏北风	27.0	65.0	阴
10.25	<1.9	偏北风	18.6	58.3	阴

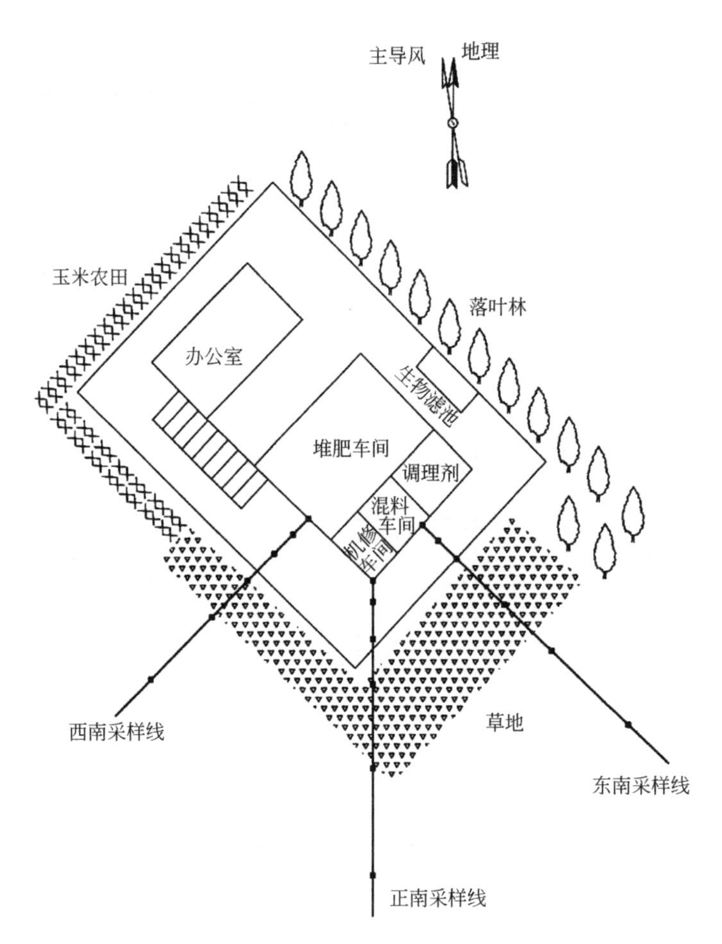

图 5.15 采样位置

5.10.2.4 恶臭指标物质筛选

实验数据由便携式恶臭检测仪测定，测定污染物包括硫化氢（H_2S）、氨气（NH_3）、挥发性有机化合物（VOCs）和综合性恶臭指标 OU，每个采样点测定 3 次，取平均值。

检测结果如表 5.13 所列。

5.10.2.5 ModOdor 迁移扩散模拟

(1) 模型输入数据

------第 1 页：差分网格和时段------

空间域剖分形成有限差分网格情况

列数（x 方向）：200，研究域长度(m)：1000，列宽度 dx=5m

行数（y 方向）：100，研究域宽度(m)：500，行高度 dy=5m

层数（z 方向）：40，研究域高度(m)：248，层厚度 dz=2.4m（1～20 层），dz=10m（21～40 层）

模拟问题的稳定状态：稳态

表5.13 污泥处理厂恶臭检测结果表

日期	采样点方位	距离/m	海拔/m	$H_2S/10^{-6}$	$NH_3/10^{-6}$	VOCs/10^{-6}	臭气浓度OU
	本底值	724.46	144.87	0.52	1.29	0.42	1.65
07.23	东南	0	165.38	0.82	1.25	0.10	1.89
		9.74	161.85	1.01	2.77	0.23	2.39
		82.04	143.65	0.93	1.84	0.18	2.12
		116.02	142.12	0.92	1.71	0.16	2.26
		284.34	139.67	0.89	1.73	0.24	1.95
	正南	0	163.7	0.80	1.23	0.13	1.82
		10.23	162.7	0.80	1.09	0.08	1.80
		21.32	163.45	1.02	2.40	0.21	1.90
		52.39	156.71	—	—	—	—
		118.15	143.74	0.94	2.08	0.49	1.77
		198.52	143.48	1.12	2.88	0.76	2.56
	西南	0	167.64	0.84	1.32	—	1.71
		9.47	163.19	0.90	1.85	—	1.72
		30.78	156.4	—	—	—	—
		50.91	152.84	—	—	—	—
		116.31	147.96	0.84	1.28	0.10	2.06
04.24	东南	0	165.38	0.52	1.77	0.41	4.73
		9.74	161.85	0.53	1.53	0.46	1.80
		82.04	143.65	0.53	1.39	0.41	1.50
		116.02	142.12	0.53	1.38	0.41	1.67
		284.34	139.67	0.48	1.32	0.45	1.53
	正南	0	163.7	0.54	1.54	0.41	2.00
		10.23	162.7	0.77	1.87	0.44	1.90
		21.32	163.45	0.54	1.60	0.43	2.00
		52.39	156.71	0.73	2.58	0.43	1.67
		118.15	143.74	0.71	1.61	0.42	1.63
		198.52	143.48	0.52	1.41	0.41	1.67
	西南	0	167.64	1.11	1.31	0.43	2.00
		9.47	163.19	0.76	1.74	0.44	1.85
		30.78	156.4	0.65	1.70	0.41	1.80
		50.91	152.84	0.69	1.84	0.41	1.83
		116.31	147.96	0.67	1.62	0.40	2.33

续表

日期	采样点方位	距离/m	海拔/m	$H_2S/10^{-6}$	$NH_3/10^{-6}$	$VOCs/10^{-6}$	臭气浓度 OU
	本底值	724.46	144.87	0.52	1.29	0.42	1.65
10.25	东南	0	165.38	2.30	2.07	0.58	2.00
		9.74	161.85	0.83	2.28	0.38	1.55
		82.04	143.65	0.54	1.32	0.47	1.57
		116.02	142.12	0.51	1.37	0.40	1.45
		284.34	139.67	0.49	1.35	0.42	1.63
	正南	0	163.7	1.83	2.60	0.44	4.15
		10.23	162.7	1.24	1.51	0.52	1.93
		21.32	163.45	0.57	1.63	0.43	1.53
		52.39	156.71	0.67	2.00	0.41	1.97
		118.15	143.74	0.62	1.67	0.47	3.10
		198.52	143.48	0.52	1.42	0.47	1.70
	西南	0	167.64	1.05	3.89	0.42	4.70
		9.47	163.19	0.70	2.49	0.47	2.10
		30.78	156.4	0.65	1.79	0.41	1.73
		50.91	152.84	0.69	1.81	0.46	1.50
		116.31	147.96	0.66	1.67	0.41	2.10

注：1. “—”表示该数据因为仪器原因不能测定。

2. 距离一列表示采样点距污泥处理厂外墙距离。

3. 由于污泥处理厂地处高台上，远距离的采样点海拔较低。

------第 2 页：网格性质------

剖分网格性质，根据监测地形条件，按照地形标高设定网格。

------第 3 页：风速场（u_x,u_y,u_z）------

风速场选择：全域风速相同

风速 x 坐标分量 u_x(m/s)：1.5

风速 y 坐标分量 u_y(m/s)：0

风速 z 坐标分量 u_z(m/s)：0

------第 4 页：湍流扩散系数（K_x,K_y,K_z）------

扩散系数选择：大气稳定度法计算（计算参数见“气象条件”页）

------第 5 页：干湿沉降参数------

干沉降选项：忽略干沉降；湿沉降选项：忽略湿沉降

------第 6 页：气象条件------

时间、地点、云量和气温

计算的起始时间（北京时间）：2014 年 7 月 24 日 9 时

当地经度（°）：119.62，当地纬度（°）：40.05

时段长度 dt、总云量、低云量和气温数据表

总云量（0～10)6，低云量（0～10)3，气温（℃)36.3

------第 7 页：初始条件------

初始浓度选择：初始浓度为零

------第 8 页：边界条件------

第一类边界条件，无；第二类边界条件，无；第三类边界条件，无

研究域边界的缺省设定如下：

前边界：开放；后边界：开放；左边界：开放；右边界：开放；上边界：开放；下边界：关闭

------第 9 页：源和定浓度条件------

将构筑物所在位置设定在计算网格左侧中央［所在行、列、层数（2,50,10)］，将 x 方向定义为正南方，与主导风向一致。

定浓度系列，系列数：1

第 1 系列

名称：C1

时变次数（时段数)：1

时段长度 dt 和对应的定浓度 C_f 值表

dt(s)	C_f(μg/m^3)
20.000	820.000

定浓度网格：10

列	行	层	系列
1	49	11	1
2	49	11	1
3	49	11	1
2	50	11	1
3	50	11	1
2	51	11	1
3	51	11	1
1	52	11	1
2	52	11	1
3	52	11	1

------第 10 页：化学反应参数 ------

化学反应选项：忽略化学反应

------第 11 页：迭代求解参数------

最大迭代次数：100000

收敛绝对误差：1.0×10^{-6}

松弛因子：1.2

时间步长缩小因子：0.05

(2) 计算结果

使用 ModOdor 对 H_2S 和 NH_3 迁移扩散情况进行模拟，其浓度在落地网格上随空间位置上的变化情况如图 5.16～图 5.18 所示。

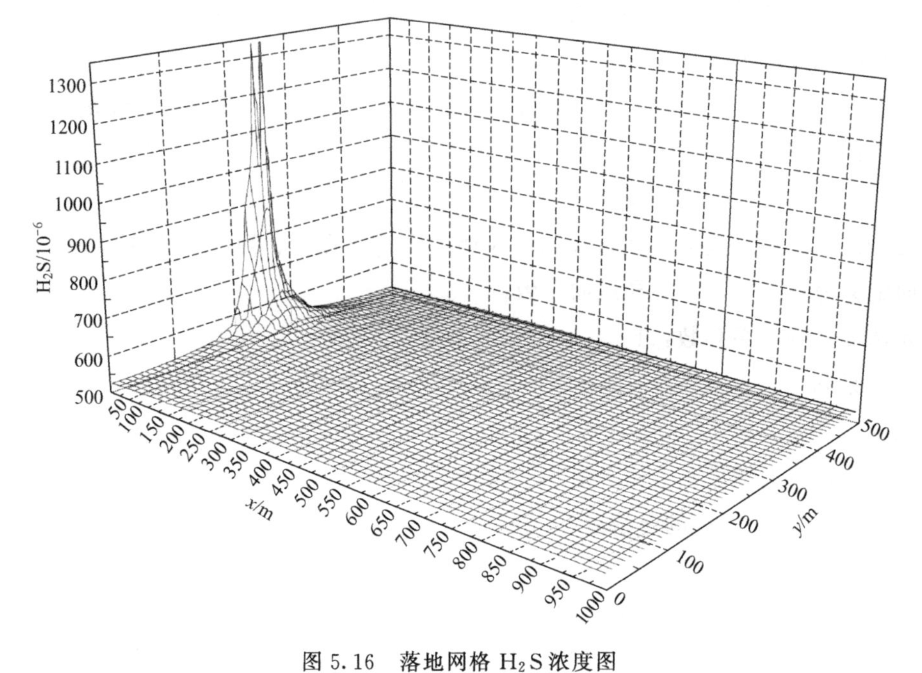

图 5.16　落地网格 H_2S 浓度图

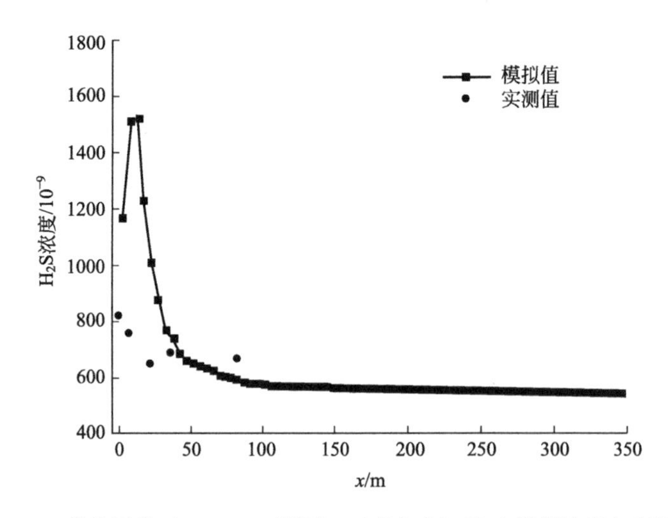

图 5.17　落地网格（x＝250m 断面，正南方向）H_2S 模拟浓度与实测值

由图 5.16～图 5.18 知，与实测值相比较，ModOdor 模拟结果具有可信性。在源附近位置（下风向 50m 内）模拟物质浓度高于实测物质浓度，而随着距离的增加，模拟值衰减较快，而全域实测物质浓度变化不明显。

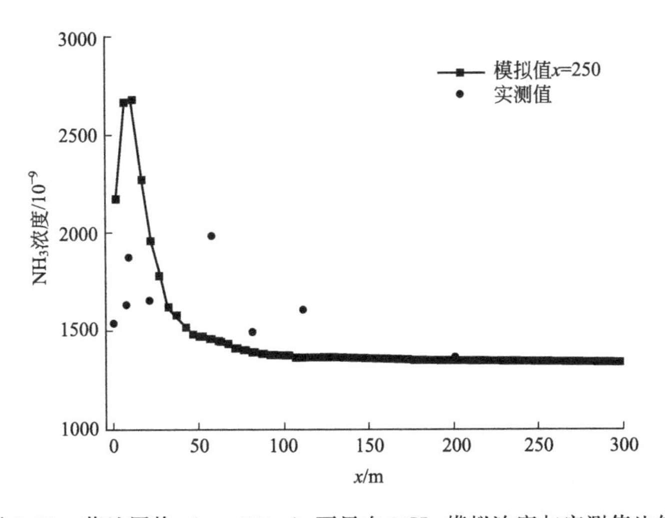

图 5.18 落地网格（$x=250$m）下风向 NH_3 模拟浓度与实测值比较

5.10.3 餐厨废物处理设施恶臭污染的 ModOdor 模拟计算

5.10.3.1 餐厨废物处理设施基本信息

餐厨废物处理设施总占地面积 26642.7m²，总建筑面积 10049.3m²。公司地理位置及厂区布局如图 5.19 和图 5.20 所示。

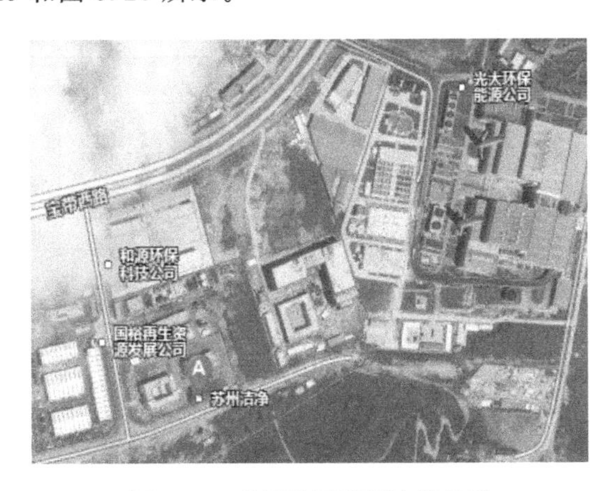

图 5.19 公司位置及周边信息图

处理工艺：餐厨废物经卸料区进入处理车间，首先经破袋筛选，分选出杂物，再经过磁选、粉碎后进行湿热水解，然后固液分离，分离出残渣和油水混合物，油水混合物再进行油水分离，分离出的废油最终炼制成脂肪酸甲酯，而固液分离出的残渣和油水分离出的废水可以通过酸碱调节、过滤、混合酸化反应、换热等工艺环节进行高效厌氧反应，产出沼气在脱水、脱硫后经发电机组可实现发电，而沼液经好氧处理、沉淀后污泥制成有机肥料，废水经电化学、气浮、过滤、离子交换、水解酸化、中空纤维膜过滤、活性炭吸附等过程成为达标水进行企业回用，处理量 200t/d，设施构筑物情况为42m×32m×12m。

图 5.20　公司厂区布局

5.10.3.2　采样信息

通过实地勘查，该企业生产过程中在卸料、破碎、湿热处理、厌氧发酵等工艺环节存在较明显的臭气影响，因此确定该企业处理车间内的卸料仓、破碎机口、湿热处理设备、发酵仓为重点监测点位，同时围绕车间周边（车间东南角、东北角、西南角、东南角）以及车间下风向 50m、100m 分别设置采样点位，具体采样频次、点位、样品数量、分析指标情况如表 5.14 所列，采样日的气象条件如表 5.15 所列。

表 5.14　采样频次、点位、样品数量及分析指标情况表

采样日期	采样频次	采样点位	分析指标
2012/9/10	2 次/d(昼、夜)	卸料仓、破碎机口、湿热处理设备、发酵仓，车间东南角、东北角、西南角、东南角，车间下风向 50m、100m	物质全分析、臭气浓度、醛酮物质浓度

表 5.15　采样日气象信息表

采样日期	采样地点	采样时间	风向	风速/(m/s)	气温/℃	湿度/%
2012/9/10	下风向 50m	11:43	东风	1.2	26.0	81
2012/9/10	下风向 100m	11:46	东风	1.2	26.1℃	81

5.10.3.3　恶臭指标物质筛选

恶臭污染源、下风向 50m、下风向 100m 位置恶臭物质检测结果如表 5.16 所列。

表 5.16　餐厨处理设施恶臭物质检测结果表　　　　单位：mg/m^3

物质种类	物质名称	采样时间:2012 年 9 月 10 日		
		源浓度	下风向 50m	下风向 100m
萜烯类	α-蒎烯	0.0114	0.0100	0.0082
	β-蒎烯		N	N
	柠檬烯	0.0384	0.0155	0.0133

续表

物质种类	物质名称	采样时间:2012 年 9 月 10 日		
		源浓度	下风向 50m	下风向 100m
硫化物	二硫化碳	0.0109	0.0426	0.0012
	二甲二硫醚		N	N
	叔丁基甲醚		0.0065	0.0019
苯系物	苯	0.0057	0.0139	0.0037
	甲苯	0.0147	0.0466	0.0086
	乙苯	0.0058	0.0091	0.0038
	间二甲苯	0.0041	0.0190	0.0022
	对二甲苯	0.0021	0.0175	0.0004
	邻二甲苯	0.0012	0.0058	0.0004
	对乙基甲苯	0.0021	0.0064	0.0013
	1,3,5-三甲苯	0.0015	0.0065	0.0008
	1,2,4-三甲苯	0.0029	0.0116	0.0015
	萘	0.0064	0.0092	0.0054
	异丙苯	0.0002	0.0009	N
	丙苯		N	N
	苯乙烯		0.0056	N
	间乙基甲苯	0.0030	0.0095	0.0016
	邻乙基甲苯	0.0019	0.0048	0.0011
	1,2,3-三甲苯	0.0024	0.0045	0.0017
	间二乙苯	0.0018	0.0022	0.0017
	对二乙苯		0.0019	0.0019
卤代物	二氯甲烷	0.0288	0.1170	0.0103
	氯苯	0.0065	0.0408	0.0011
	二氯二氟甲烷	0.0047	0.0062	0.0054
	氯甲烷	0.0054	0.0084	0.0037
	三氯氟甲烷	0.0008	0.0116	0.0004
	顺-1,2-二氯乙烯		N	N
	氯仿	0.0022	0.0120	0.0001
	1,1,1-三氯乙烷		N	N
	1,2-二氯乙烷	0.0096	0.0299	0.0042
	四氯化碳	0.0013	0.0067	0.0003
	反-1,3-二氯丙烯		N	N
	1,1,2-三氯乙烷	0.0005	0.0025	0.0002
	苄基氯		N	N
	1,4-二氯苯	0.0029	0.0120	0.0020
	1,2-二氯苯	0.0005	N	N

续表

物质种类	物质名称	采样时间:2012年9月10日		
		源浓度	下风向 50m	下风向 100m
烃类化合物	1,3-丁二烯		N	N
	丙烯		N	N
	正己烷	0.0056	0.0158	0.0033
	环己烷		0.0027	N
	正庚烷	0.0019	0.0049	0.0010
	丙烷	0.0294	0.0333	0.0094
	异丁烷	0.0161	0.0376	0.0086
	1-丁烯		N	N
	丁烷	0.0344	0.0615	0.0157
	反-2-丁烯		N	N
	顺-2-丁烯	0.0009	0.0012	0.0008
	2-甲基丁烷		0.0176	0.0110
	1-戊烯		N	N
	戊烷	0.0340	0.0213	0.0350
	顺-2-戊烯		N	N
	2-甲基-1,3-丁二烯	0.0020	0.0049	0.0014
	2,2-二甲基丁烷		N	N
	2,3-二甲基丁烷	0.0003	0.0041	0.0013
	环戊烷	0.0011	0.0006	N
	2-甲基戊烷	0.0089	0.0041	0.0014
	3-甲基戊烷		0.0031	0.0014
	1-己烯	0.0011	N	N
	己烷	0.0054	0.0136	0.0033
	甲基环戊烷		0.0003	N
	环己烷		0.0015	N
	2,2,4-三甲基戊烷		N	N
	庚烷		0.0023	N
	甲基环己烷		0.0001	N
	3-甲基庚烷		N	N
	辛烷		N	N
	壬烷		0.0025	N
	癸烷	0.0043	0.0161	0.0015
	十一烷	0.0039	0.0186	0.0013
	十二烷	0.0040	0.0045	N
含氧化合物	乙酸乙酯	0.0112	0.0208	0.0075
	甲基异丁酮	0.0054	0.0107	0.0037
	2-己酮		N	N
	乙醛	0.5825	0.2519	0.0604
	戊醛		N	N
	乙醇	4.2533	0.4143	0.0884
	丙酮	0.0259	0.0124	0.0288

注:“N”表示未检出。

根据物质分析检测结果，将乙酸乙酯、甲苯、2-己酮、戊醛、乙醇、乙醛和二甲二硫醚作为典型恶臭物质。

5.10.3.4 ModOdor迁移扩散模拟

(1) 模型输入数据

------第1页：差分网格和时段------

空间域剖分形成有限差分网格情况

列数（x方向）：150，研究域长度(m)：750，列宽度 dx=5m

行数（y方向）：100，研究域宽度(m)：500，行高度 dy=5m

层数（z方向）：20，研究域高度(m)：98，层厚度 dz=3m（1层），dz=10m（2～20层）

模拟问题的稳定状态：稳态

------第2页：网格性质------

平坦地形，全域为计算网格。

------第3页：风速场（u_x,u_y,u_z）------

风速场选择：全域风速相同

风速x坐标分量u_x(m/s)：1.2

风速y坐标分量u_y(m/s)：0

风速z坐标分量u_z(m/s)：0

------第4页：湍流扩散系数（K_x,K_y,K_z）------

扩散系数选择：大气稳定度法计算

------第5页：干湿沉降参数------

干沉降选项：忽略干沉降；湿沉降选项：忽略湿沉降

------第6页：气象条件------

时间、地点、云量和气温

计算的起始时间（北京时间）：2012年9月10日12时

当地经度（°）：120.568，当地纬度（°）：31.255

时段长度 dt、总云量、低云量和气温数据表

总云量（0～10)6，低云量（0～10)3，气温（℃)26

------第7页：初始条件------

初始浓度选择：初始浓度为零

------第8页：边界条件------

第一类边界条件，无；第二类边界条件，无；第三类边界条件，无

研究域边界的缺省设定如下：

前边界：开放；后边界：开放；左边界：开放；右边界：开放；上边界：开放；下边界：关闭

------第9页：源和定浓度条件------

将构筑物所在位置设定在计算网格左侧中央［所在行、列、层数（2,50,10)］，将

x 方向定义为正南方，与主导风向一致。

定浓度系列，系列数：3，定源浓度信息如表 5.17 所列。

表 5.17　定浓度源信息表

物质名称	甲苯	乙醛	乙醇
浓度 C_f/(μg/m³)	14.7	582.5	4253

定浓度网格：54

第一层，4～9 列，46～54 行，6×9 个网格

------第 10 页：化学反应参数------

化学反应选项：均匀一级化学反应/不考虑化学反应

------第 11 页：迭代求解参数------

最大迭代次数：100000

收敛绝对误差：1.0×10^{-6}

松弛因子：1.2

时间步长缩小因子：0.05

(2) 计算结果

使用 ModOdor 三维数值解对 2012 年 9 月 10 日恶臭物质迁移扩散情况进行模拟。将餐厨处理构筑物恶臭源概化为定浓度源，其占地面积体现在源范围的定义上。ModOdor模拟所得到的恶臭物质落地网格上随空间位置上的变化情况如图 5.21～图 5.24 所示。

根据模拟结果及下风向的测量值可以发现，模拟值与就算结果较接近，相对误差在可接受范围之内。根据典型恶臭物质在空间位置上的分布情况与嗅阈值的比较，甲苯是需要重点关注的典型恶臭物质，根据甲苯迁移扩散情况，其恶臭距离为 200m。

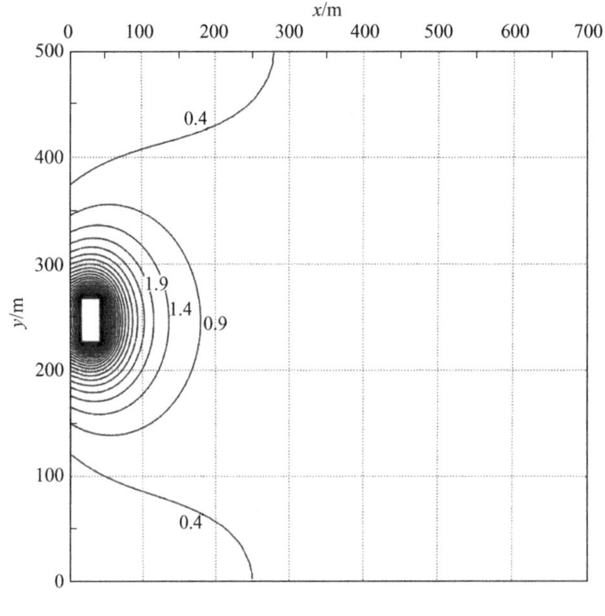

图 5.21　落地网格甲苯浓度

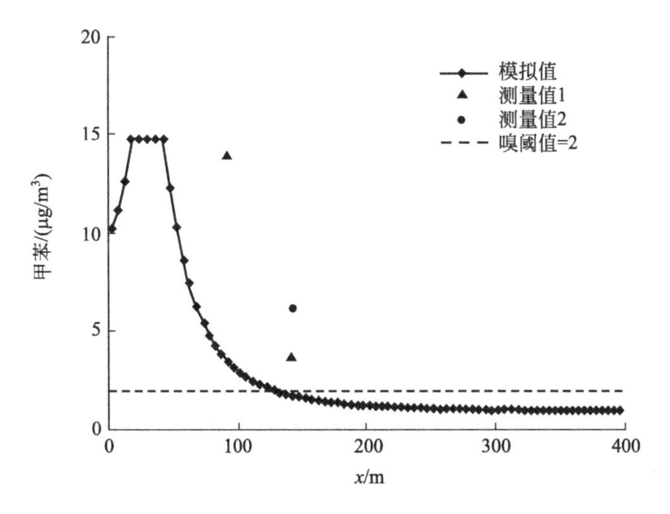

图 5.22　落地网格（x=250m 断面，正南方向）甲苯模拟浓度与实测值

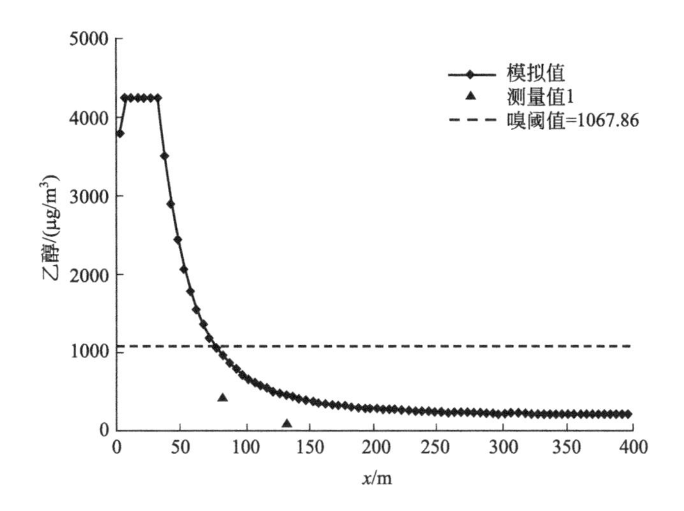

图 5.23　落地网格（x=250m 断面，正南方向）乙醇模拟浓度与实测值

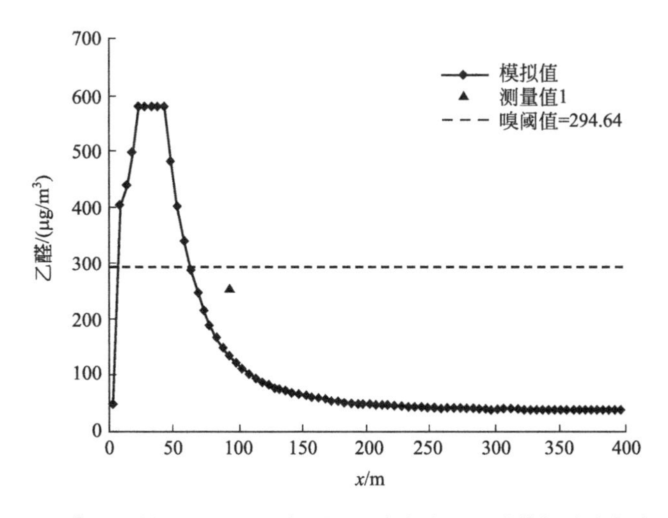

图 5.24　落地网格（x=250m 断面，正南方向）乙醛模拟浓度与实测值

5.11 本章小结

① 恶臭气体大气扩散模拟软件（ModOdor v1.0，2014）适用于固体废物处置设施及其他污染源所产生的恶臭气体的大气扩散模拟和浓度预报，包括恶臭气体扩散的解析解及数值解模拟。

② ModOdor 实现了 18 个污染物大气扩散问题的解，包括一维、二维和三维扩散问题，稳定和非稳定扩散问题，点源、线源、面源和体源问题，给定源浓度和源通量问题，降水清除问题和化学生物反应问题等。所有的解析解均在均匀等速风场假设条件下获得。

③ 三维大气扩散有限差分法数值模拟模型适用于中、小尺度研究域的恶臭气体大气扩散问题模拟，也可用于室内较大空间的空气污染模拟及治理效果预报。采用等大小或不等大小的立方体形差分网格；可模拟非稳态和稳态大气扩散问题；可较好地模拟地形和地表建筑的复杂变化；允许有 4 种形式的风场及 5 种形式的湍流扩散系数；可存在点、线、面、体状源汇及其任意组合；源汇的形式可以是给定浓度，也可是给定强度/气体流量；允许存在气体干湿沉降、化学反应。

④ 对 ModOdor 三维数值解进行了实测验证，ModOdor 模拟结果误差在可接受范围内。

参 考 文 献

[1] Chino M H Ishikawa. Experimental Verification Study for System for Prediction of Environmental Emergency Dose Information; SPEEDI, (I) Three-Dimensional Interpolation Method for Surface Wind Observations in Complex Terrain to Produce Gridded Wind Field. Journal of Nuclear Science and Technology, 1988. 25 (9): 721-730.

[2] EPA. User's Guide for the AERMOD Meteorological Preprocessor (AERMET). EPA-454/B-03-002. U. S. Environmental Protection Agency, Research Triangle Park, NC. 2004a.

[3] Garratt, J. R.. The Atmospheric Boundary Layer [M]. New York: Cambridge University Press, New York, 1992, 334.

[4] Montero, G. N. Sanin. 3-D modelling of wind field adjustment using finite differences in a terrain conformal coordinate system [J]. Journal of Wind Engineering and Industrial Aerodynamics, 2001. 89 (5): 471-488.

[5] Oke, T. R. Boundary Layer Climates [M]. New York: John Wiley and Sons, New York, 1978, 372.

[6] Randerson, D. "Atmospheric Boundary Layer," in Atmospheric Science and Power Production [M], D. Randerson. Technical Information Center, Office of Science and Technical Information, U. S. Department of Energy, Springfield, VA, 1984, 850.

[7] Roland B S. An introduction to boundary layer meteorology [M]. London: Kluwer Academic Publishers, 1988.

[8] Slade, D. H. (ed.). Meteorology and Atomic Energy. Division of Technical Information [M]. U. S. Atomic Energy Commission. Oak Ridge, TN, 1968: 445.

[9] Stull R B, 赵长新. 边界层气象学导论 [M]. 青岛：青岛海洋大学，1991，189.

[10] US Environmental Protection Agency. AERSURFACE User's Guide. EPA-454/B-08-001, 2008.

[11] 崔耀平，刘纪远，张学珍，等. 城市不同下垫面的能量平衡及温度差异模拟 [J]. 地理研究，2012，31 (007)：1257-1268.

[12] 蒋维楣. 空气污染气象学 [M]. 南京：南京大学出版社，2003.

[13] 余琦，刘原中. 复杂地形上的风场内插方法 [J]. 辐射防护，2001，21 (4)：213-218.